T0381307

Detailwissen Bauphysik

Reihe herausgegeben von

Wolfgang M Willems, Bottrop-Grafenwald, Deutschland

Kai Schild, TU Dortmund, Dortmund, Deutschland

Das Fachgebiet der Bauphysik stellt einen wichtigen und zentralen Arbeitsbereich für Architekten und Bauingenieure in der Praxis dar. Die Reihe „Detailwissen Bauphysik" von Springer Vieweg vermittelt das Wissen und das Handwerkszeug für dieses Aufgabenfeld praxisnah und mit direktem Bezug zu den aktuellen Entwicklungen in Technik und Wissenschaft. Bezogen auf bauphysikalische Fragestellungen werden auch Themen aus anderen Bereichen der Bautechnik behandelt. Die Darstellungstiefe der Inhalte spricht sowohl Praktiker als auch Studierende an, die die Thematik Bauphysik während des Studiums vertiefen möchten. Die Titel dieser Reihe sind anwendungsbezogen und lösungsorientiert.

Peter Schmidt

Das novellierte Gebäudeenergiegesetz (GEG 2024)

Grundlagen. Anwendung in der Praxis, Beispiele

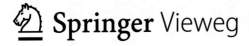 Springer Vieweg

Peter Schmidt
Bochum, Deutschland

ISSN 2625-946X   ISSN 2625-9486 (electronic)
Detailwissen Bauphysik
ISBN 978-3-658-44920-9   ISBN 978-3-658-44921-6 (eBook)
https://doi.org/10.1007/978-3-658-44921-6

Die Deutsche Nationalbibliothek verzeichnet diese Publikation in der Deutschen Nationalbibliografie; detaillierte bibliografische Daten sind im Internet über https://portal.dnb.de abrufbar.

Planung/Lektorat: Karina Danulat
Springer Vieweg ist ein Imprint der eingetragenen Gesellschaft Springer Fachmedien Wiesbaden GmbH und ist ein Teil von Springer Nature.
Die Anschrift der Gesellschaft ist: Abraham-Lincoln-Str. 46, 65189 Wiesbaden, Germany

Vorwort

Das Gesetz zur Einsparung von Energie und zur Nutzung erneuerbarer Energien zur Wärme- und Kälteerzeugung in Gebäuden (Gebäudeenergiegesetz – GEG) wurde erstmalig im Jahr 2020 eingeführt und mittlerweile zweimal novelliert. Die aktuelle Fassung wurde im Oktober 2023 vom Bundestag beschlossen und ist am 1. Januar 2024 in Kraft getreten. Das GEG gilt als Nachfolgedokument der früher geltenden Energieeinsparverordnung (EnEV), des Energieeinsparungsgesetzes (EnEG) und des Erneuerbare Energien Wärmegesetzes (EEWärmeG). In der breiten Öffentlichkeit wurde das GEG bekannt, nachdem ein erster Entwurf der Gesetzesnovelle im Frühjahr 2023 an die Presse gelangte und die vorgesehenen Anforderungen an Heizungsanlagen bekannt wurden. Diese besagen, dass Heizungsanlagen nur noch aufgestellt und betrieben werden dürfen, wenn sie mindestens 65 % der bereitgestellten Wärme aus erneuerbaren Energien erzeugen. Diese Forderung, die auch für bestehende Anlagen gilt, führte zu kontroversen Diskussionen in der Politik und Öffentlichkeit, die teilweise wenig fachlich kompetent, sondern zum großen Teil emotional und politisch ideologisch geführt wurden. Aufgrund der umfassenden Änderungen der Anforderungen an Heizungsanlagen wird die Gesetzesnovelle umgangssprachlich auch als *„Heizungsgesetz"* bezeichnet. In diesem Buch sollen das Gebäudeenergiegesetz (GEG) sowie seine Anforderungen und Regelungen aus rein fachlicher Sicht betrachtet und erläutert werden – unabhängig von ideologischen und parteipolitischen Vorgaben.

Nach einem kurzen Überblick über die Historie des Gesetzes sowie seiner Ziele und des Anwendungsbereichs werden allgemeine Regelungen behandelt sowie wichtige Begriffe erläutert (Kap. 1). Anschließend werden wichtige und zum Verständnis notwendige Grundlagen zum Wärmeschutz, zur Anlagentechnik und zum Entwurf von Gebäuden behandelt (Kap. 2). In den beiden folgenden Kapiteln werden die Anforderungen an zu errichtende (Kap. 3) und bestehende Gebäude (Kap. 4) erläutert. Kap. 5 befasst sich mit Anforderungen an Anlagen der Heizungs-, Kühl- und Raumlufttechnik sowie der Warmwasserversorgung. Hier wird auch ausführlich auf die Anforderung an Heizungsanlagen eingegangen, mindestens 65 % der bereitgestellten Wärme aus erneuerbaren Energien zu erzeugen. Dabei werden die verschiedenen Anlagensysteme erläutert, die diese Forderung ohne weiteren Nachweis erfüllen. Außerdem werden die umfassenden Übergangsregelungen erläutert, die u. a. von der Gemeindegröße abhängig sind und im Zusammenhang mit der Wärmeplanung stehen. Das Kap. 6 behandelt schließlich Energieausweise, wobei auf die verschiedenen Ausweistypen, die Angaben im Energieausweis und die Ausstellungsberechtigung eingegangen wird. Das letzte Kapitel (Kap. 7) dieses Buchs befasst sich mit sonstigen Regelungen, d. h. Regelungen für besondere Gebäude und Regelungen zur Wärmeversorgung in Quartieren, Befreiungen, Vollzug, Bußgeldvorschriften und Übergangsregelungen.

Die Anforderungen und Regelungen werden an vielen Beispielen mit ausführlichem Lösungsweg erläutert. Das vorliegende Buch eignet sich sowohl als Nachschlagewerk als auch als Lehrbuch für die Vorbereitung auf Klausuren und Prüfungen zum Thema GEG.

Für die Mitwirkung bei der Korrektur danke ich meiner Frau Dipl.-Ing. Ulrike Schmidt-Büchner ganz herzlich. Ein ganz lieber Dank geht auch an meine Tochter Amelie, die die Zeichnung eines Fachwerkgebäudes erstellt hat.

Ein besonderer Dank geht an den Verlag Springer-Vieweg sowie an Frau Karina Danulat und Frau Dr. Barbara Haider, die das Lektorat sowie die technische Bearbeitung übernommen haben und stets mit wertvollen Hinweisen und Geduld unterstützend tätig waren.

Für Anregungen und Hinweise ist der Autor dankbar.

Siegen, Deutschland   Peter Schmidt
2024

Inhaltsverzeichnis

1 Allgemeine Regelungen 1
  1.1   Allgemeines 1
  1.2   Ziele und Zweck des Gebäudeenergiegesetzes 3
  1.3   Struktur des GEG 4
  1.4   Anwendungsbereich des GEG 5
  1.5   Begriffe 7
      1.5.1   Allgemeine Begriffe 7
      1.5.2   Erneuerbare Energien 7
      1.5.3   Biomasse 8
  1.6   Vorbildfunktion der öffentlichen Hand 11
  1.7   Grundsatz der Wirtschaftlichkeit 16
  1.8   Verordnungsermächtigungen 20
  1.9   Regeln der Technik 21
  1.10   Verantwortliche 22
  1.11   Überprüfung der Anforderungen 22
  Literatur 23

2 Grundlagen Wärmeschutz, Anlagentechnik und Entwurf 25
  2.1   Allgemeines 25
  2.2   Bauphysikalische Grundlagen des Wärmeschutzes 26
      2.2.1   Allgemeines 26
      2.2.2   Begriffe 27
      2.2.3   Behaglichkeitskriterien 28
      2.2.4   Wärmetransport 29
          2.2.4.1   Wärmeleitung 30
          2.2.4.2   Konvektion 39
          2.2.4.3   Strahlung 42
          2.2.4.4   Wärmeübergang und
                      Wärmeübergangswiderstände 45

2.2.5   Spezifische Wärmekapazität und Wärmespeicherfähigkeit 48
2.2.6   Wärmedurchlasswiderstand 50
2.2.7   Wärmedurchgangswiderstand 54
2.2.8   Wärmedurchgangskoeffizient 57
          2.2.8.1   Allgemeines 57
          2.2.8.2   Wärmedurchgangskoeffizient für opake Bauteile 58
          2.2.8.3   Wärmedurchgangskoeffizient für Fenster 63
2.2.9   Wärmebrücken 67
          2.2.9.1   Allgemeines 67
          2.2.9.2   Einteilung von Wärmebrücken 67
          2.2.9.3   Anforderungen an Wärmebrücken nach GEG 69
          2.2.9.4   Rechnerische Erfassung der Wärmeverluste
                  über Wärmebrücken 69
          2.2.9.5   Längenbezogener Wärmedurchgangskoeffizient 72
2.2.10 Mindestwärmeschutz 75
          2.2.10.1 Mindestwärmeschutz flächiger Bauteile 75
          2.2.10.2 Mindestwärmeschutz im Bereich von
                  Wärmebrücken 79
2.2.11 Luftdichtheit der Gebäudehülle 81
2.2.12 Sommerlicher Wärmeschutz 84
          2.2.12.1 Klimaregionen 84
          2.2.12.2 Wärmeschutz im Sommer und Einflussgrößen 85
          2.2.12.3 Nachweisverfahren nach DIN 4108-2 86
          2.2.12.4 Verfahren über Sonneneintragskennwerte 87
2.3   Überblick Anlagentechnik 88
2.3.1   Allgemeines 88
2.3.2   Heizungsanlagen 88
          2.3.2.1   Allgemeines 88
          2.3.2.2   Komponenten einer Heizungsanlage 88
          2.3.2.3   Gasbrennwertkessel 91
          2.3.2.4   Niedertemperaturkessel 92
          2.3.2.5   Holzpelletskessel 93
          2.3.2.6   Wärmepumpen 93
          2.3.2.7   Blockheizkraftwerk (BHKW) 95
          2.3.2.8   Stromdirektheizung 95
2.3.3   Anlagen zur Warmwassererzeugung 96
2.3.4   Solarthermieanlagen 96
2.3.5   Lüftungsanlagen mit Wärmerückgewinnung 97
2.4   Grundregeln für den Entwurf energieeffizienter Gebäude 99
Literatur 101

3 Anforderungen an zu errichtende Gebäude 103
  3.1 Allgemeines 103
  3.2 Allgemeiner Teil 105
    3.2.1 Grundsatz und Niedrigstenergiegebäude 105
    3.2.2 Mindestwärmeschutz 106
    3.2.3 Wärmebrücken 107
    3.2.4 Dichtheit 110
    3.2.5 Sommerlicher Wärmeschutz 111
  3.3 Jahres-Primärenergiebedarf und baulicher Wärmeschutz bei zu
     errichtenden Gebäuden 111
    3.3.1 Allgemeines 111
    3.3.2 Nachweismethodik 112
    3.3.3 Anforderungsgrößen 112
    3.3.4 Anforderungen an zu errichtende Wohngebäude 118
    3.3.5 Anforderungen an zu errichtende Nichtwohngebäude 124
  3.4 Berechnungsgrundlagen und -verfahren 137
    3.4.1 Allgemeines 137
    3.4.2 Berechnung des Jahres-Primärenergiebedarfs eines
       Wohngebäudes 137
    3.4.3 Berechnung des Jahres-Primärenergiebedarfs eines
       Nichtwohngebäudes 138
    3.4.4 Primärenergiefaktoren 140
    3.4.5 Anrechnung von Strom aus erneuerbaren Energien 141
    3.4.6 Einfluss von Wärmebrücken 141
    3.4.7 Berechnungsrandbedingungen 148
    3.4.8 Prüfung der Dichtheit des Gebäudes 151
    3.4.9 Gemeinsame Heizungsanlage für mehrere Gebäude 154
    3.4.10 Anrechnung mechanisch betriebener Lüftungsanlagen
       bei der Ermittlung des Jahres-Primärenergiebedarfs bei
       Wohngebäuden 154
    3.4.11 Aneinandergereihte Bebauung von Wohngebäuden 155
    3.4.12 Zonenweise Berücksichtigung von Energiebedarfsanteilen
       bei einem zu errichtenden Nichtwohngebäude 156
    3.4.13 Vereinfachtes Nachweisverfahren für ein zu errichtendes
       Wohngebäude 157
    3.4.14 Vereinfachtes Nachweisverfahren für ein zu errichtendes
       Nichtwohngebäude 171
    3.4.15 Andere Berechnungsverfahren 174
  3.5 Hinweise zur Berechnung nach DIN V 18599 174
    3.5.1 Allgemeines 174

    3.5.2 Bezugsmaße für die wärmeübertragende Umfassungsfläche
       und das Bruttovolumen 175
    3.5.3 Rechenablauf 178
  Literatur 179

4 Anforderungen an bestehende Gebäude 183
  4.1 Allgemeines 183
  4.2 Aufrechterhaltung der energetischen Qualität 183
    4.2.1 Bagatellregelung 185
    4.2.2 Entgegenstehende Rechtsvorschriften 186
  4.3 Nachrüstung eines bestehenden Gebäudes 187
    4.3.1 Anforderungen an die nachträgliche Dämmung oberster
       Geschossdecken 188
    4.3.2 Sonderfälle: Deckenzwischenräume, Einblasdämmung
       und Dämmstoffe aus nachwachsenden Rohstoffen 191
  4.4 Anforderungen an bestehende Gebäude bei Änderungen 193
    4.4.1 Allgemeines 193
    4.4.2 Auslöserelevante Änderungen 193
    4.4.3 Bagatellregelung und Sonderfälle 194
    4.4.4 Nachweisverfahren 195
    4.4.5 Bauteilverfahren 198
    4.4.6 Berechnung des Wärmedurchgangskoeffizienten 204
    4.4.7 Sonstige Regelungen 209
  4.5 Energetische Bewertung von bestehenden Gebäuden 210
    4.5.1 Allgemeines 210
    4.5.2 Anforderungen an Wohngebäude 211
    4.5.3 Anforderungen an Nichtwohngebäude 215
    4.5.4 Vorgehensweise bei fehlenden Angaben 219
  4.6 Anforderungen an ein bestehendes Gebäude bei Erweiterung und
    Ausbau 225
    4.6.1 Anforderungen an Wohngebäude 226
    4.6.2 Anforderungen an Nichtwohngebäude 230
    4.6.3 Nachweis des sommerlichen Wärmeschutzes 231
  Literatur 231

5 Anforderungen an Anlagen der Heizungs-, Kühl- und Raumlufttechnik
** sowie der Warmwasserversorgung** 233
  5.1 Allgemeines 233
  5.2 Aufrechterhaltung der energetischen Qualität bestehender Anlagen 233
    5.2.1 Allgemeines 233
    5.2.2 Veränderungsverbot 235

5.2.3   Betreiberpflichten 236
5.3   Einbau und Ersatz von Anlagen und Anlagenkomponenten 239
5.3.1   Allgemeines 239
5.3.2   Verteilungseinrichtungen und Warmwasseranlagen 239
5.3.3   Klimaanlagen und Anlagen der Raumlufttechnik 241
5.3.4   Wärmedämmung von Rohrleitungen und Armaturen 243
5.3.5   Anforderungen an Heizungsanlagen 245
        5.3.5.1   Zu § 71 – Anforderungen an eine
                  Heizungsanlage 245
        5.3.5.2   Freie Wahl der Anlage 246
        5.3.5.3   Pflicht zur Erfüllung der Anforderungen 247
        5.3.5.4   Übergangsfristen für bestehende Gebäude 248
        5.3.5.5   Auswirkungen der Wärmeplanung 248
        5.3.5.6   Anforderungen an Heizungsanlagen für
                  gasförmigen oder flüssigen Brennstoff 249
        5.3.5.7   Anforderungen bei zu errichtenden Gebäuden 250
        5.3.5.8   Beratungsgespräch 250
5.3.6   Anforderungen bei Anschluss an ein Wärmenetz 250
5.3.7   Anforderungen an die Nutzung einer Wärmepumpe 251
5.3.8   Anforderungen bei Nutzung einer Stromdirektheizung 251
        5.3.8.1   Stromdirektheizung in einem zu errichtenden
                  Gebäude 251
        5.3.8.2   Stromdirektheizung in einem bestehenden
                  Gebäude 252
        5.3.8.3   Ausnahmen 252
5.3.9   Anforderungen an eine Solarthermieanlage 252
5.3.10 Anforderungen an Heizungsanlagen für Biomasse und
        Wasserstoff 253
5.3.11 Anforderungen an Heizungsanlagen für feste Biomasse 253
5.3.12 Anforderungen an eine Wärmepumpen- oder
        Solarthermie-Hybridheizung 254
        5.3.12.1 Wärmepumpen-Hybridheizung 254
        5.3.12.2 Solarthermie-Hybridheizung 256
5.3.13 Betriebsverbot für Heizkessel 257
5.3.14 Übergangsfristen 257
5.3.15 Sonstige Vorschriften 258
5.4   Energetische Inspektion von Klimaanlagen 258
Literatur 259

6   Energieausweise 261
  6.1   Allgemeines 261
  6.2   Grundsätzliche Regeln 263
  6.3   Ausstellung und Verwendung von Energieausweisen 267
  6.4   Energieausweistypen und Angaben im Energieausweis 269
    6.4.1   Energiebedarfsausweis 269
    6.4.2   Energieverbrauchsausweis 272
    6.4.3   Angaben im Energieausweis und Muster 274
  6.5   Ermittlung und Bereitstellung von Daten 279
  6.6   Empfehlungen für die Verbesserung der Energieeffizienz 282
  6.7   Energieeffizienzklassen bei Wohngebäuden 282
  6.8   Pflichtangaben in Immobilienanzeigen 283
  6.9   Ausstellungsberechtigung 285
  6.10 Berechnung der Treibhausgasemissionen 286
    6.10.1 Angabe in Energiebedarfsausweisen 286
    6.10.2 Angabe in Energieverbrauchsausweisen 288
    6.10.3 Emissionsfaktoren 291
  Literatur 291

7   Sonstige Regelungen 293
  7.1   Allgemeines 293
  7.2   Besondere Gebäude 293
    7.2.1   Kleine Gebäude und Gebäude aus Raumzellen 294
    7.2.2   Baudenkmäler 299
    7.2.3   Gemischt genutzte Gebäude 300
  7.3   Wärmeversorgung in Quartieren 302
  7.4   Befreiungen und Innovationsklausel 304
    7.4.1   Befreiungen 304
    7.4.2   Innovationsklausel 305
  7.5   Anschluss- und Benutzungszwang 306
  7.6   Vollzug 307
  7.7   Bußgeldvorschriften 310
  7.8   Finanzielle Förderung der Nutzung erneuerbaren Energien und
      Maßnahmen zur Verbesserung der Energieeffizienz 311
  7.9   Übergangsvorschriften 313
  Literatur 313

Stichwortverzeichnis 315

Allgemeine Regelungen

1

1.1 Allgemeines

Das „*Gesetz zur Einsparung von Energie und zur Nutzung erneuerbarer Energien zur Wärme- und Kälteerzeugung in Gebäuden (Gebäudeenergiegesetz – GEG)*" [1] ist ein Bundesgesetz der Bundesrepublik Deutschland. Es stellt Anforderungen an den energiesparenden und baulichen Wärmeschutz von Gebäuden sowie an Anlagen der Heizungs-, Kühl- und Raumlufttechnik sowie der Warmwasserversorgung. Das GEG hat mit Wirkung zum 1. November 2020 das Energieeinsparungsgesetz (EnEG), die Energieeinsparverordnung (EnEV) und das bisherige Erneuerbare-Energien-Wärmegesetz (EEWärmeG) abgelöst und die genannten Gesetze und Verordnungen in einem einzigen Gesetz vereint.

Damit steht in Deutschland ein einheitliches Regelwerk für den Nachweis des Wärmeschutzes von Gebäuden unter Berücksichtigung der Anlagentechnik zur Verfügung. Es ist zu beachten, dass das GEG lediglich die Anforderungen festlegt, aber keine Rechenverfahren enthält. Diese sind in verschiedenen Normen geregelt, auf die das GEG Bezug nimmt. Beispielhaft seien hier die wichtigsten Normenreihen DIN V 18599 „*Energetische Bewertung von Gebäuden*" [2] und DIN 4108 „*Wärmeschutz und Energie-Einsparung in Gebäuden*" [3] genannt.

Mittlerweile[1] wurde das GEG zweimal novelliert, ein erstes Mal Anfang 2023 und ein weiteres Mal zum 1. Jan. 2024. Die erste Novelle, die am 1. Jan. 2023 in Kraft getreten ist und in Artikel 18a des „*Gesetzes zu Sofortmaßnahmen für einen beschleunigten Ausbau der erneuerbaren Energien und weiteren Maßnahmen im Stromsektor*" [3] veröffentlicht wurde, beinhaltete im Wesentlichen verschärfte Anforderungen an zu errichtende Gebäude, indem der Höchstwert des Jahres-Primärenergiebedarfs von ursprünglich 75 % auf 55 % des Wertes des zugehörigen Referenzgebäudes abgesenkt wurde.

---

[1] Stand: Apr. 2024.

P. Schmidt, *Das novellierte Gebäudeenergiegesetz (GEG 2024)*, Detailwissen Bauphysik, https://doi.org/10.1007/978-3-658-44921-6_1

Die zweite Novelle ist am 1. Januar 2024 in Kraft getreten. Die wesentlichen Änderungen betreffen die Anlagentechnik, wobei hier die Verwendung erneuerbarer Energien für die Erzeugung von Raumwärme und Warmwasser sowie weiterer Prozesse im Vordergrund steht und die Regelungen de facto das Aus für konventionelle Gas- und Ölheizungen bedeuten. Aus diesen Gründen wird diese Gesetzesnovelle in der Öffentlichkeit auch als *„Heizungsgesetz"* bezeichnet. Die wichtigsten Änderungen sind in Abb. 1.1 schematisch dargestellt.

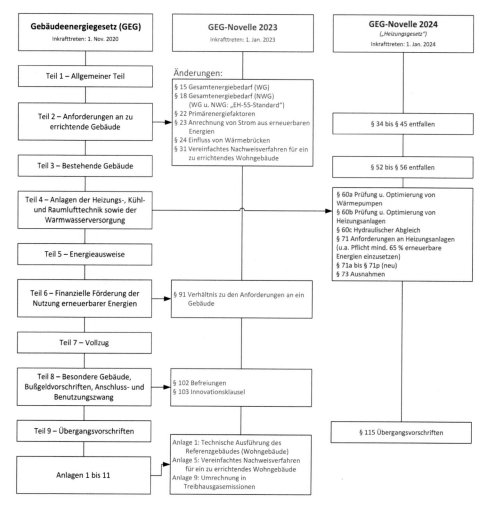

Abb. 1.1 Struktur des GEG mit Änderungen der Novellen 2023 und 2024 (schematische Darstellung)

1.2   Ziele und Zweck des Gebäudeenergiegesetzes

Das Gebäudeenergiegesetz (GEG) dient dem Ziel, den Energiebedarf für Raumwärme (Heizung), Kühlung, Lüftung und Warmwasser sowie Beleuchtung (nur bei Nichtwohngebäuden) zu minimieren und die eingesetzte Energie effizient zu nutzen. Dabei soll zunehmend auf die Nutzung erneuerbarer Energien geachtet werden, um unabhängig von fossilen Energieträgern wie Erdgas und Heizöl zu werden. Außerdem soll das GEG dazu beitragen, dass

- die energie- und klimapolitischen Ziele der Bundesregierung (Klimaneutralität bis 2045) sowie
- eine weitere Erhöhung des Anteils erneuerbarer Energien am Endenergieverbrauch für die Erzeugung von Raumwärme und -kälte und
- eine nachhaltige Entwicklung der Energieversorgung

erreicht werden.

Gründe hierfür sind:

1. **Begrenzte Verfügbarkeit von fossilen Energieträgern:** Die Verfügbarkeit der heute noch weit verbreiteten und teils noch kostengünstigen fossilen Primärenergieträger wie Erdgas und Heizöl wird mittelfristig nicht mehr gegeben sein. Vielmehr muss mit einem sinkenden Angebot gerechnet werden. In der Folge sind Preissteigerungen zu erwarten.
2. **Zukünftige Preissteigerungen für fossile Energieträger:** Durch den weltweiten Anstieg des Energiebedarfs, der insbesondere durch stark wachsende Volkswirtschaften der bisherigen Schwellenländer (z. B. Brasilien, China, Indien) verursacht wird, und einer gleichbleibenden oder eher sinkenden Fördermenge von Erdgas und Öl ist in Zukunft mit weiteren Preissteigerungen für fossile Energieträger zu rechnen. Diese werden durch Krisen und Handelsembargos noch verstärkt und sind somit nicht vorhersehbar (wie z. B. die Gaskrise infolge des Importstopps von Erdgas aus der Russischen Föderation).
3. **Reduzierung der CO_2-Emissionen:** Zunehmende Herausforderungen durch den fortschreitenden Klimawandel führen zu verstärkten Forderungen auch in der breiten Öffentlichkeit, die CO_2-Emissionen weiter zu reduzieren. Nach Vorgabe des Klimaschutzgesetzes[2] müssen die CO_2-Emissionen bereits bis 2030 um 65 % gegenüber des Niveaus von 1990 gesenkt werden.

---

[2] Bundes-Klimaschutzgesetz (KSG) vom 12. Dezember 2019; Bundesgesetzblatt Teil I S. 2513; geändert durch Artikel 1 des Gesetzes vom 18. August 2021 (Bundesgesetzblatt Teil I, S. 3905); Inkrafttreten der Gesetzesnovelle am 31. August 2021.

4. **Klimaschutzziele:** Gesetzliche Verpflichtung der Klimaneutralität in Deutschland bis 2045; siehe hierzu das Klimaschutzgesetz (KSG) § 3 (2) [4]. Danach hat sich Deutschland verpflichtet, bis 2045 klimaneutral zu sein. Das bedeutet, dass dann eine Treibhausgas-Neutralität erreicht werden muss, d. h die Treibhausgasemissionen dürfen nicht größer als der Abbau sein.

1.3   Struktur des GEG

Das GEG gliedert sich wie folgt (Abb. 1.1):
Teil 1 – Allgemeiner Teil

Teil 2 – Anforderungen an zu errichtende Gebäude

- Abschn. 1 – Allgemeiner Teil
- Abschn. 2 – Jahres-Primärenergiebedarf und baulicher Wärmeschutz bei zu errichtenden Gebäuden
  - Unterabschnitt 1 – Wohngebäude
  - Unterabschnitt 2 – Nichtwohngebäude
- Abschn. 3 – Berechnungsgrundlagen und -verfahren
- Abschn. 4 – Nutzung von erneuerbaren Energien zur Wärme- und Kälteerzeugung bei einem zu errichtenden Gebäude

Teil 3 – Bestehende Gebäude

- Abschn. 1 – Anforderungen an bestehende Gebäude
- Abschn. 2 – Nutzung erneuerbarer Energien zur Wärmeerzeugung bei bestehenden öffentlichen Gebäuden

Teil 4 – Anlagen der Heizungs-, Kühl- und Raumlufttechnik sowie der Warmwasserversorgung

- Abschn. 1 – Aufrechterhaltung der energetischen Qualität bestehender Anlagen
  - Unterabschnitt 1 – Veränderungsverbot
  - Unterabschnitt 2 – Betreiberpflichten
- Abschn. 2 – Einbau und Ersatz
  - Unterabschnitt 1 – Verteilungseinrichtungen und Warmwasseranlagen
  - Unterabschnitt 2 – Klimaanlagen und sonstige Anlagen der Raumlufttechnik
  - Unterabschnitt 3 – Wärmedämmung von Rohrleitungen und Armaturen
  - Unterabschnitt 4 – Nachrüstung bei heizungstechnischen Anlagen; Betriebsverbot für Heizkessel
- Abschn. 3 – Energetische Inspektion von Klimaanlagen

Teil 5 – Energieausweise

Teil 6 – Finanzielle Förderung der Nutzung erneuerbarer Energien für die Erzeugung von Wärme oder Kälte und von Energieeffizienzmaßnahmen

Teil 7 – Vollzug

Teil 8 – Besondere Gebäude, Bußgeldvorschriften, Anschluss- und Benutzungszwang

- § 104 Kleine Gebäude und Gebäude aus Raumzellen
- § 105 Baudenkmäler und sonstige besonders erhaltenswerte Bausubstanz
- § 106 Gemischt genutzte Gebäude
- § 107 Wärmeversorgung im Quartier
- § 108 Bußgeldvorschriften
- § 109 Anschluss- und Benutzungszwang

Teil 9 – Übergangsvorschriften
Anlagen

- Anlage 1: Technische Ausführung des Referenzgebäudes (Wohngebäude)
- Anlage 2: Technische Ausführung des Referenzgebäudes (Nichtwohngebäude)
- Anlage 3: Höchstwerte der mittleren Wärmedurchgangskoeffizienten der wärmeübertragenden Umfassungsfläche (Nichtwohngebäude)
- Anlage 4: Primärenergiefaktoren
- Anlage 5: Vereinfachtes Nachweisverfahren für ein zu errichtendes Wohngebäude
- Anlage 6: Zu verwendendes Nutzungsprofil für die Berechnungen des Jahres-Primärenergiebedarfs beim vereinfachten Nachweisverfahren für ein zu errichtendes Nichtwohngebäude
- Anlage 7: Höchstwerte der Wärmedurchgangskoeffizienten von Außenbauteilen bei Änderung an bestehenden Gebäuden
- Anlage 8: Anforderungen an die Wärmedämmung von Rohrleitungen und Armaturen
- Anlage 9: Umrechnung in Treibhausgasemissionen
- Anlage 10: Energieeffizienzklassen von Wohngebäuden
- Anlage 11: Anforderungen an die Inhalte der Schulung für die Berechtigung zur Ausstellung von Energieausweisen

1.4   Anwendungsbereich des GEG

Der Anwendungsbereich des GEG erstreckt sich auf:

1. Gebäude, deren Räume unter Einsatz von Energie beheizt oder gekühlt werden und
2. Anlagen und Einrichtungen der Heizungs-, Kühl- und Raumlufttechnik sowie der Warmwasserversorgung. Bei Nichtwohngebäuden zählen auch Einrichtungen der Beleuchtungstechnik zum Anwendungsbereich.

Der Energieeinsatz für Produktionsprozesse, die in Gebäuden stattfinden, wird nicht durch das GEG geregelt.

Außerdem gibt es zahlreiche Ausnahmen, für die das GEG nicht anzuwenden ist. Hierbei handelt es sich um folgende Gebäude:

- Betriebsgebäude, die überwiegend zur Aufzucht oder zur Haltung von Tieren genutzt werden (z.B. Viehställe).
- Betriebsgebäude, soweit sie nach ihrem Verwendungszweck großflächig und lang anhaltend geöffnet gehalten werden müssen (z.B. Flugzeughangar, Werkstätten).
- unterirdische Bauten (z.B. U-Bahn-Stationen).
- Unterglasanlagen und Kulturräume für Aufzucht, Vermehrung und Verkauf von Pflanzen (z.B. Gewächshäuser).
- Traglufthallen und Zelte.
- Gebäude, die wiederholt aufgestellt und zerlegt werden (temporäre Bauten) sowie provisorische Gebäude mit einer geplanten Nutzungsdauer von höchstens zwei Jahren.
- Gebäude, die dem Gottesdienst oder anderen religiösen Zwecken gewidmet sind (z. B. Kirchen, Moscheen).
- Wohngebäude, die
  - weniger als vier Monate im Jahr genutzt werden (z.B. Ferienhäuser) oder
  - für eine begrenzte jährliche Nutzungsdauer bestimmt sind und deren zu erwartender Energieverbrauch für die begrenzte jährliche Nutzungsdauer weniger als 25 % des zu erwartenden Energieverbrauchs bei ganzjähriger Nutzung beträgt.
- Sonstige handwerkliche, landwirtschaftliche, gewerbliche, industrielle oder für öffentliche Zwecke genutzte Betriebsgebäude, die
  - auf eine Raum-Solltemperatur von weniger als 12 Grad Celsius beheizt werden oder
  - jährlich weniger als vier Monate beheizt sowie jährlich weniger als zwei Monate gekühlt werden.

Auf Komponenten von Anlagen der Heizungs-, Kühl- und Raumlufttechnik sowie der Warmwasserversorgung, die nicht im räumlichen Zusammenhang mit Gebäuden nach Punkt 1 (s. o.) stehen, ist das GEG ebenfalls nicht anzuwenden.

1.5   Begriffe

Im Gebäudeenergiegesetz (GEG) werden verschiedene Begriffe definiert und verwendet, von denen eine Auswahl nachfolgend erläutert wird. Außerdem werden einige Begriffe erläutert, die im Zusammenhang mit der energetischen Bewertung von Gebäuden nach DIN V 18599 [2] verwendet werden.

1.5.1   Allgemeine Begriffe

Zur besseren Übersicht sind die Begriffe thematisch gegliedert:

- Begriffe für Gebäude, Räume, Bauteile (Tab. 1.1)
- Begriffe für Anlagensysteme, Anlagenkomponenten (Tab. 1.2)
- Begriffe für Energieträger (Tab. 1.3)
- Begriffe für Energieausweise (Tab. 1.4)
- Begriffe für Flächen, Volumen (Tab. 1.5)
- Begriffe für Energiebedarfsgrößen und damit zusammenhängende Größen (Tab. 1.6)

Das GEG unterscheidet *Wohngebäude* und *Nichtwohngebäude* und legt hierfür auch unterschiedliche Anforderungen fest. Zu den Wohngebäuden zählen gemäß GEG alle Gebäude, die überwiegend dem Wohnen dienen. Hierzu gehören beispielsweise Ein- und Mehrfamilienhäuser, aber auch Wohn-, Alten- und Pflegeheime. Als Nichtwohngebäude werden alle Gebäude bezeichnet, die nicht unter die Kategorie Wohngebäude fallen. Typische Nichtwohngebäude sind Büro- und Verwaltungsbauten, Schwimmbäder, Sporthallen, Kultur- und Veranstaltungsbauten, Schulen und Hochschulen.

1.5.2   Erneuerbare Energien

Erneuerbare Energien im Sinne des GEG sind folgende Energiequellen:

- Geothermie
- Umweltwärme
- Technisch nutzbar gemachte Energie aus Solaranlagen, die im unmittelbaren räumlichen Zusammenhang mit dem Gebäude stehen und zur Erzeugung von Strom (Photovoltaik) und Wärme (Solarthermie) dienen.
- Technisch nutzbar gemachte Energie aus gebäudeintegrierten Windkraftanlagen zur Wärme- und Kälteerzeugung.
- Wärme, die aus fester, flüssiger oder gasförmiger Biomasse erzeugt wird; siehe Abschn. 1.5.3.

Tab. 1.1 Begriffsbestimmungen des GEG; hier: Gebäude, Räume, Bauteile

Begriff	Definition/Erläuterung
Wohngebäude	Gebäude, die nach ihrer Zweckbestimmung überwiegend dem Wohnen dienen, einschließlich Wohn-, Alten- und Pflegeheime und ähnliche Einrichtungen
Nichtwohngebäude	Gebäude, die nicht zu den Wohngebäuden zählen (z. B. Bürogebäude, Schulen, Kindertagesstätten, Universitätsgebäude, Schwimmbäder, Hotels, Veranstaltungsgebäude)
Einseitig angebautes Gebäude	Wohngebäude, bei dem die nach einer Himmelsrichtung orientierten vertikalen Flächen mindestens zu 80 % an ein anderes Wohngebäude oder Nichtwohngebäude mit einer Raum-Solltemperatur von mindestens 19 °C angrenzen (Abb. 1.2)
Zweiseitig angebautes Gebäude	Wohngebäude, bei dem die nach zwei unterschiedlichen Himmelsrichtungen orientierten vertikalen Flächen im Mittel mindestens zu 80 % an ein anderes Wohngebäude oder Nichtwohngebäude mit einer Raum-Solltemperatur von mindestens 19 °C angrenzen (Abb. 1.2)
Kleine Gebäude	Gebäude mit nicht mehr als 50 m^2 Nutzfläche
Niedrigstenergiegebäude	Ein Gebäude, das eine sehr gute Gesamtenergieeffizienz aufweist und dessen Gesamtenergiebedarf sehr gering ist. Darüber hinaus soll der Energiebedarf zu einem wesentlichen Teil aus erneuerbaren Quellen gedeckt werden.
Baudenkmäler	Nach Landesrecht geschützte Gebäude (Hinweis: Für Baudenkmäler gelten besondere Regelungen)
Beheizte bzw. gekühlte Räume	Räume, die aufgrund bestimmungsgemäßer Nutzung direkt oder durch Raumverbund beheizt bzw. gekühlt werden
Größere Renovierung	Renovierung eines Gebäudes, bei der mehr als 25 % der wärmeübertragenden Umfassungsfläche saniert werden
Oberste Geschossdecke	Zugängliche Decke beheizter Räume an den unbeheizten Dachraum (Abb. 1.3)

- Wärme, die aus grünem Wasserstoff oder den daraus hergestellten Deviraten erzeugt wird.
- Technisch nutzbar gemachte Wärme (oder ggfs. Kälte), die dem Erdboden oder dem Wasser entnommen wird.

1.5.3 Biomasse

Unter Biomasse werden im Sinne des GEG folgende Stoffe verstanden:

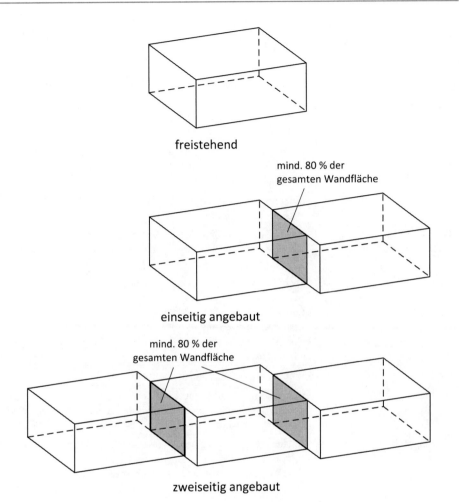

freistehend

mind. 80 % der
gesamten Wandfläche

einseitig angebaut

mind. 80 % der
gesamten Wandfläche

zweiseitig angebaut

Abb. 1.2 Freistehendes sowie einseitig und zweiseitig angebautes Gebäude

Abb. 1.3 Oberste
Geschossdecke

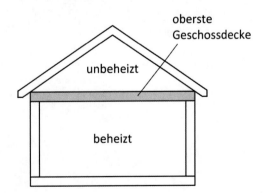

oberste
Geschossdecke

unbeheizt

beheizt

Tab. 1.2 Begriffsbestimmungen des GEG; hier: Anlagensysteme, Anlagenkomponenten

Begriff	Definition/Erläuterung
Abwärme	Wärme (oder Kälte), die aus technischen Prozessen und aus baulichen Anlagen stammenden Abluft- und Abwasserströmen entnommen wird
Aperturfläche	Lichteintrittsfläche einer solarthermischen Anlage (beim Kollektor)
Brennwertkessel	Heizkessel, der die energetische Nutzung des in den Abgasen enthaltenen Wasserdampfs durch Kondensation des Wasserdampfs im Betrieb vorsieht
Erneuerbare Energien	Solare Strahlungsenergie, Umweltwärme, Geothermie, Wasserkraft, Windenergie und Energie aus Biomasse
Gebäudenetz	Netz, das zur ausschließlichen Versorgung mit Wärme (und Kälte) von mindestens zwei und bis zu 16 Gebäuden und bis zu 100 Wohneinheiten dient
gebäudetechnisches System	Technische Ausstattung eines Gebäudes bzw. Gebäudeteiles für Raumwärme und -kühlung, Lüftung, Warmwasserbereitung, Beleuchtung, Gebäudeautomation und -steuerung, Elektrizitätserzeugung am Gebäudestandort oder einer Kombination einschließlich Systemen, die Energie aus erneuerbaren Quellen nutzen
Geothermie	Wärme, die dem Erdboden entnommen wird
Heizkessel	Der aus Kessel und Brenner bestehende Wärmeerzeuger, in dem durch Verbrennung freigesetzte Wärme an den Wärmeträger Wasser übertragen wird
Heizungsanlage	Anlage zur Erzeugung von Raumwärme und Warmwasser oder einer Kombination aus Raumwärme/Warmwasser einschließlich einer eventuell vorhandenen Hausübergabestation (bei Nah-, Fernwärme) (Abb. 1.4)
Klimaanlage	Sämtliche Komponenten einer gebäudetechnischen Anlage, die für eine Raumluftbehandlung erforderlich sind, durch die die Temperatur geregelt wird
Nah-/Fernwärme	Wärme, die mithilfe eines Wärmeträgers in einem Wärmenetz verteilt wird
Nennleistung	Die vom Hersteller festgelegte und im Dauerbetrieb unter Beachtung des vom Hersteller angegebenen Wirkungsgrades als einhaltbar garantierte größte Wärme- oder Kälteleistung in Kilowatt

(Fortsetzung)

Tab. 1.2 (Fortsetzung)

Begriff	Definition/Erläuterung
Niedertemperatur-Heizkessel	Heizkessel, der kontinuierlich mit einer Eintrittstemperatur von 35 bis 40 °C betrieben werden kann und in dem es unter bestimmten Umständen zur Kondensation des in den Abgasen enthaltenen Wasserdampfes kommen kann
Stromdirektheizung	Gerät, mit dem Raumwärme direkt durch Ausnutzung eines elektrischen Widerstands erzeugt wird; auch in Verbindung mit Festkörper-Wärmespeichern
Umweltwärme	Technisch nutzbar gemachte Wärme (oder Kälte), die aus der Luft, dem Wasser oder technischen Prozessen und Abwasserströmen aus baulichen Anlagen entnommen wird
Unvermeidbare Abwärme	Anteil der Wärme, der in einer Industrie- oder Gewerbeanlage oder im tertiären Sektor (Dienstleistungssektor) aufgrund thermodynamischer Gesetze anfällt. Unvermeidbare Abwärme kann nicht vermieden werden, ist nicht nutzbar und muss ohne Nutzung in einem Wärmenetz ungenutzt an die Umgebung (Luft, Wasser) abgegeben werden.

- Biomasse nach der Biomasseverordnung [8]
- Altholz der Kategorien A I und A II nach § 2 Nr. 4 Buchstabe a und b nach der Altholzverordnung [99]
- biologisch abbaubare Anteile von Abfällen aus Haushalten und Industrie
- Deponiegas
- Klärgas
- Klärschlamm nach der Klärschlammverordnung [10]
- Pflanzenölmethylester

1.6 Vorbildfunktion der öffentlichen Hand

Regelungen zur Vorbildfunktion der öffentlichen Hand befinden sich in GEG § 4; siehe folgenden Auszug.

"§ 4 Vorbildfunktion der öffentlichen Hand"

(1) *"Einem Nichtwohngebäude, das sich im Eigentum der öffentlichen Hand befindet und von einer Behörde genutzt wird, kommt eine Vorbildfunktion zu. § 13 Absatz 2 des Bundes-Klimaschutzgesetzes vom 12. Dezember2019 (BGBl. I S. 2513) bleibt unberührt.*

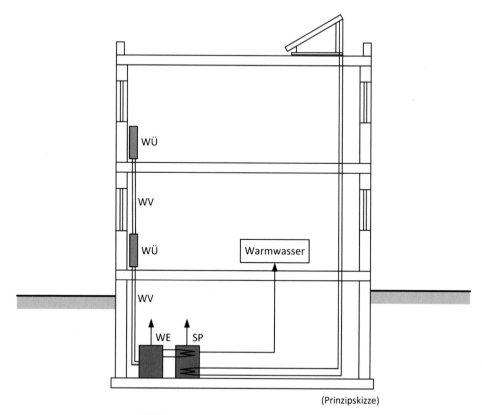

(Prinzipskizze)

WE: Wärmeerzeuger
WV: Wärmeverteilung
WÜ: Wärmeübertragung (Heizkörper, Flächenheizung)
SP: Speicher

Abb. 1.4 Heizungsanlage

Tab. 1.3 Begriffsbestimmungen nach GEG; hier: Energieträger

Begriff	Definition/Erläuterung
Blauer Wasserstoff	Wasserstoff, der durch technische Prozesse (Reformation, Pyrolyse) aus Erdgas hergestellt wird und bestimmte Anforderungen erfüllt; siehe GEG § 3, 4a
Grüner Wasserstoff	Wasserstoff, der unter Einsatz erneuerbarer Energien hergestellt wird und bestimmte Anforderungen erfüllt; siehe GEG § 3, 13b

Tab. 1.4 Begriffsbestimmungen nach GEG; hier: Energieausweise

Begriff	Definition/Erläuterung
Energiebedarfsausweis	Energieausweis, der den für festgelegte Randbedingungen berechneten Energiebedarf eines Gebäudes angibt. Die Kennwerte im Energiebedarfsausweis sind nutzerunabhängig.
Energieverbrauchsausweis	Energieausweis, der den erfassten Energieverbrauch eines Gebäudes angibt. Die Kennwerte im Energieverbrauchsausweis sind abhängig vom Nutzerverhalten.

(2) *Wenn die öffentliche Hand ein Nichtwohngebäude im Sinne des Absatzes 1 Satz 1 errichtet oder einer größeren Renovierung gemäß § 3 Absatz 1 Nr. 13a unterzieht, muss sie prüfen, ob und in welchem Umfang Erträge durch die Errichtung einer im unmittelbaren räumlichen Zusammenhang mit dem Gebäude stehenden Anlage zur Erzeugung von Strom aus solarer Strahlungsenergie oder durch solarthermische Anlagen zur Wärme- und Kälteerzeugung erzielt und genutzt werden können."*

...

Danach kommt öffentlichen Nichtwohngebäuden, die sich beispielsweise im Besitz des Bundes, der Länder oder Kommunen befinden, eine Vorbildfunktion zu, wenn diese neu gebaut oder in größerem Umfang renoviert werden. Größere Renovierungen liegen vor, wenn hiervon mindestens 25 % der wärmeübertragenden Umfassungsfläche des Gebäudes betroffen sind. Konkret wird gefordert, das in solchen Fällen geprüft werden muss, ob und in welchem Umfang Solarenergie (Photovoltaik zur Stromerzeugung oder Solarthermie zur Wärmeerzeugung) genutzt werden kann. Die Solaranlage muss dabei im unmittelbaren räumlichen Zusammenhang mit dem Nichtwohngebäude stehen, d. h. sie muss entweder auf dem bzw. am Gebäude oder auf dem Grundstück angeordnet werden.

Weiterhin wird eine Berichtspflicht über die Erfüllung der Vorbildfunktion gefordert. Die Veröffentlichung kann im Internet (z. B. auf der Website des Gebäudenutzers oder Betreibers) oder auf sonstige geeignete Weise erfolgen. Für Nichtwohngebäude des Bundes wird über die Erfüllung der Vorbildfunktion im Klimaschutzbericht der Bundesregierung [11] berichtet.

Abweichend zu den Regelungen des GEG können die Bundesländer für öffentliche Gebäude des Landes eigene Regelung zur Erfüllung der Vorbildfunktion erlassen, wobei diese über die Vorschriften des GEG hinausgehen dürfen. Ausgenommen hiervon sind die Regeln und Festlegungen zu den Berechnungsgrundlagen und -verfahren nach GEG Teil 2 Abschn. 3.

Kommentar des Autors: Die Forderung der Vorbildfunktion von öffentlichen Gebäuden zur Nutzung von Solarenergie durch installierte Solaranlagen ist grundsätzlich positiv zu bewerten. Kritisch ist allerdings anzumerken, dass konkrete Vorgaben hinsichtlich der Größe

Tab. 1.5 Begriffsbestimmungen des GEG und allgemeine Begriffe; hier: Flächen, Volumen

Begriff	Definition/Erläuterung
Bruttovolumen (beheiztes Gebäudevolumen) V_e	Das beheizte Gebäudevolumen V_e ist das Volumen, das von der wärmeübertragenden Umfassungsfläche A umschlossen wird. Es enthält auch die Volumina der Bauteile. Es wird anhand von Außenmaßen ermittelt. Die Berechnung erfolgt nach DIN V 18599–1:2018–09 [5] Siehe Abb. 1.5
Gebäudenutzfläche A_N	Nutzfläche eines Wohngebäudes. Die Berechnung erfolgt nach DIN V 18599–1:2018–09 [5]. Es gilt (A_N in m^2): $A_N = 0{,}32 \cdot V_e$ bei Geschosshöhen h_G zwischen 2,5 m und 3 m Bei Geschosshöhen h_G mit weniger als 2,5 m oder mehr als 3 m gilt: $$A_N = \left(\frac{1}{h_G} - 0{,}04 \right) \cdot V_e$$ mit V_e = beheiztes Gebäudevolumen n. DIN V 18599–1:2018–09 [5], in m^3
Nettogrundfläche A_{NGF}	Nettogrundfläche (A_{NGF}) nach anerkannten Regeln der Technik, die beheizt oder gekühlt wird (Berechnung und Definition nach DIN V 18599–1:2018–09 [5]). Die Nettogrundfläche wird als Bezugsfläche für die energiebezogenen Angaben bei Nichtwohngebäuden verwendet
Nutzfläche	Wohngebäude: Gebäudenutzfläche A_N Nichtwohngebäude: Nettogrundfläche A_{NGF}
Nutzfläche mit starkem Publikumsverkehr	Öffentlich zugängliche Fläche, die während der Öffnungszeiten von einer großen Zahl von Menschen genutzt wird Die Fläche kann sich in öffentlichen oder privaten Gebäuden befinden

(Fortsetzung)

Tab. 1.5 (Fortsetzung)

Begriff	Definition/Erläuterung
Wärmeübertragende Umfassungsfläche A	Die wärmeübertragende Umfassungsfläche ist die äußere Begrenzung jeder Zone. Wohngebäude: Die wärmeübertragende Umfassungsfläche A eines Wohngebäudes ist nach den Bemaßungsregeln in DIN V 18599–1:2018–09 [5] so festzulegen, dass sie alle beheizten und gekühlten Räume einschließt. Für alle umschlossenen Räume sind dabei gleiche Nutzungsrandbedingungen anzunehmen (Ein-Zonen-Modell). Nichtwohngebäude: Die wärmeübertragende Umfassungsfläche (Systemgrenze) bei einem Nichtwohngebäude ist die Hüllfläche aller konditionierten Zonen nach DIN V 18599–1:2018–09 [5]. Die Hüllfläche wird durch eine stoffliche Grenze gebildet, üblicherweise durch Außenfassade, Innenflächen, Kellerdecke, oberste Geschossdecke oder Dach. Siehe Abb. 1.5
Wohnfläche	Fläche, die sich nach der Wohnflächenverordnung [7] oder anderer Rechtsvorschriften oder anerkannter Regeln der Technik bei der Berechnung der Wohnfläche ergibt
Zone	Als Zone wird die grundlegende räumliche Berechnungseinheit für die Energiebilanzierung bezeichnet. Eine Zone fasst den Grundflächenanteil bzw. Bereich eines Gebäudes zusammen, der durch gleiche Nutzungsrandbedingungen gekennzeichnet ist und keine relevanten Unterschiede hinsichtlich der Arten der Konditionierung und anderer Zonenkriterien aufweist. Die Nutzungsrandbedingungen sind in DIN V 18599–10:2018–09 [6] festgelegt. Die Zonenkriterien sind als Teilungskriterien in DIN V 18599–1:2018–09 [5] erläutert

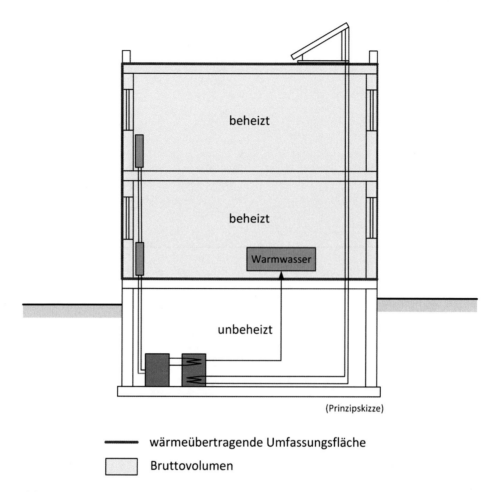

(Prinzipskizze)

——— wärmeübertragende Umfassungsfläche

▢ Bruttovolumen

Abb. 1.5 Wärmeübertragende Umfassungsfläche und Bruttovolumen

und Leistung der zu installierenden Solaranlagen fehlen (z. B. in Abhängigkeit von der Größe und Nutzung des Nichtwohngebäudes). Außerdem werden keine zeitlichen Vorgaben für Bestandsgebäude angegeben, die z. B. eine Ausstattung mit Solaranlagen unabhängig von einer größeren Renovierung fordern. Hier wäre dringend Änderungsbedarf angebracht.

1.7   Grundsatz der Wirtschaftlichkeit

Regelungen zur Wirtschaftlichkeit befinden sich in GEG § 5; siehe folgenden Auszug.

Tab. 1.6 Begriffe; hier: Energiebedarfsgrößen und damit zusammenhängende Größen

Begriff	Definition/Erläuterung
CO_2-Äquivalent	Berechnete Stoffmasse an Treibhausgasen, welche aus dem Einsatz an Endenergie an der Gebäudegrenze entstehen. Dabei werden alle Einzelemissionen auf die Treibhauswirkung von Kohlenstoffdioxid gewichtet umgerechnet, wobei auch vorgelagerte Prozessketten außerhalb des Gebäudes (Gewinnung, Umwandlung und Verteilung) berücksichtigt werden.
Endenergiebedarf	Der Endenergiebedarf ist die berechnete Energiemenge, die der Anlagentechnik (Heizungsanlage, raumlufttechnische Anlage, Warmwasserbereitungsanlage, Beleuchtungsanlage) zur Verfügung gestellt wird, um die festgelegte Rauminnentemperatur, die Erwärmung des Warmwassers und die gewünschte Beleuchtungsqualität über das ganze Jahr sicherzustellen. Diese Energiemenge bezieht die für den Betrieb der Anlagentechnik benötigte Hilfsenergie ein. Die Endenergie wird an der „Schnittstelle" Gebäudehülle übergeben und stellt somit die Energiemenge dar, die der Verbraucher für eine bestimmungsgemäße Nutzung unter normativen Randbedingungen benötigt.
Gesamtenergiebedarf	Der Gesamtenergiebedarf ist der Jahres-Primärenergiebedarf eines Wohngebäudes für Heizung, Warmwasser, Lüftung und Kühlung sowie beines Nichtwohngebäudes für Heizung, Warmwasser, Lüftung, Kühlung sowie Beleuchtun.g
Luftwechsel	Luftvolumenstrom je Volumeneinheit
Nutzwärmebedarf (Heizwärmebedarf)	Der Nutzwärmebedarf (Heizwärmebedarf) ist der rechnerisch ermittelte Wärmebedarf, der zur Aufrechterhaltung der festgelegten thermischen Raumkonditionen innerhalb einer Gebäudezone während der Heizzeit benötigt wird.
Nutzkältebedarf (Kühlbedarf)	Der Nutzkältebedarf (Kühlbedarf) ist der rechnerisch ermittelte Kühlbedarf, der zur Aufrechterhaltung der festgelegten thermischen Raumkonditionen innerhalb einer Gebäudezone benötigt wird in Zeiten, in denen die Wärmequellen eine höhere Energiemenge anbieten als benötigt wird.

(Fortsetzung)

Tab. 1.6 (Fortsetzung)

Begriff	Definition/Erläuterung
Nutzenergiebedarf für Trinkwarmwasser	Der Nutzenergiebedarf für Trinkwarmwasser ist der rechnerisch ermittelte Energiebedarf, der sich ergibt, wenn die Gebäudezone mit der im Nutzungsprofil festgelegten Menge an Trinkwarmwasser entsprechender Zulauftemperatur versorgt wird.
Nutzenergiebedarf der Beleuchtung	Der Nutzenergiebedarf der Beleuchtung ist der rechnerisch ermittelte Energiebedarf, der sich ergibt, wenn die Gebäudezone mit der im Nutzungsprofil festgelegten Beleuchtungsqualität beleuchtet wird.
Primärenergiebedarf Jahres-Primärenergiebedarf	Der Primärenergiebedarf ist die berechnete Energiemenge, die zusätzlich zum Energieinhalt des Energieträgers und der Hilfsenergien für die Anlagentechnik auch die Energieaufwände einbezieht, die durch vorgelagerte Prozessketten außerhalb des Gebäudes bei der Gewinnung, Umwandlung und Verteilung der jeweils eingesetzten Brennstoffe entstehen (Abb. 1.6). Der Jahres-Primärenergiebedarf ist der auf ein Kalenderjahr bezogene Primärenergiebedarf.
Raum-Solltemperatur	Vorgegebene Temperatur im Innern eines Gebäudes bzw. einer Zone, die vom Nutzungsprofil abhängt und den Sollwert der Raumtemperatur bei Heiz- bzw. Kühlbetrieb repräsentiert. Die Ermittlung erfolgt nach DIN V 18599–1:2018–1 [5] i. V. DIN V 18599–10:2018–09 [6].
Verluste der Anlagentechnik	Verluste (d. h. Wärmeabgabe, Kälteabgabe), die in den technischen Prozessschritten zwischen dem Nutzenergiebedarf und Endenergiebedarf, d. h. bei der Übergabe, Verteilung und Speicherung entstehen
Wärme- und Kälteenergiebedarf	Summe aus • der berechneten jährlich benötigten Wärmemenge für Heizung und Warmwasser und • der berechneten jährlich benötigten Kältemenge, jeweils einschließlich der Energieaufwände für Übergabe, Verteilung und Speicherung
Wärmequelle	Wärmemengen mit Temperaturen, die über der Innentemperatur liegen, die der Gebäudezone zugeführt werden oder innerhalb der Gebäudezone entstehen
Wärmesenke	Wärmemenge, die der Gebäudezone entzogen wird

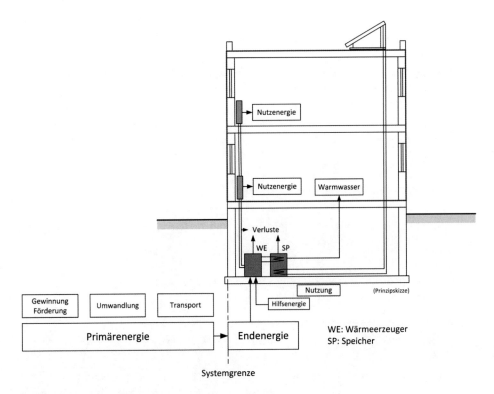

Abb. 1.6 Primärenergiebedarf (schematische Darstellung)

"§ 5 Grundsatz der Wirtschaftlichkeit"

"Die Anforderungen und Pflichten, die in diesem Gesetz oder in den auf Grund dieses Gesetzes erlassenen Rechtsverordnungen aufgestellt werden, müssen nach dem Stand der Technik erfüllbar sowie für Gebäude gleicher Art und Nutzung und für Anlagen oder Einrichtungen wirtschaftlich vertretbar sein. Anforderungen und Pflichten gelten als wirtschaftlich vertretbar, wenn generell die erforderlichen Aufwendungen innerhalb der üblichen Nutzungsdauer durch die eintretenden Einsparungen erwirtschaftet werden können. Bei bestehenden Gebäuden, Anlagen und Einrichtungen ist die noch zu erwartende Nutzungsdauer zu berücksichtigen."

Der Grundsatz der Wirtschaftlichkeit besagt, dass die Anforderungen und Pflichten des GEG einerseits nach dem Stand der Technik erfüllbar und andererseits wirtschaftlich vertretbar sein müssen. Als wirtschaftlich vertretbar gelten Anforderungen und Pflichten, wenn die erforderlichen Investitionen (z. B. für die Dämmung einer Fassade, Einbau einer

Wärmepumpe usw.) innerhalb der üblichen Nutzungsdauer durch die Einsparungen kompensiert werden können. Für Bestandsgebäude ist die noch zu erwartende Nutzungsdauer anzusetzen.

Kommentar des Autors: Die Regelungen zum Grundsatz der Wirtschaftlichkeit sind sehr vage formuliert und lassen einen großen Ermessensspielraum zu. Insbesondere die Aussage zur wirtschaftlichen Vertretbarkeit von geforderten Maßnahmen aufgrund der Anforderungen des GEG ist nicht präzise, da es beispielsweise verschiedene Verfahren zur Berechnung der Wirtschaftlichkeit (Kosten-Nutzen-Analyse) gibt.

1.8   Verordnungsermächtigungen

Regelungen zu Verordnungsermächtigungen befinden sich in GEG § 6; siehe folgenden Auszug.

"§ 6 Verordnungsermächtigung zur Verteilung der Betriebskosten und zu Abrechnungs- und Verbrauchsinformationen"

(1) *"Die Bundesregierung wird ermächtigt, durch Rechtsverordnung mit Zustimmung des Bundesrates vorzuschreiben, dass*

1. *der Energieverbrauch der Benutzer von heizungs-, kühl- oder raumlufttechnischen oder der Versorgung mit Warmwasser dienenden gemeinschaftlichen Anlagen oder Einrichtungen erfasst wird,*

2. *die Betriebskosten dieser Anlagen oder Einrichtungen so auf die Benutzer zu verteilen sind, dass dem Energieverbrauch der Benutzer Rechnung getragen wird,*

3. *die Benutzer in regelmäßigen, im Einzelnen zu bestimmenden Abständen auf klare und verständliche Weise Informationen erhalten über Daten, die für die Einschätzung, den Vergleich und die Steuerung des Energieverbrauchs und der Betriebskosten von heizungs-, kühl- oder raumlufttechnischen oder der Versorgung mit Warmwasser dienenden gemeinschaftlichen Anlagen oder Einrichtungen relevant sind, und über Stellen, bei denen weitergehende Informationen und Dienstleistungen zum Thema Energieeffizienz verfügbar sind,*

4. *die zum Zwecke der Datenverarbeitung eingesetzte Technik einem Stand der Technik entsprechen muss, der Datenschutz, Datensicherheit und Interoperabilität gewährleistet, und*

5. *bei einem Wechsel des Abrechnungsdienstleisters oder einer Übernahme der Abrechnung durch den Gebäudeeigentümer die für die Abrechnung notwendigen Daten dem neuen Abrechnungsdienstleister oder dem Gebäudeeigentümer zugänglich gemacht werden müssen."*

(2) ...

In GEG § 6 wird im Wesentlichen geregelt, dass die Bundesregierung durch Rechtsverordnung (Zustimmung des Bundesrates erforderlich) ermächtigt wird, Vorschriften
über die Erfassung verschiedener Daten (z. B. Energieverbrauch, Betriebskosten der
Anlagen, Heizkosten), deren Weitergabe an die Benutzer in verständlicher Form, den
Datenschutz und das Prozedere der Datenübergabe bei einem Wechsel des Abrechnungsdienstleisters zu erlassen. Hiermit ist beispielsweise die Verordnung über die
verbrauchsabhängige Abrechnung der Heiz- und Warmwasserkosten (Verordnung über
Heizkostenabrechnung – HeizkostenV) [12] gemeint.

1.9   Regeln der Technik

Allgemein anerkannte Regeln der Technik sind technische Regeln, die auf wissenschaft-
lichen Erkenntnissen beruhen, von der Fachwelt anerkannt werden und sich in der Praxis
bewährt haben. Hierzu zählen beispielsweise bauaufsichtlich eingeführte nationale und
europäische Normen (z. B. die nationale Normenreihe DIN V 18599 [2]), geltende allgemeine bauaufsichtliche Zulassungen (z. B. für nicht geregelte Wärmedämmstoffe) sowie
Publikationen und Schriften von Verbänden und Institutionen (z. B. die Fachregel für
Abdichtungen – Flachdachrichtlinie [13]).

Im GEG werden in § 7 ergänzende Festlegungen und Definitionen zum Begriff „Regeln
der Technik" vorgenommen; siehe folgenden Auszug.

"§ 7 Regeln der Technik"

(1) *"Das Bundesministerium für Wirtschaft und Klimaschutz kann gemeinsam mit dem
Bundesministerium für Wohnen, Stadtentwicklung und Bauwesen durch Bekanntmachung im Bundesanzeiger auf Veröffentlichungen sachverständiger Stellen über
anerkannte Regeln der Technik hinweisen, soweit in diesem Gesetz auf solche Regeln
Bezug genommen wird.*

(2) *Zu den anerkannten Regeln der Technik gehören auch Normen, technische Vorschriften oder sonstige Bestimmungen anderer Mitgliedstaaten der Europäischen Union
und anderer Vertragsstaaten des Abkommens über den Europäischen Wirtschafts-
raum sowie der Republik Türkei, wenn ihre Einhaltung das geforderte Schutzniveau
in Bezug auf Energieeinsparung und Wärmeschutz dauerhaft gewährleistet."*

...

1.10   Verantwortliche

In § 8 des GEG wird geregelt, wer für die Einhaltung der Vorschriften des GEG verantwortlich zeichnet; siehe folgenden Auszug. In der Regel sind dies der Bauherr oder Eigentümer, soweit nichts anderes ausdrücklich im Gesetz festgelegt ist. Eigentümer im Sinne des GEG können Personen (bei Wohnungseigentümergemeinschaften die jeweiligen Eigentümer) sein, aber auch Gesellschaften, Firmen, Körperschaften o. Ä.

Außerdem ist auch der Personenkreis verantwortlich, der im Auftrag vom Bauherrn oder Eigentümer beim Neubau oder der Änderung von Gebäuden oder Anlagentechnik tätig ist, d. h. an der Planung und/oder Ausführung mitwirkt. Hierzu zählen beispielsweise Planungsbüros (Architekten, Ingenieure) sowie ausführende Firmen.

"§ 8 Verantwortliche"

(1) *"Für die Einhaltung der Vorschriften dieses Gesetzes ist der Bauherr oder Eigentümer verantwortlich, soweit in diesem Gesetz nicht ausdrücklich ein anderer Verantwortlicher bezeichnet ist.*

(2) *Für die Einhaltung der Vorschriften dieses Gesetzes sind im Rahmen ihres jeweiligen Wirkungskreises auch die Personen verantwortlich, die im Auftrag des Eigentümers oder des Bauherrn bei der Errichtung oder Änderung von Gebäuden oder der Anlagentechnik in Gebäuden tätig werden."*

1.11   Überprüfung der Anforderungen

Der § 9 des GEG enthält eine Klausel, nach der eine Überprüfung der Anforderungen an zu errichtende und bestehende Gebäude nach einem bestimmten Zeitraum vorzunehmen ist. Im Gesetz wird als Zeitpunkt noch das Jahr 2023 genannt. Mit Inkrafttreten der Novelle zum 1. Jan. 2024 ist dieser Zeitpunkt allerdings verstrichen. Insofern ergibt der § 9 in der jetzigen Form keinen Sinn; siehe folgenden Gesetzesauszug.

"§ 9 Überprüfung der Anforderungen an zu errichtende und bestehende Gebäude"

(1) *"Das Bundesministerium für Wirtschaft und Klimaschutz und das Bundesministerium für Wohnen, Stadtentwicklung und Bauwesen werden die Anforderungen an zu errichtende Gebäude nach Teil 2 und die Anforderungen an bestehende Gebäude nach Teil 3 Abschn. 1 nach Maßgabe von § 5 und unter Wahrung des Grundsatzes der Technologieoffenheit im Jahr 2023 überprüfen und nach Maßgabe der Ergebnisse der Überprüfung innerhalb von sechs Monaten nach Abschluss der Überprüfung einen Gesetzgebungsvorschlag für eine Weiterentwicklung der Anforderungen an zu*

errichtende und bestehende Gebäude vorlegen. Die Bezahlbarkeit des Bauens und Wohnens ist ein zu beachtender wesentlicher Eckpunkt.

(2) *Das Bundesministerium für Wirtschaft und Klimaschutz und das Bundesministerium für Wohnen, Stadtentwicklung und Bauwesen werden unter Wahrung der Maßgaben des Absatzes 1 bis zum Jahr 2023 prüfen, auf welche Weise und in welchem Umfang synthetisch erzeugte Energieträger in flüssiger oder gasförmiger Form bei der Erfüllung der Anforderungen an zu errichtende Gebäude nach Teil 2 und bei der Erfüllung der Anforderungen an bestehende Gebäude nach Teil 3 Abschn. 1 Berücksichtigung finden können."*

"§ 9a Länderregelung"
"Die Länder können durch Landesrecht weitergehende Anforderungen an die Erzeugung und Nutzung von Strom oder Wärme sowie Kälte aus erneuerbaren Energien in räumlichem Zusammenhang mit Gebäuden sowie weitergehende Anforderungen oder Beschränkungen an Stromdirektheizungen stellen."

Literatur

1. Gesetz zur Einsparung von Energie und zur Nutzung erneuerbarer Energien zur Wärme- und Kälteerzeugung in Gebäuden (Gebäudeenergiegesetz – GEG) vom 8. August 2020 (BGBl. I S. 1728), das zuletzt durch Artikel 1 des Gesetzes vom 16. Oktober 2023 (BGBl. I Nr. 280) geändert worden ist
2. DIN V 18599 „Energetische Bewertung von Gebäuden"
3. DIN 4108 „Wärmeschutz und Energie-Einsparung in Gebäuden"
4. Bundes-Klimaschutzgesetz (KSG) vom 12. Dezember 2019 (BGBl. I S. 2513), das durch Artikel 1 des Gesetzes vom 18. August 2021 (BGBl. I S. 3905) geändert worden ist
5. DIN V 18599–1:2018–09: Energetische Bewertung von Gebäuden – Berechnung des Nutz-, End- und Primärenergiebedarfs für Heizung, Kühlung, Lüftung, Trinkwarmwasser und Beleuchtung – Teil 1: Allgemeine Bilanzierungsverfahren, Begriffe, Zonierung und Bewertung der Energieträger
6. DIN V 18599–10:2018–09: Energetische Bewertung von Gebäuden – Berechnung des Nutz-, End- und Primärenergiebedarfs für Heizung, Kühlung, Lüftung, Trinkwarmwasser und Beleuchtung – Teil 10: Nutzungsrandbedingungen, Klimadaten
7. Wohnflächenverordnung vom 25. November 2003 (BGBl. I S. 2346)
8. Biomasseverordnung vom 21. Juni 2001 (BGBl. I S. 1234)
9. Altholzverordnung vom 15. August 2002 (BGBl. I S.3302), die zuletzt durch Artikel 120 der Verordnung vom 19. Juni 2020 (BGBl. I S. 1328) geändert worden ist
10. Klärschlammverordnung vom 27. September 2017 (BGBl. I S. 3465), die zuletzt durch Artikel 137 der Verordnung vom 19. Juni 2020 (BGBl. I S. 1328) geändert worden ist
11. Klimaschutzbericht 2022 der Bundesregierung nach § 10 Absatz 1 des Bundes-Klimaschutzgesetzes vom 31.08.2022, Bundesministerium für Wirtschaft und Klimaschutz
12. Verordnung über die verbrauchsabhängige Abrechnung der Heiz- und Warmwasserkosten (Verordnung über Heizkostenabrechnung – HeizkostenV) vom 5. Oktober 2009 (BGBl. I S. 3259),

das zuletzt durch Artikel 3 des Gesetzes vom 16. Oktober 2023 (BGBl. 2023 I Nr. 280) geändert worden ist

13. Fachregel für Abdichtungen – Flachdachrichtlinie; Ausgabe Dezember 2016 mit Änderungen November 2017, Mai 2019 und März 2020; hrsg. v. Zentralverband des Deutschen Dachdeckerhandwerks (ZVDH), Rudolf Müller Verlag, Köln

Grundlagen Wärmeschutz, Anlagentechnik und Entwurf

2

2.1 Allgemeines

Das Gebäudeenergiegesetz (GEG) [1] legt Anforderungen zur Einsparung von Energie zur Wärme- und Kälteerzeugung in Gebäuden fest und enthält Vorgaben zur Nutzung erneuerbarer Energien. Im Fokus der Regelungen stehen dabei einerseits Anforderungen an den baulichen Wärmeschutz und andererseits Anforderungen an die Anlagentechnik. Ziel des baulichen Wärmeschutzes ist es, den Energiebedarf für Wärme- und ggfs. Kühlung zu minimieren, indem Transmissions- und Lüftungswärmeverluste durch geeignete bauliche Maßnahmen (z. B. Entwurf, Baukörperform, Dämmung von Außenbauteilen, Minimierung des Einflusses konstruktiver Wärmebrücken, Ausführung einer luftdichten Gebäudehülle) reduziert werden. Mit den Regelungen zur Anlagentechnik (Heizungsanlage, Wärmeerzeuger, Wärmeverteilung, Warmwasserbereitung, Lüftungsanlage usw.) werden im Wesentlichen zwei Ziele verfolgt: Erstens wird gefordert, dass nur solche Anlagen oder Anlagenkomponenten eingesetzt werden, die die eingesetzte Energie möglichst effizient nutzen und möglichst wenig Hilfsenergie für den Betrieb benötigen. Zweitens werden die Art der Energieträger für die Wärmeerzeugung (und ggfs. Kälte) sowie der Anteil erneuerbarer Energien vorgeschrieben (z. B. mindestens 65 % Anteil an erneuerbaren Energien an der Wärmeerzeugung bei Heizungsanlagen). Das GEG ist somit ein übergeordnetes Regelwerk mit Anforderungen an den bauphysikalischen Wärmeschutz und an die Anlagentechnik.

Zum besseren Verständnis der Regelungen des GEG werden zunächst die bauphysikalischen Grundlagen zum Wärmeschutz in den folgenden Abschnitten erläutert (Abschn. 2.2). Hierzu zählen Begriffsdefinitionen sowie die Erläuterung relevanter Kenngrößen (z. B. Wärmedurchgangskoeffizient bzw. U-Wert), die für die Beschreibung der energetischen Qualität von Bauteilen und Nachweise benötigt werden. Außerdem werden die physikalischen Zusammenhänge des Wärmetransports behandelt. Deren Verständnis ist

P. Schmidt, *Das novellierte Gebäudeenergiegesetz (GEG 2024)*, Detailwissen Bauphysik, https://doi.org/10.1007/978-3-658-44921-6_2

notwendig, da eine wesentliche Aufgabe einer energieeffizienten Gebäudeplanung darin besteht, den Wärmestrom durch die Bauteile der thermischen Gebäudehülle und Lüftungswärmeverluste zu minimieren. In einem weiteren Abschn. 2.3 wird ein kurzer Überblick über die Anlagentechnik gegeben, wobei u. a. die verschiedenen Anlagensysteme und Anlagenkomponenten (z. B. Wärmeerzeuger, Wärmeübergabe) sowie ihre Funktionsweise erläutert werden. In Abschn. 2.4 wird kurz auf die Grundsätze eingegangen, die bereits beim Entwurf von energieeffizienten Gebäuden zu beachten sind.

Für ausführliche Informationen wird auf die entsprechenden Normen und Vorschriften sowie auf die einschlägige Fachliteratur verwiesen (z. B. [2, 18]).

2.2 Bauphysikalische Grundlagen des Wärmeschutzes

2.2.1 Allgemeines

Unter dem Begriff Wärmeschutz sind Maßnahmen an Gebäuden zu verstehen, die darauf abzielen, zum einen behagliches und hygienisches Raumklima zu schaffen sowie kritische Oberflächenfeuchten zu vermeiden (Mindestwärmeschutz) und zum anderen den Energiebedarf für die Erzeugung von Raumwärme und ggfs. Kühlung sowie Warmwasserbereitung zu minimieren (energiesparender Wärmeschutz). Anforderungen an den Mindestwärmeschutz von wärmeübertragenden Bauteilen und im Bereich von Wärmebrücken sind in DIN 4108-2 „Wärmeschutz und Energie-Einsparung in Gebäuden – Teil 2: Mindestanforderungen an den Wärmeschutz" [3] in Verbindung mit DIN 4108-3 „Wärmeschutz und Energie-Einsparung in Gebäuden – Teil 3: Klimabedingter Feuchteschutz – Anforderungen, Berechnungsverfahren und Hinweise für Planung und Ausführung" [4] geregelt. Für Anforderungen an den energiesparenden Wärmeschutz gilt das GEG [1] in Verbindung mit den dort zitierten Normen und Vorschriften.

Typische Maßnahmen des baulichen Wärmeschutzes sind beispielsweise die Dämmung von Bauteilen der thermischen Gebäudehülle, der Einsatz von Fenstern mit Dreischeiben-Isoliergläsern und wärmetechnisch verbesserten Rahmenprofilen sowie die Minimierung der Wärmeverluste über Wärmebrücken. Im weiteren Sinn werden dem Wärmeschutz auch Maßnahmen zugeordnet, die die Anlagentechnik betreffen, wie beispielsweise die Dämmung von Wärmeverteilungs- und Warmwasserleitungen in unbeheizten Zonen.

Eine Sonderrolle nimmt der sommerliche Wärmeschutz ein, durch den eine zu starke Aufheizung von Räumen und Gebäuden im Sommer verhindert werden soll, um ein behagliches und akzeptables Raumklima zu gewährleisten. Maßnahmen des sommerlichen Wärmeschutzes sollten allein baulich erfolgen, beispielsweise durch geeignete Sonnenschutzvorrichtungen, und/oder die Anordnung von Vordächern oder Fassadenrücksprüngen. Eine Konditionierung der Raumluft durch aktive Kühlung (Klimaanlagen) scheidet aus. Anforderungen an den sommerlichen Wärmeschutz und Nachweisverfahren sind in DIN 4108-2 [3] geregelt (Abb. 2.1).

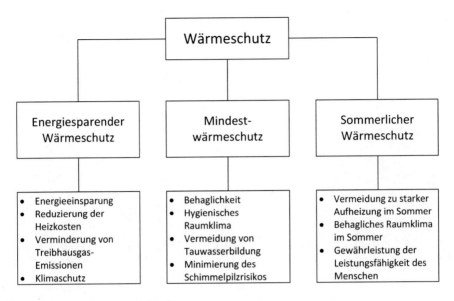

Abb. 2.1 Wärmeschutz von Gebäuden

2.2.2 Begriffe

Nachfolgend werden einige wichtige Begriffe erläutert, die im Zusammenhang mit dem GEG und den physikalischen Grundlagen des Wärmeschutzes von Gebäuden verwendet werden.

Wärme
Wärme ist eine Energieform, die die kinetische Energie der Moleküle angibt. Bei einer Temperatur von $T = 0$ K (entsprechend $-273,15$ °C) kommt die Bewegung der Moleküle zum Stillstand, d. h. die kinetische Energie ist in diesem Fall gleich Null. Die zugehörige Temperatur wird als absoluter Nullpunkt bezeichnet. Mit steigender Temperatur nehmen die Bewegung der Moleküle und damit die kinetische Energie zu. Um die Temperatur eines Körpers (bzw. eines Gases oder einer Flüssigkeit) zu erhöhen, muss diesem Energie zugeführt werden, z. B. durch Wärme oder mechanische Energie (Reiben, Zusammendrücken eines Gases). Im umgekehrten Fall muss einem Körper Energie entzogen werden, um seine Temperatur zu verringern.

Temperatur
Die Temperatur ist ein Maß für den Wärmezustand eines Feststoffes, eines Gases oder einer Flüssigkeit. Temperaturen werden in verschiedenen Einheiten angegeben. In der Bauphysik werden die Einheiten °C (= Grad Celsius) und K (= Kelvin) verwendet.

Tab. 2.1   Vergleich der Temperaturen in den Einheiten Grad Celsius und Kelvin

Bezeichnung	Temperatureinheit	
	Grad Celsius [°C]	Kelvin [K]
Siedepunkt des Wassers (Dampfpunkt)	100	373,15
Schmelzpunkt des Eises (Eispunkt)	0	273,15
Absoluter Nullpunkt	−273,15	0

Die Einheit Grad Celsius wird für die Angabe absoluter Temperaturen verwendet, zugehöriges Formelzeichen ist θ ($=$ „Theta"). Beispiele: θ_i = Raumlufttemperatur (innen); θ_{si} = Oberflächentemperatur auf der Innenseite; θ_e = Außenlufttemperatur; θ_{se} = Oberflächentemperatur auf der Außenseite.

Die Einheit Kelvin ist eine SI-Einheit und wird dagegen für Temperaturunterschiede verwendet, zugehöriges Formelzeichen ist meistens T. Die Celsius-Skala ist um 273,15 K gegenüber der Kelvin-Skala versetzt. Für die Umrechnung gilt:

$$\theta = T - 273,15 \qquad (2.1)$$

Darin bedeuten:

θ Temperatur, in °C

T Temperatur, in K

Die Temperaturskala in der Einheit Celsius ist so gestaltet, dass sich bei 0 °C der Eispunkt und bei 100 °C der Dampfpunkt von Wasser befinden. In der Einheit Celsius gibt es positive und negative Temperaturwerte. Bei der Temperaturskala in Kelvin wird der absolute Nullpunkt (das ist die Temperatur, bei der die Bewegung der Moleküle aufhört, siehe Abschn. 2.1.2) gleich 0 K gesetzt. In der Einheit Kelvin gibt es daher nur positive Temperaturwerte (Tab. 2.1).

2.2.3   Behaglichkeitskriterien

Das Behaglichkeitsempfinden des Menschen in einem Raum wird von der Raumlufttemperatur, der relativen Luftfeuchte, der Luftbewegung im Raum und der Oberflächentemperatur der raumumfassenden Bauteile beeinflusst. Für ein günstiges Wohlbefinden des Menschen sollte die Raumlufttemperatur zwischen 18 °C und 22 °C liegen. Die Raumlufttemperatur hängt dabei auch von der gerade ausgeübten Tätigkeit sowie vom individuellen Empfinden ab. Die Oberflächentemperaturen auf der Innenseite der raumumfassenden Bauteile (Decke, Wände, Fußboden, Fenster) sollten nicht mehr als 2 bis 4 K unter der

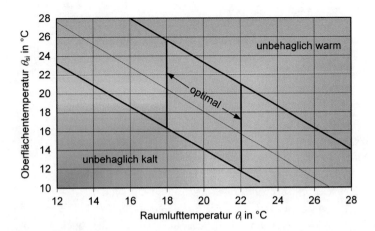

Abb. 2.2 Zusammenhang zwischen Raumlufttemperatur und Oberflächentemperatur für das Behaglichkeitsempfinden des Menschen

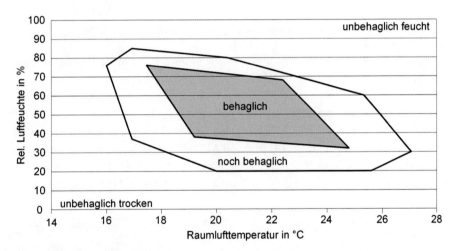

Abb. 2.3 Zusammenhang zwischen Raumlufttemperatur und relativer Luftfeuchte für das Behaglichkeitsempfinden des Menschen

Raumlufttemperatur liegen (Abb. 2.2). Für die relative Luftfeuchte gelten Werte zwischen 40 und 60 % als ideal (Abb. 2.3).

2.2.4 Wärmetransport

Wärme wird auf folgende drei Arten transportiert (Abb. Abb. 2.4):

Abb. 2.4 Wärmetransport
durch Wärmeleitung,
Konvektion und Strahlung
(Prinzipskizze)

      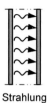

Wärmeleitung   Konvektion   Strahlung

- **Wärmeleitung** oder Transmission: Wärmetransport zwischen unmittelbar benachbarten Teilchen. Wärmeleitung ist nur *in* einem Stoff möglich.
- **Konvektion**: Wärmetransport mithilfe eines strömenden Mediums (z. B. Gase, Flüssigkeiten). Konvektion ist nur *mit* einem Medium möglich.
- **Strahlung**: Wärmetransport durch elektromagnetische Wellen. Ein Medium ist nicht erforderlich. Wärmetransport durch Strahlung erfolgt daher auch im luftleeren Raum (z. B. Sonnenstrahlung im Weltall).

Grundsätzlich gilt, dass Wärme nur transportiert werden kann, wenn ein Temperaturgefälle ΔT bzw. $\Delta\theta$ vorhanden ist. Der Wärmestrom fließt dabei dem Temperaturgefälle folgend immer vom Ort mit höherer Temperatur (hohes Potenzial) zum Ort mit niedriger Temperatur (niedriges Potenzial).

In den folgenden Abschnitten werden die einzelnen Wärmetransportmechanismen sowie die physikalischen Zusammenhänge genauer erläutert.

2.2.4.1 Wärmeleitung

Der Wärmetransport durch Wärmeleitung erfolgt innerhalb eines Stoffes zwischen den unmittelbar benachbarten Teilen (Atome und Moleküle). Stoffe mit sehr dichtem Gefüge (z. B. Metalle) leiten Wärme sehr gut, sie werden als gute Wärmeleiter bezeichnet. Stoffe mit großem Gefügeabstand und großem Porenanteil (wie z. B. Dämmstoffe) sind dagegen schlechte Wärmeleiter.

Wärmeleitfähigkeit von Stoffen

Physikalische Kenngröße für die Wärmeleitung eines Stoffes ist die *Wärmeleitfähigkeit λ* (Einheit: W/(mK)). Die Wärmeleitfähigkeit variiert erheblich mit der Stoffgruppe (z. B. Metalle, Polymere, Gase) und ist besonders groß bei Metallen und sehr gering bei Gasen ohne Konvektion. Im Wesentlichen ist die Wärmeleitfähigkeit eines Stoffes von dessen Rohdichte abhängig, aber auch der Feuchtegehalt sowie die Temperatur sind Einflussgrößen. Mit zunehmender Rohdichte nimmt i. a. auch die Wärmeleitfähigkeit zu. Je geringer die Rohdichte eines Stoffes ist, d. h. je größer sein Porenanteil ist, desto näher liegt seine Wärmeleitfähigkeit bei der von Luft. Weiterhin gilt, dass mit zunehmendem Feuchtegehalt eines Stoffes auch dessen Wärmeleitfähigkeit ansteigt. Bei Stoffen mit kleiner Rohdichte ist der Einfluss des Feuchtegehaltes auf die Wärmeleitfähigkeit geringer

als bei Stoffen mit größerer Rohdichte. Der Einfluss der Temperatur auf die Wärmeleitfähigkeit ist dagegen relativ gering. Hier gilt, dass mit steigender Temperatur die
Wärmeleitfähigkeit eines Stoffes zunimmt. Für baupraktische Berechnungen und Nachweise wird mit Bemessungswerten der Wärmeleitfähigkeit gearbeitet. Diese gelten für
bestimmte Randbedingungen (Temperatur = 23 °C, relative Luftfeuchte = 80 %) und sind
in DIN 4108-4 „Wärmschutz und Energie-Einsparung in Gebäuden – Teil 4: Wärme- und
feuchteschutztechnische Kennwerte" [5] sowie DIN EN ISO 10456 „Baustoffe und Bauprodukte – Wärme- und feuchtetechnische Eigenschaften – Tabellierte Bemessungswerte
und Verfahren zur Bestimmung der wärmeschutztechnischen Nenn- und Bemessungswerte" [6] angegeben. Bemessungswerte der Wärmeleitfähigkeit für einige ausgewählte Stoffe
sind in Tab. 2.2 angegeben. Für detaillierte Angaben wird auf die genannten Normen
verwiesen.

Wärmestromdichte und Wärmestrom
Der Wärmetransport infolge Wärmeleitung lässt sich durch die *Wärmestromdichte q* aus-
drücken. Die Wärmestromdichte q gibt den Wärmestrom Φ bezogen auf die Bauteilfläche
A an (Dimension: q in W/m^2). Es gilt:

$$q = \frac{\Phi}{A} \qquad (2.2)$$

Darin bedeuten:

q Wärmestromdichte, in W/m^2

Φ Wärmestrom, in W

A Bauteilfläche, in m^2

Die Wärmestromdichte q ist dem Temperaturgradienten entgegen gerichtet und pro-
portional zur *Wärmeleitfähigkeit* λ. Unter stationären Bedingungen, d. h. für zeitlich
konstante Temperaturverhältnisse sowie für ebene Bauteile ist die Wärmestromdichte in
allen Bauteilschichten gleich. Es gilt:

$$q = \left| -\lambda \frac{\partial \theta}{\partial n} \right| = \frac{\lambda}{d} \Delta \theta = \frac{\lambda}{d}(\theta_1 - \theta_2) = U(\theta_1 - \theta_2) \qquad (2.3)$$

Darin bedeuten:

λ Wärmeleitfähigkeit, in W/(mK); für wärmeschutztechnische Berechnungen und
     Nachweise ist in der Regel der Bemessungswert der Wärmeleitfähigkeit λ_B anzuset-
     zen

$\Delta\theta$ Temperaturdifferenz zwischen den Bauteil- bzw. Schichtoberflächen, in K ($\Delta\theta = \theta_1$
     $- \theta_2$)

Tab. 2.2 Bemessungswerte der Wärmeleitfähigkeit und Richtwerte der Wasserdampf-Diffusionswiderstandszahlen für ausgewählte Stoffe (nach DIN 4108-4 [5] und DIN EN ISO 10456 [6])

Stoff	Rohdichte[a,b] ρ kg/m³	Bemessungswert der Wärmeleitfähigkeit λ_B W/(mK)	Richtwert der Wasserdampf-Diffusionswiderstandszahl[c] μ -
Putze, Mörtel und Estriche			
Putzmörtel aus Kalk, Kalkzement und hydraulischem Kalk	(1800)	1,0	15/35
Gipsputzmörtel nach DIN EN 13279-1	900	0,30	4/10
	1000	0,34	
	1200	0,43	
Leichtputz	< 1300	0,56	15/20
	≤ 700	0,25	
Kunstharzputz	(1100)	0,70	50/200
Zementmörtel	(2000)	1,6	15/35
Normalmörtel NM	(1800)	1,2	
Dünnbettmauermörtel	(1600)	1,0	
Gussasphaltestrich	(2300)	0,90	d
Zementestrich	(2000)	1,4	15/35
Calciumsulfat-Estrich (Anhydrit-Estrich)	(2100)	1,2	
Magnesia-Estrich	1400	0,47	
	2300	0,70	
Beton-Bauteile			
Leichtbeton und Stahlleichtbeton mit geschlossenem Gefüge n. DIN EN 205 und DIN 1045-2	800 bis 2000	0,39 bis 1,35	70/150

(Fortsetzung)

Tab. 2.2 (Fortsetzung)

Stoff	Rohdichte[a,b] ρ kg/m³	Bemessungswert der Wärmeleitfähigkeit λ_B W/(mK)	Richtwert der Wasserdampf-Diffusionswiderstandszahl[c] μ -
Dampfgehärteter Porenbeton n. DIN EN 12602	350 bis 1000	0,11 bis 0,29	5/10
Beton, mittlere Rohdichte	1800	1,15	60/100
	2000	1,35	60/100
	2200	1,65	70/120
Beton, hohe Rohdichte	2400	2,00	80/130
Stahlbeton (mit 1 % Stahl)	2300	2,30	80/130
Stahlbeton (mit 2 % Stahl)	2400	2,50	80/130
Bauplatten			
Porenbeton-Bauplatten (Ppl) (unbewehrt) mit normaler Fugendicke u. Mauermörtel n. DIN EN 1996-1-1, DIN EN 1996-2 verlegt	400 bis 800	0,20 bis 0,29	5/10
Porenbeton-Planbauplatten (Pppl), dünnfugig verlegt	350 bis 800	0,11 bis 0,25	5/10
Wandbauplatten aus Leichtbeton n. DIN 18162	800 bis 1400	0,29 bis 0,58	5/10
Gips-Wandbauplatten n. DIN EN 12859	600 bis 1500	0,18 bis 0,56	4/10
Gipsplatten nach DIN 18180, DIN EN 520	700	0,21	4/10
	900	0,25	
Mauerwerk, einschließlich Mörtelfugen			
Vollklinker, Hochlochklinker, Keramikklinker	1800 bis 2400	0,81 bis 1,4	50/100
Vollziegel, Hochlochziegel, Füllziegel	1200 bis 2400	0,50 bis 1,4	5/10
Hochlochziegel mit Lochung A (HLzA) und B (HLzB) (NM/DM)	550 bis 1000	0,32 bis 0,45 bei NM/DM 0,27 bis 0,40 bei LM21/LM36	5/10

(Fortsetzung)

Tab. 2.2 (Fortsetzung)

(Fortsetzung)

Stoff	Rohdichte[a,b] ρ kg/m³	Bemessungswert der Wärmeleitfähigkeit λ_B W/(mK)	Richtwert der Wasserdampf-Diffusionswiderstandszahl[c] μ -
Mauerwerk aus Kalksandsteinen n. DIN V 106 bzw. DIN EN 771-2 i. V. mit DIN 20000-402	1000 bis 2600	0,50 bis 1,8	5/25
Mauerwerk aus Porenbeton-Plansteinen (PP) n. DIN EN 771-4 i. V. mit DIN 20000-404	350 bis 800	0,11 bis 0,25	5/10
Wärmedämmstoffe			
Mineralwolle (MW) n. DIN EN 13162[g]	–	NW: 0,030 bis 0,050 BW: 0,031 bis 0,052	1
Expandierter Polystyrolschaum (EPS) n. DIN EN 13163[g]	–	NW: 0,030 bis 0,050 BW: 0,031 bis 0,052	20/100
Extrudierter Polystyrolschaum (XPS) n. DIN EN 13164[g]	–	NW: 0,022 bis 0,045 BW: 0,023 bis 0,046	80/250
Polyurethan-Hartschaum (PU) n. DIN EN 13165[g]	–	NW: 0,020 bis 0,040 BW: 0,021 bis 0,041	40/200
Phenolharz-Hartschaum (PF) n. DIN EN 13166[g]	–	NW: 0,020 bis 0,035 BW: 0,021 bis 0,036	10/60
Schaumglas (CG) n. DIN EN 13167[g]	–	NW: 0,037 bis 0,055 BW: 0,038 bis 0,057	praktisch dampfdicht
Holzwolle-Leichtbauplatten n. DIN EN 13168; Holzwolle-Platten (WW)[f]	–	NW: 0,060 bis 0,10 BW: 0,063 bis 0,105	2/5
Holzwolle-Mehrschichtplatten n. DIN EN 13168 (WW-C); mit expandiertem Polystyrolschaum (EPS)	–	NW: 0,030 bis 0,050 BW: 0,031 bis 0,052	20/50

Tab. 2.2 (Fortsetzung)

Stoff	Rohdichte[a,b] ρ kg/m³	Bemessungswert der Wärmeleitfähigkeit λ_B W/(mK)	Richtwert der Wasserdampf-Diffusionswiderstandszahl[c] μ -
Holzfaserdämmstoff (WF) n. DIN EN 13171f	–	NW: 0,032 bis 0,060 BW: 0,034 bis 0,063	3/5
Expandierter Kork (ICB) n. DIN EN 13170[e]	–	NW: 0,045 bis 0,055 BW: 0,049 bis 0,068	5/10
Wärmedämmputz n. DIN EN 998-1 Kategorie T1	–	BW: 0,12	5/20
Kategorie T2		BW: 0,24	
Holz und Holzwerkstoffe			
Konstruktionsholz (Nutzholz)[d]	450 bis 700	0,12 bis 0,18	20/50 bis 50/200
Sperrholz[h]	300 bis 1000	0,09 bis 0,24	50/150 bis 110/250
Spanplatten	300 bis 900	0,10 bis 0,18	10/50 bis 20/50
Zementgebundene Spanplatten	1200	0,23	30/50
OSB-Platten	650	0,13	30/50
Holzfaserplatten, einschließlich MDF[i]	250 bis 800	0,07 bis 0,18	3/5 bis 20/30
Beläge, Abdichtstoffe und Abdichtungsbahnen			
Linoleum	1200	0,17	800/1000
Kunststoff (z. B. PVC)	1700	0,25	10.000
Bitumendachbahnen nach DIN EN 13707	(1200)	0,17	20.000
Folien			
PTFE-Folien, Dicke $d \geq 0,05$ mm	–	–	10.000

(Fortsetzung)

Tab. 2.2 (Fortsetzung)

Stoff	Rohdichte[a,b] ρ kg/m³	Bemessungswert der Wärmeleitfähigkeit λ_B W/(mK)	Richtwert der Wasserdampf-Diffusionswiderstandszahl[c] μ -
PA-Folie, Dicke $d \geq 0{,}05$ mm	-	-	50.000
Sonstige Stoffe			
Fliesen	2300	1,3	dampfdicht
Glas	2000 bis 2500	1,00 bis 1,40	dampfdicht
Metalle			
Stahl	7800	50	dampfdicht
Kupfer	8900	380	dampfdicht
Aluminiumlegierungen	2800	160	dampfdicht
Gase			
Trockene Luft	1,23	0,025	1
Argon	1,70	0,017	1
Krypton	3,56	0,009	1
Wasser			
Wasser bei 10 °C	1000	0,60	-
Eis bei 0 °C	900	2,20	-
Eis bei −10 °C	920	2,30	-

(Fortsetzung)

Tab. 2.2 (Fortsetzung)

Stoff	Rohdichte[a,b] ρ kg/m³	Bemessungswert der Wärmeleitfähigkeit λ_B W/(mK)	Richtwert der Wasserdampf-Diffusionswiderstandszahl[c] μ -
Böden			
Sand, Kies	1700 bis 2200	2,0	50/50
Ton	1200 bis 1800	1,5	50/50

[a] Die in Klammern angegebenen Rohdichtewerte dienen nur zur Ermittlung der flächenbezogenen Masse, z. B. für den Nachweis des sommerlichen Wärmeschutzes
[b] Die bei den Steinen genannten Rohdichten entsprechen den Rohdichteklassen der zitierten Stoffnormen
[c] Es ist jeweils der für die Baukonstruktion ungünstigere Wert einzusetzen. Bezüglich der Anwendung der μ-Werte siehe DIN 4108-3
[d] ...Die Rohdichte von Nutzholz und Holzfaserplattenprodukten ist die Gleichgewichtsdichte bei 20 °C und einer relativen Luftfeuchte von 65 %
[e] $\lambda_B = \lambda_D \times 1{,}23$
[f] $\lambda_B = \lambda_D \times 1{,}05$; aber mind. ein Zuschlag von 2 mW/(mK)
[g] $\lambda_B = \lambda_D \times 1{,}03$; aber mind. ein Zuschlag von 1 mW/(mK); die Anforderungen sind übertragbar auf den Bemessungswert des Wärmedurchgangskoeffizienten U. Es gilt: $U_B = U_D \times 1{,}03$
[h] Als Interimsmaßnahme und bis zum Vorliegen hinreichend zuverlässiger Daten können für Hartfaserplatten (solid wood panels (SWP)) und Bauholz mit Furnierschichten (laminated veneer lumber (LVL)) die für Sperrholz angegebenen Werte angewendet werden
[i] MDF: Medium Density Fibreboard (mitteldichte Holzfaserplatte, die im sog. Trockenverfahren hergestellt werden)

Erläuterung:
NW: Nennwert der Wärmeleitfähigkeit
BW: Bemessungswert der Wärmeleitfähigkeit
NM: Normalmörtel
LM21: Leichtmörtel mit $\lambda = 0{,}21$ W/(mK)
LM36: Leichtmörtel mit $\lambda = 0{,}36$ W/(mK)
DM: Dünnbettmörtel

d Dicke des Bauteils bzw. Schichtdicke, in m
U Wärmedurchgangskoeffizient, in W/(m^{2}K); siehe Abschn. 2.2.8

Das negative Vorzeichen in Gl. (2.3) besagt, dass der Wärmestrom von höheren zu niedrigeren Temperaturen erfolgt.

Der Wärmestrom, der innerhalb einer bestimmten Zeitdauer t ein Bauteil durchströmt, wird als *Wärmemenge* Q bezeichnet (Dimension: Q in Wh bzw. J). Es gilt:

$$Q = \Phi \cdot t = q \cdot A \cdot t \tag{2.4}$$

Darin bedeuten:

Φ Wärmestrom, in W
t Zeitdauer, in h
q Wärmestromdichte, in W/m^2
A Bauteilfläche, in m^2

Beispiel
Gegeben ist eine homogen aufgebaute Außenwand aus Kalksandstein-Mauerwerk (Dicke d = 24 cm, Bemessungswert der Wärmeleitfähigkeit λ_B = 0,70 W/(mK)). Die Temperaturen betragen innen θ_i = 20 °C und außen θ_e = −10 °C. Gesucht sind die Wärmestromdichte q, der Wärmestrom Φ bei einer Wandfläche von A = 15 m^2 und die Wärmemenge Q für eine Zeitdauer von 30 Tagen.
Wärmstromdichte q nach Gl. (2.3):

$$q = \frac{\lambda}{d} \cdot (\theta_i - \theta_e) = \frac{0{,}70}{0{,}24} \cdot (20 - (-10)) = 87{,}5 \text{ W/m}^2$$

Wärmestrom Φ nach Gl. (2.2):

$$q = \frac{\Phi}{A} => = q \cdot A = 87{,}5 \cdot 15{,}0 = 1312{,}5 \text{ W}$$

Wärmemenge Q n. Gl. (2.4):

$$Q = \Phi \cdot t = 1312{,}5 \cdot 30 \cdot 24 = 945.000 \cdot \text{Wh} = 945 \text{ kWh}$$

Ergebnis: In 30 Tagen strömt bei einer Temperaturdifferenz von 30 K durch die betrachtete Außenwand eine Wärmemenge von insgesamt Q = 945 kWh.

Anmerkung: Wird für die Außenwand anstelle der Kalksandsteine Mauerwerk aus Porenbeton verwendet (Annahme: λ_B = 0,15 W/(mK)) reduzieren sich die Wärmestromdichte, Wärmestrom und Wärmemenge deutlich:

$$q = \frac{\lambda}{d} \cdot (\theta_i - \theta_e) = \frac{0{,}15}{0{,}24} \cdot (20 - (-10)) = 18{,}75 \text{ W/m}^2$$

$$q = \frac{\Phi}{A} => \Phi = q \cdot A = 18{,}75 \cdot 15{,}0 = 281{,}25 \ \text{W}$$

$$Q = \Phi \cdot t = 1312{,}5 \cdot 30 \cdot 24 = 202.500 \ \text{Wh} = 202{,}5 \ \text{kWh}$$

Bei Verwendung von Porenbeton-Mauerwerk statt Kalksandstein-Mauerwerk reduziert sich die Wärmemenge von 945 kWh auf 202,5 kWh. Dies entspricht einer Verminderung von fast 80 %. In der Praxis hat dies beispielsweise entsprechende Auswirkungen auf die Heizkosten, die sich in gleicher Größenordnung reduzieren.

2.2.4.2 Konvektion

Der Wärmetransport durch *Konvektion* setzt ein strömendes Medium wie ein Gas (z. B. Luft) oder eine Flüssigkeit (z. B. Wasser) voraus. Teilchen, die sich in Gasen oder Flüssigkeiten fortbewegen, nehmen quasi ihren Wärmeinhalt mit. In der Bauphysik sind zwei Transportmedien besonders wichtig: Wasser als flüssiges Wasser (z. B. im Heizkreislauf von Heizungsanlagen) und als Wasserdampf sowie Luft.

Auslöser für Konvektion sind Temperaturunterschiede, Dichteunterschiede, Druckunterschiede sowie mechanische Hilfsmittel (z. B. Ventilator, Lüftungsanlage). Temperatur- und Dichteunterschiede führen zur Konvektion, da warme Luft leichter ist als kalte und feuchte Luft leichter ist als trockene. In einem Raum mit Heizkörpern bildet sich aus diesen Gründen eine Konvektionswalze aus. Luft wird durch den Heizkörper erwärmt und steigt wegen ihrer geringeren Dichte auf. Dabei nimmt sie die Wärme vom Heizkörper mit und transportiert diese in andere Bereiche des Raums. Direkt unter der Decke werden daher in Räumen mit Heizkörpern die größten Temperaturen gemessen (Abb. 2.5).

Auch Druckunterschiede können Konvektion verursachen. Sind beispielsweise Fenster geöffnet oder Leckagen in der Gebäudehülle vorhanden, strömt warme Raumluft bei Luftdruckunterschieden nach außen (Lüftungswärmeverluste). Luftdruckunterschiede entstehen bei Wind, der das Gebäude anströmt (Abb. 2.6). Anmerkung: Lüftungswärmeverluste erreichen bei heutigen Neubauten in etwa die gleiche Größenordnung wie die Transmissionswärmeverluste. In Zukunft wird eine spürbare Senkung des Energiebedarfs daher nur durch Reduzierung der Lüftungswärmeverluste zu erreichen sein, da

Abb. 2.5 Wärmetransport infolge Konvektion in einem Raum mit Heizkörpern aufgrund von Temperatur- und Dichteunterschieden; Ausbildung einer Konvektionswalze (Prinzipskizze)

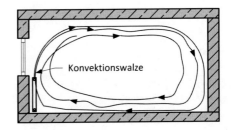

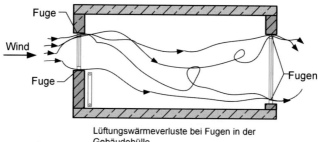

Lüftungswärmeverluste bei Fugen in der
Gebäudehülle

Abb. 2.6 Schematische Darstellung des Wärmetransports infolge Konvektion durch Luftdruckunterschiede bei luftdurchlässigen Bauteilen (Lüftungswärmeverluste)

die Transmissionswärmeverluste aufgrund der sehr guten energetischen Qualität heutiger Neubauten kaum noch verringert werden können.

Der *Wärmestrom infolge Konvektion der Luft* Φ_L berechnet sich mit folgender Gleichung (Dimension: Φ_L in W):

$$\Phi_L = w \cdot A \cdot \rho_L \cdot c_L \cdot \Delta\theta \tag{2.5}$$

Darin bedeuten (Abb. 2.7):

w Strömungsgeschwindigkeit, in m/h;

A Durchströmte Fläche, in m^2;

ρ_L Dichte der Luft: $\rho_L = 1{,}205$ kg/m^3 bei 20 °C;

c_L Spezifische Wärmekapazität der Luft: $c_L = 1005$ J/(kg K) bei 20 °C;

$\Delta\theta$ Temperaturdifferenz, in K ($\Delta\theta = \theta_1 - \theta_2$)

In Gl. (2.5) gibt der Ausdruck ($w{\cdot}A$) den *Luftvolumenstrom* $\dot{V}$ an (Dimension: $\dot{V}$ in m^3/h). Es gilt:

$$\dot{V} = w \cdot A \tag{2.6}$$

Wird in Gl. (2.5) für die Dichte der Luft $\rho_L = 1{,}205$ kg/m^3 (bei 20 °C) und für die spezifische Wärmekapazität der Luft $c_L = 1005$ J/(kg·K) (bei 20 °C) angesetzt sowie für

Abb. 2.7 Wärmetransport infolge Konvektion: Erläuterung der in Gl. (2.5) verwendeten Größen

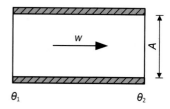

den Ausdruck $(w \cdot A)$ der Luftvolumenstrom $\dot{V}$ eingesetzt, vereinfacht sich die Gleichung zu folgendem Ausdruck:

$$\Phi_L = w \cdot A \cdot \rho_L \cdot c_L \cdot \Delta\theta \approx 0,34 \cdot \dot{V} \cdot \Delta\theta \qquad (2.7)$$

Darin bedeuten:

$\dot{V}$ Luftvolumenstrom, in m³/h ($\dot{V} = w \cdot A$);

$\Delta\theta$ Temperaturdifferenz, in K ($\Delta\theta = \theta_1 - \theta_2$);

$\rho_L c_L$ $= 1,205 \cdot 1005 / 3600 = 0,34$ Wh/(m³K)

Das Verhältnis zwischen dem Luftvolumenstrom $\dot{V}$ und dem Raumluftvolumen V_R entspricht der *Luftwechselzahl n*. Die Luftwechselzahl n gibt an, wie oft das (beheizte) Raumluftvolumen pro Stunde gegen die (kalte) Außenluft ausgetauscht wird. Es gilt (Dimension: n in h^{-1}):

$$n = \frac{\dot{V}}{V_R} \qquad (2.8)$$

Darin bedeuten:

$\dot{V}$ Luftvolumenstrom, in m³/h ($\dot{V} = w \cdot A$)

V_R Raumluftvolumen, in m³

Beispiel
Für ein Einfamilienhaus mit einem beheizten Raumluftvolumen von $V_R = 500$ m³ soll der Wärmestrom infolge Konvektion sowie die zugehörige Wärmemenge berechnet werden (Lüftungswärmeverluste). Randbedingungen: Luftwechselzahl $n = 0,7$ h^{-1}, Temperaturdifferenz $\Delta\theta = 15$ K, Zeitdauer 185 Tage = angenommene Dauer der Heizperiode.
Luftvolumenstrom n. Gl. (2.8):

$$n = \frac{\dot{V}}{V_R} \Rightarrow \dot{V} = n \cdot V_R = 0,7 \cdot 500 = 350 \text{ m}^3/\text{h}$$

Wärmestrom infolge Konvektion n. Gl. (2.7):

$$\Phi_L = w \cdot A \cdot \rho_L \cdot c_L \cdot \Delta\theta \approx 0,34 \cdot \dot{V} \cdot \Delta\theta = 0,34 \cdot 350 \cdot 15 = 1785 \text{ W}$$

Wärmemenge in 185 Tagen:

$$Q = \Phi_L \cdot t = 1785 \cdot 185 \cdot 24/1000 = 7925,4 \text{ kWh}$$

2.2.4.3 Strahlung

Unter *Strahlung* ist der Wärmetransport durch elektromagnetische Wellen zu verstehen. Ein Medium ist nicht erforderlich, d. h. der Wärmetransport durch Strahlung erfolgt daher auch im luftleeren Raum (z. B. im Weltall von der Sonne zur Erde). Die Ausbreitung findet mit Lichtgeschwindigkeit statt. Wärmeübertragung durch Wärmestrahlung beruht auf Emission und Absorption elektromagnetischer Wellen. Die Strahlung wird von einem Bauteil reflektiert, absorbiert und transmittiert. Wenn auf einen Körper insgesamt der Strahlungsfluss (die Strahlungsleistung) Φ_0 auftrifft, und davon die Anteile Φ_r reflektiert, Φ_a absorbiert und Φ_t transmittiert werden, dann sind der *Reflexionsgrad* ρ, der *Absorptionsgrad* α und der *Transmissionsgrad* τ wie folgt definiert (ρ, α und τ sind dimensionslos):

$$\rho = \frac{\Phi_r}{\Phi_0}, \alpha = \frac{\Phi_a}{\Phi_0}, \tau = \frac{\Phi_t}{\Phi_0} \tag{2.9}$$

Wegen des Energieerhaltungssatzes gilt folgende Beziehung:

$$\rho + \alpha + \tau = 1{,}0 \tag{2.10}$$

In den Gl. (2.9) und (2.10) bedeuten:

ρ Reflexionsgrad (dimensionslos)

α Absorptionsgrad (dimensionslos)

τ Transmissionsgrad (dimensionslos)

Φ_r reflektierte Strahlungsleistung, in W

Φ_a absorbierte Strahlungsleistung, in W

Φ_t transmittierte Strahlungsleistung, in W

Φ_0 auftreffende Strahlungsleistung, in W

Jeder Körper bzw. jedes Bauteil, dessen Temperatur über dem absoluten Nullpunkt (0 K = −273,15 °C) liegt, sendet Wärmestrahlung aus, wobei die Größe der abgegebenen Strahlungsleistung von der *Strahlungszahl C* abhängt (Dimension: C in W/(m²K⁴)).

Die Strahlungszahl für Metalle mit einer polierten Oberfläche liegt zwischen 0,12 und 0,26 W/(m²K⁴), bei üblichen Baustoffen wie Mauerwerk, Holz, Dachpappe liegt C bei ungefähr 5,4 W/(m²K⁴). Der *absolut schwarze Körper* besitzt die größte Strahlungszahl, die als *Strahlungskonstante* C_s bezeichnet wird. Es gilt:

$$C_s = 10^8 \cdot \sigma = 5{,}67 \, \text{W}/\left(\text{m}^2\text{K}^4\right) \tag{2.11}$$

Darin bedeuten:

C_s Strahlungskonstante, in W/(m²K⁴)

σ *Stefan-Boltzmann-Konstante*: $\sigma = 5{,}67 \cdot 10^{-8}$ in W/(m²K⁴)

Der schwarze Körper absorbiert jede einfallende Strahlung unabhängig von der Wellenlänge und der Temperatur. Der Begriff „schwarz" wurde von dem schmalen Bereich der
sichtbaren Strahlung mit Wellenlängen λ zwischen etwa 380 nm (violett) und etwa 780 nm
(rot) auf das gesamte elektromagnetische Spektrum übertragen. Für den schwarzen Körper
gilt $\alpha = 1$, $\rho = \tau = 0$.

Der *Emissionsgrad* ε eines Körpers bzw. Bauteils gibt das Verhältnis zwischen der
abgegebenen thermischen Strahlung zu der eines schwarzen Körpers an. Der zweite
Hauptsatz der Thermodynamik (Entropiegesetz) besagt, dass zwischen zwei Körpern mit
derselben Temperatur kein Wärmetransport von selbst stattfindet. Damit dies auch für
Wärmestrahlung erfüllt ist, muss gelten (Kirchhoff'sches Gesetz):

$$\alpha(\lambda, T) = \varepsilon(\lambda, T) \tag{2.12}$$

Das *Planck'sche Strahlungsgesetz* beschreibt die Emission eines idealen schwarzen Körpers als Funktion der Wellenlänge λ der elektromagnetischen Strahlung. Die *spezifische
Ausstrahlung* M_e ist der gesamte Strahlungsfluss, geteilt durch die abstrahlende Fläche.

Aus Abb. 2.8 ist erkennbar, dass sich bei der abgegebenen (emittierten) Strahlung
die Wellenlänge des Maximums mit der Temperatur verschiebt. Dies beschreibt das
Wien'sche Verschiebungsgesetz:

$$\lambda_{max} \cdot T = 2{,}898\,\text{mm} \cdot K \tag{2.13}$$

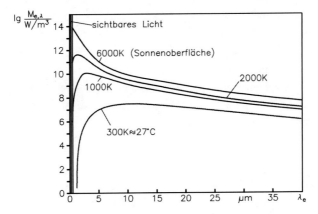

Abb. 2.8 Planck'sches Strahlungsgesetz für ideal schwarze Körper bei 6000 K ($\approx$ 5727 °C), 2000 K
($\approx$ 1727 °C), 1000 K ($\approx$ 727 °C) und 300 K ($\approx$ 27 °C). Die spezifische Ausstrahlung $M_{e,\lambda}$ ist in
einem logarithmischen Maßstab in der Einheit W/m³ dargestellt. Das schmale Band des sichtbaren
Lichts im Bereich zwischen $\lambda_e = 0{,}38\ \mu$m und $0{,}78\ \mu$m ist eingetragen

Bei der Oberflächentemperatur der Sonne (ca. 5800 K) liegt dieses Maximum mit $\lambda_{max}=$ 500 nm (nm = Nanometer; 1 nm = 10^{-9}m) nahe dem Maximum der Augenempfindlichkeit (555 nm), bei den bauphysikalisch relevanten Temperaturen zwischen 100 °C und − 40 °C im infraroten Bereich (7,7 bis 12 mm). Daraus folgt, dass die wesentliche thermische Strahlung nicht sichtbar ist. Folglich sind visuelle Eindrücke für die Beurteilung thermischen Strahlungsverhaltens unzureichend.

Die auf die ausstrahlende Fläche A bezogene Strahlungsleistung Φ_e, die spezifische Ausstrahlung M_e, nimmt mit der vierten Potenz der Temperatur T zu. Es gilt:

$$M_e = \frac{\Phi_e}{A} = \varepsilon \cdot \sigma \cdot T^4 \tag{2.14}$$

Darin bedeuten:

M_e spezifische Ausstrahlung, in W/m^2

Φ_e Strahlungsleistung, in W

A Abstrahlfläche, in m^2

ε Emissionsgrad (= Quotient aus abgegebener Strahlung zu der eines schwarzen Körpers; für den schwarzen Körper gilt: $\varepsilon = 1,0$)

σ Stefan-Boltzmann-Konstante: $\sigma = 5,67 \cdot 10^{-8}$ W/(m^{2}K^4)

T absolute Temperatur, in K

Der Wärmestrom durch Strahlung zwischen zwei Körpern mit unterschiedlicher Temperatur ergibt sich mit folgender Gleichung (Dimension: Φ_r in W):

$$\Phi_r = \frac{\partial Q}{\partial t} = A \cdot C_{12} \cdot \left\{ \left(\frac{T_1}{100}\right)^4 - \left(\frac{T_2}{100}\right)^4 \right\} \tag{2.15}$$

Dabei ist C_{12} von C_s, der Geometrie und dem Emissionsverhalten den beiden Flächen abhängig. Die Berechnung von C_{12} vereinfacht sich, wenn zwei gleich große Flächen A parallel angeordnet sind und der Abstand zwischen ihnen im Vergleich zur Fläche so klein ist, dass die seitliche Abstrahlung vernachlässigt werden kann. In diesem Fall gilt:

$$C_{12} = \frac{C_s}{\frac{1}{\varepsilon_1} + \frac{1}{\varepsilon_2 - 1}} \tag{2.16}$$

In den Gl. (2.15) und (2.16) bedeuten:

Φ_r Wärmestrom durch Strahlung, in W

A Abstrahlfläche, in m^2

$\varepsilon_1, \varepsilon_2$ Emissionsgrade der Körper 1 und 2 (Tab. 2.3)

T_1, T_2 Absolute Temperaturen der Körper 1 und 2, in K

C_s Strahlungskonstante: $C_s = 5,67$ W/(m^{2}K^4)

Tab. 2.3 Emissionsgrade für ausgewählte Stoffe

Stoff		Emissionsgrad ε
Stahl, Eisen	Poliert	0,04…0,19
	Blank geschmirgelt	0,24
	Angerostet	0,61
	Stark verrostet	0,85
Kupfer	Poliert	0,012…0,019
	Oxidiert	0,76
Holz		0,94
Glas		0,91

Für den Wärmestrom durch Strahlung gelten folgende Zusammenhänge:

- der Wärmestrom hängt bei parallelen, hinreichend großen Flächen nicht vom Abstand ab;
- der Wärmestrom nimmt mit der vierten Potenz der Temperatur zu.

Im infraroten Bereich, der für die Bauphysik besonders wichtig ist, weicht das Materialverhalten wesentlich von dem im sichtbaren Bereich des Lichts ab. Das zeigen insbesondere die Absorptionsgrade einiger Stoffe in Tab. 2.4. Im infraroten Bereich haben lediglich Metalle einen niedrigen Absorptionsgrad, während er für andere Stoffe in der Nähe von eins liegt – auch für weiße Farben, Eis, Schnee und Glas. Diese Stoffe sind im Infraroten „schwarz". Darauf beruht auch der sogenannte Glashaus- oder Treibhauseffekt. Glas lässt sichtbares Licht durch. Dieses Licht wird im Raum zum Teil absorbiert und erwärmt die Körper im Raum. Für die Wärmestrahlung ist Glas aber undurchlässig „schwarz". Die Wärme bleibt daher im Raum „gefangen". Folglich steigt bei Sonneneinstrahlung hinter den Glasflächen die Raumtemperatur an. Durch dünne Eisschichten auf Metalloberflächen ändert sich ebenfalls das Absorptions- und damit auch das Emissionsverhalten im infraroten Bereich. Ferner ist es für die Wärmestrahlung unerheblich, ob ein Heizkörper z. B. weiß oder schwarz lackiert ist.

2.2.4.4 Wärmeübergang und Wärmeübergangswiderstände

Der Wärmeaustausch zwischen der Luft und einem Körper (z. B. einer Wandoberfläche) wird als *Wärmeübergang* bezeichnet. Für die Wärmestromdichte q beim Wärmeübergang gilt folgende Beziehung (Dimension: q in W/m^2):

$$q = h \cdot (\theta_s - \theta_a) \tag{2.17}$$

Darin bedeuten:

Tab. 2.4 Absorptionsgrade verschiedener Stoffe für eine Wärmestrahlung von ca. 20 °C und für sichtbares Licht

Stoff	Absorptionsgrad α	
	Wärmestrahlung ($\approx$20 °C)	Sichtbares Licht
Metalle		
Kupfer, poliert	0,03	
Aluminium, walzblank	0,04	
Stahl, geschmirgelt	0,25	
Stahl, verrostet	0,61	
Anstriche		
Emaillelack, schwarz	0,95	0,90
Emaillelack, weiß	0,93	0,30
Ölfarbe, dunkel	0,90	0,87
verschiedene Stoffe		
Dachpappe	0,90	0,90
Holz	0,94	0,40
Beton	0,96	0,55
Putz, weiß	0,97	0,36
Putz, grau	0,97	0,65
Floatglas (6 mm)	0,91	0,12

q Wärmestromdichte beim Wärmeübergang, in W/m^2

h Wärmeübergangskoeffizient, in W/(m^{2}K)

θ_s Temperatur auf der Bauteiloberfläche, in °C

θ_a Temperatur der Umgebungsluft in °C (Raumlufttemperatur θ_i oder Außenlufttemperatur θ_e)

Der *Wärmeübergangskoeffizient h* ist abhängig von der Strömungsgeschwindigkeit der an der Bauteiloberfläche vorbeiströmenden Luft, der Rauigkeit und Beschaffenheit der betrachteten Bauteiloberfläche, der Geometrie des betrachteten Bereichs sowie dem Strahlungsaustausch mit anderen Oberflächen der Umgebung. Der Wärmeübergangskoeffizient h setzt sich aus den Anteilen infolge Konvektion, Strahlung und Transmission zusammen. Der Anteil infolge Transmission ist in der Regel sehr klein und wird daher für baupraktische Berechnungen und Nachweise vernachlässigt. Für die Ermittlung des Wärmeübergangskoeffizienten h gilt folgende Gleichung (Dimension: h in W/(m^{2}K)):

$$h = h_c + h_r + h_t \approx h_c + h_r \qquad (2.18)$$

Darin bedeuten:

h Wärmeübergangskoeffizient, in W/(m²K)

h_c Wärmeübergangskoeffizient infolge Konvektion, in W/(m²K)

h_r Wärmeübergangskoeffizient infolge Strahlung, in W/(m²K)

h_t Wärmeübergangskoeffizient infolge Transmission; h_t kann vernachlässigt werden, da
         der Wärmestrom infolge Transmission beim Wärmeübergang kaum eine Rolle spielt

Der Wärmeübergangskoeffizient liegt bei Bauteilen zwischen 5,9 W/(m²K) (im Bereich
von Fußböden und Deckenoberseiten), 7,7 W/(m²K) (an Innenseiten von Außenwänden),
23 W/(m²K) (bei allen Außenflächen) und unendlich (bei Außenflächen, die ans Erdreich
grenzen).

Für bauphysikalische Berechnungen und Nachweise wird der Kehrwert des Wärmeübergangskoeffizienten verwendet, er wird als *Wärmeübergangswiderstand R* bezeichnet.
Es gilt (Dimension: R in m²K/W):

$$R = \frac{1}{h}; \text{ innen: } R_{si} = \frac{1}{h_{si}}; \text{ außen: } R_{se} = \frac{1}{h_{se}} \qquad (2.19)$$

Darin bedeuten:

R Wärmeübergangswiderstand, in m²K/W

R_{si} Wärmeübergangswiderstand auf der Bauteilinnenseite, in m²K/W

R_{se} Wärmeübergangswiderstand auf der Bauteilaußenseite, in m²K/W

h Wärmeübergangskoeffizient, in W/(m²K)

h_{si} Wärmeübergangskoeffizient auf der Bauteilinnenseite, in W/(m²K)

h_{se} Wärmeübergangskoeffizient auf der Bauteilaußenseite, in W/(m²K)

Die Wärmeübergangswiderstände (innen und außen) verursachen Temperaturdifferen-
zen zwischen den Bauteiloberflächen und der umgebenden Luft. Sie sind für die
Wasserdampfkondensation (Tauwasserbildung) wichtig. Je größer im Innenraum der Wärmeübergangswiderstand und damit die Temperaturdifferenz wird, desto höher ist die
Gefahr einer Kondensation bzw. Tauwasserbildung. Bei bauphysikalischen Nachweisen
ist stets der ungünstigere Wert für den Wärmeübergangswiderstand einzusetzen, d. h. beim
Abschätzen der Gefahr der Tauwasserbildung der größere Wert und bei der Berechnung
des Wärmedurchgangskoeffizienten U einer Konstruktion der kleinere Wert.

Wärmeübergangswiderstände für wärmeschutztechnische Berechnungen
Für wärmeschutztechnische Berechnungen und Nachweise (z. B. für die Berechnung des
Wärmedurchgangskoeffizienten U) werden Bemessungswerte der Wärmeübergangswider-
stände R_{si} und R_{se} verwendet. Sie werden nach DIN EN ISO 6946 „Bauteile – Wärme-
durchlasswiderstand und Wärmedurchgangskoeffizient – Berechnungsverfahren" [7] (für
Bauteiloberflächen, die an Luft grenzen) bzw. DIN EN ISO 13370 „Wärmetechnisches
Verhalten von Gebäuden – Wärmetransfer über das Erdreich – Berechnungsverfahren"
[8] (für Bauteile, die ans Erdreich grenzen) ermittelt.

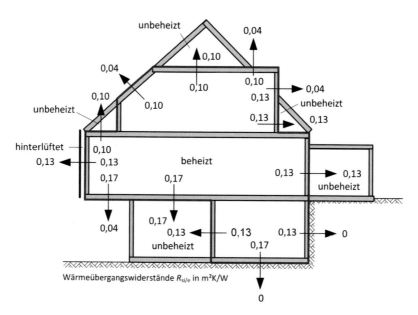

Abb. 2.9 Bemessungswerte der Wärmeübergangswiderstände R_{si} und R_{se} in m²K/W für verschiedene Bauteile für wärmeschutztechnische Berechnungen (z. B. Berechnung des Gesamt-Wärmedurchlasswiderstands R_{tot} sowie des U-Wertes) (in Anlehnung an DIN EN ISO 6946 [7])

Die in Tab. 2.5 angegebenen Bemessungswerte der Wärmeübergangswiderstände für Bauteiloberflächen an Luft gelten für ebene Flächen und dürfen verwendet werden, wenn keine besonderen Angaben über Randbedingungen vorliegen, siehe auch Abb. 2.9. Für nichtebene Oberflächen oder für spezielle Randbedingungen gelten die in DIN EN ISO 6946, Anhang C [7] angegebenen Verfahren zur Ermittlung der Wärmeübergangswiderstände.

Weiterhin gelten folgende Regelungen: Bei hinterlüfteten Bauteilen, nicht ausgebauten Dachgeschossen und Abseitenwänden zum nicht wärmegedämmten Dachraum ist für den Wärmeübergangswiderstand auf der Außenseite der gleiche Wert wie auf der Innenseite anzusetzen, d. h. es gilt $R_{se} = R_{si}$.

Für Bauteile, die ans Erdreich grenzen, ist DIN EN ISO 13370 [8] zu beachten. Es wird hier auf die Norm verwiesen.

2.2.5 Spezifische Wärmekapazität und Wärmespeicherfähigkeit

Spezifische Wärmekapazität und Wärmespeicherfähigkeit werden im Zusammenhang mit dem GEG für Nachweise des sommerlichen Wärmeschutzes benötigt.

Tab. 2.5 Bemessungswerte der Wärmeübergangswiderstände für wärmeschutztechnische Berechnungen bei Bauteiloberflächen an Luft (in Anlehnung an DIN EN ISO 6946 [7])

Wärmeübergangswiderstand	Richtung des Wärmestromes		
	Aufwärts	Horizontal [1)]	Abwärts
Innen: R_{si} in m^{2}K/W	0,10	0,13	0,17
Außen: R_{se} in m^{2}K/W	0,04	0,04	0,04

[1)] Die Werte gelten für Richtungen des Wärmestromes von $\pm 30°$ zur horizontalen Ebene.

Anmerkung 1: Die Wärmeübergangswiderstände gelten für Oberflächen, die mit der Luft in Berührung stehen. Sie dürfen nicht angewendet werden, wenn die Oberfläche einen anderen Stoff berührt.

Anmerkung 2: Die Werte für R_{si} werden für $\varepsilon = 0{,}9$ und mit h_{r0} bei 20 °C berechnet. Der Wert für R_{se} wird für $\varepsilon = 0{,}9$ und mit h_{r0} bei 10 °C sowie $v = 4$ m/s ermittelt.

Anmerkung 3: Die oben angegebenen Wärmeübergangswiderstände sind Bemessungswerte. In Fällen, in denen von der Wärmestromrichtung unabhängige Werte gefordert werden, bspw. zur Angabe des Wärmedurchgangskoeffizienten von Komponenten, müssen die Werte für horizontalen Wärmestrom verwendet werden.

Spezifische Wärmekapazität

Die *spezifische Wärmekapazität eines Stoffes c* ist eine physikalische Eigenschaft und gibt an, welche Wärmemenge einem Stoff mit einer Masse von 1 kg zugeführt werden muss, um seine Temperatur um 1 K zu erhöhen. Es gilt (Dimension: c in J/(kg·K)):

$$c = \frac{\Delta Q}{m \cdot \Delta T} \tag{2.20}$$

Darin bedeuten:

c	spezifische Wärmekapazität, in J/(kg·K)
ΔQ	Wärmemenge, die dem Stoff zugeführt wird, in Ws (1 Ws = 1 J) (J: Joule)
m	Masse des Stoffes, in kg
ΔT	Temperaturdifferenz, in K

Bei Gasen ist die spezifische Wärmekapazität von den äußeren Randbedingungen abhängig. Hier wird unterschieden zwischen der spezifischen Wärmekapazität bei konstantem Druck (c_p) und bei konstantem Volumen (c_v). Rechenwerte der spezifischen Wärmekapazität c_p für ausgewählte Stoffe sind in Tab. 2.6 angegeben. Wasser besitzt von allen Stoffen die größte spezifische Wärmekapazität. Aus diesem Grund wird Wasser beispielsweise als Medium zum Wärmetransport in Heizungen verwendet (siehe Abschn. 2.3.2).

Wärmespeicherfähigkeit

Die *Wärmespeicherfähigkeit* eines Stoffes Q_s beschreibt die Wärmemenge, die von ihm aufgenommen werden kann. Sie ist umso größer je größer die Masse und die spezifische Wärmekapazität sind. Für Bauteile mit homogenem Aufbau gilt (Dimension: Q_s in J/(m^{2}K)):

Tab. 2.6 Rechenwerte der spezifischen Wärmekapazität c_p für ausgewählte Stoffe (in Anlehnung an DIN EN ISO 10456 [6]; Auswahl)

Stoff	Spezifische Wärmekapazität c_p in J/(kg ·K)
Anorganische Bau- und Dämmstoffe (z. B. Asphalt, Bitumen, Beton, Putze, Mörtel, Gips, verschiedene Steinarten)	1000
Konstruktionsholz	1600
Holzwerkstoffe: Spanplatten, OSB-Platten, Holzfaserplatten	1700
Schaumkunststoffe und Kunststoffe: Polyvinylchlorid (PVC) Polystyrol Polyurethan (PU) Polyethylen (PE)	900 1300 1800 1800 bis 2200
Glas	750
Aluminium	880
Stahl	450
Luft ($\rho = 1{,}23$ kg/m^3)	1008
Wasser (bei 10 °C)	4190

$$Q_s = m \cdot c \tag{2.21}$$

Darin bedeuten:

m flächenbezogene Masse, in kg/m^2 ($m = \rho \cdot d$; $\rho =$ Rohdichte in kg/m^3; $d =$ Schichtdicke in m)
c spezifische Wärmekapazität, in J/(kg·K)

2.2.6 Wärmedurchlasswiderstand

Der *Wärmedurchlasswiderstand R* ist eine zentrale Kenngröße bei der Beschreibung der wärmeschutztechnischen Wirkung ebener Bauteile. Er gibt den Widerstand gegen die Wärmedurchlässigkeit einer Bauteilschicht bzw. eines Bauteils an. Je größer der Wärmedurchlasswiderstand ist desto geringer ist der Wärmestrom durch das Bauteil. Die Berechnung des Wärmedurchlasswiderstandes erfolgt nach DIN EN ISO 6946 [7].

In Bezug auf das GEG wird der Wärmedurchlasswiderstand R für den Nachweis des Mindestwärmeschutzes benötigt (siehe GEG § 11 „*Mindestwärmeschutz*" [1] sowie Abschn. 2.2.10).

Die Berechnung des Wärmedurchlasswiderstands ist abhängig davon, ob ein einschichtiges oder ein mehrschichtiges Bauteil vorliegt.

Einschichtige Bauteile
Für einschichtige Bauteile berechnet sich der Wärmedurchlasswiderstand mit folgender Gleichung (Dimension: R in m^2K/W):

$$R = \frac{d}{\lambda} \qquad (2.22)$$

Mehrschichtige Bauteile
Für mehrschichtige Bauteile berechnet sich R mit folgender Gleichung (Dimension: R in m^2K/W) (Abb. 2.10):

$$R = \sum_{i=1}^{n} R_i = \frac{d_1}{\lambda_1} + \frac{d_2}{\lambda_2} + \dots + \frac{d_n}{\lambda_n} \qquad (2.23)$$

In den Gl. (2.22) und (2.23) bedeuten:

d_i Dicke der Schicht i, in m
λ_i Bemessungswert der Wärmeleitfähigkeit des Stoffes der Schicht i, in W/(m·K)

Wärmedurchlasswiderstand für Luftschichten
Für Luftschichten gelten die Gl. (2.22) und (2.23) nicht, da zwischen dem Wärmedurchlasswiderstand und der Dicke der Luftschicht kein linearer Zusammenhang besteht. Die Berechnung des Wärmedurchlasswiderstandes hängt von der Art der Luftschicht ab, wobei in ruhende Luftschichten, schwach belüftete und stark belüftete Luftschichten unterschieden wird.

Bei einer *ruhenden Luftschicht* wird der maximale Wärmedurchlasswiderstand R bei einer Schichtdicke der Luft von ca. 2 bis 3 cm erreicht. Der Wärmedurchlasswiderstand

Abb. 2.10
Wärmedurchlasswiderstand bei homogenen Bauteilen

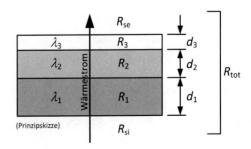

Tab. 2.7
Wärmedurchlasswiderstand
von ruhenden Luftschichten (in
Anlehnung an DIN EN ISO
6946 [7])

Dicke der Luftschicht	Wärmedurchlasswiderstand R in m^2K/W		
	Richtung des Wärmestroms		
	aufwärts	Horizontal	Abwärts
5 mm	0,11	0,11	0,11
10 mm	0,15	0,15	0,15
15 mm	0,16	0,17	0,17
25 mm	0,16	0,18	0,19
50 mm	0,16	0,18	0,21

hängt neben der Luftschichtdicke auch von der Richtung des Wärmestroms ab. Werte für den Wärmedurchlasswiderstand von ruhenden Luftschichten sind in Tab. 2.7 angegeben.

Bei *schwach belüfteten Luftschichten* hängt der Wärmedurchlasswiderstand der Luft von der Fläche der Lüftungsöffnungen ab. Als schwach belüftet gelten Luftschichten, wenn der Luftaustausch mit der Außenumgebung durch Öffnungen mit einer Fläche A_{ve} begrenzt ist. Für die Lüftungsöffnungen A_{ve} gelten folgende Grenzwerte:

- $500\ mm^2 < A_{ve} < 1500\ mm^2$ je Meter Länge (in horizontaler Richtung) für vertikale Luftschichten
- $500\ mm^2 < A_{ve} < 1500\ mm^2$ je Quadratmeter Oberfläche für horizontale Luftschichten

Weiterhin beeinflusst die Verteilung der Lüftungsöffnungen die Wirkung der Belüftung. Näherungsweise darf der Gesamt-Wärmedurchlasswiderstand R_{tot} eines Bauteils mit schwach belüfteter Luftschicht mit folgender Formel berechnet werden:

$$R_{tot} = \frac{(1500 - A_{ve})}{1000} \cdot R_{tot;nve} + \frac{(A_{ve} - 500)}{1000} \cdot R_{tot;ve} \qquad (2.24)$$

Darin ist:

R_{tot} Gesamt-Wärmedurchlasswiderstand des Bauteils, in m^2K/W
A_{ve} Fläche der Lüftungsöffnungen, in m^2
$R_{tot;nve}$ Gesamt-Wärmedurchlasswiderstand mit einer ruhenden Luftschicht, in m^2K/W
$R_{tot;ve}$ Gesamt-Wärmedurchlasswiderstand mit einer stark belüfteten Luftschicht, in m^2K/W

Weitere Hinweise siehe DIN EN ISO 6946 [7].

Eine *stark belüftete Luftschicht* liegt vor, wenn die Lüftungsöffnungen zwischen der Luftschicht und der Außenumgebung folgende Bedingungen erfüllen:

- $A_{ve} \geq 1500$ mm^2 je Meter Länge (in horizontaler Richtung) für vertikale Luftschichten und
- $A_{ve} \geq 1500$ mm^2 je Quadratmeter Oberfläche für horizontale Luftschichten;

mit A_{ve}: Fläche der Lüftungsöffnungen.

Unbeheizte Räume

Der Einfluss unbeheizter Räume oder Gebäudeteile auf den Wärmedurchlasswiderstand eines Bauteils kann nach den Vereinfachungen in DIN EN ISO 6946 [7] berücksichtigt werden. Dabei wird der unbeheizte Raum so betrachtet, als wäre er eine wärmetechnisch homogene Bauteilschicht mit einem Wärmedurchlasswiderstand R_u (Abb. 2.11). Exemplarisch sind für unbeheizte Dachräume die Wärmedurchlasswiderstände R_u in Tab. 2.8 angegeben.

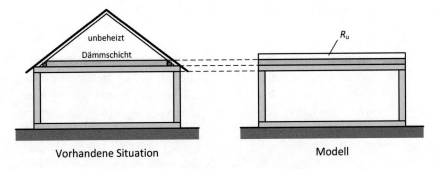

Abb. 2.11 Wärmedurchlasswiderstand R_u für unbeheizte Räume

Tab. 2.8 Wärmedurchlasswiderstände von Dachräumen (in Anlehnung an DIN EN ISO 6946 [7])

Beschreibung des Daches	R_u in m^{2}K/W
Ziegeldach ohne Pappe, Schalung oder ähnlichem	0,06
Plattendach oder Ziegeldach mit Pappe oder Schalung oder ähnlichem unter den Ziegeln	0,2
Wie Zeile zuvor, jedoch mit Aluminiumverkleidung oder einer anderen Oberfläche mit geringem Emissionsgrad an der Dachunterseite	0,3
Dach mit Schalung und Pappe	0,3

Anmerkung: Die Werte enthalten den Wärmedurchlasswiderstand des belüfteten Raumes und der Dachkonstruktion, jedoch nicht den äußeren Wärmeübergangswiderstand R_{se}

2.2.7 Wärmedurchgangswiderstand

Der *Wärmedurchgangswiderstand* R_{tot} (alternative Bezeichnung: Gesamt-Wärmedurchlasswiderstand) eines ebenen Bauteils aus thermisch homogenen Schichten setzt sich zusammen aus dem Wärmedurchlasswiderstand R sowie den Wärmeübergangswiderständen auf der Innenseite (R_{si}) und der Außenseite (R_{se}). Die Berechnung erfolgt nach DIN EN ISO 6946 [7], es gilt (Dimension: R_{tot} in $m^2 K/W$). Es gilt:

$$R_{tot} = R_{si} + R + R_{se} = R_{si} + R_1 + R_2 + ... + R_n + R_{se} \qquad (2.25)$$

Darin bedeuten:

R_{si} Wärmeübergangswiderstand innen (raumseitig), in $m^2 K/W$
R Wärmedurchlasswiderstand, in $m^2 K/W$
$R_1, R_2...R_n$ Wärmedurchlasswiderstand jeder Schicht ($R_i = d_i / \lambda_i$), in $m^2 K/W$
R_{se} Wärmeübergangswiderstand außen, in $m^2 K/W$

Inhomogene Querschnitte

Bei Bauteilen aus zusammengesetzten Querschnitten (z. B. Dachquerschnitt mit abwechselnd nebeneinander liegenden Bereichen bestehend aus Sparren und Gefachen mit Dämmstoff) – d. h. thermisch inhomogene Querschnitte – ist der Wärmedurchgangswiderstand nach dem folgenden vereinfachten Verfahren gemäß DIN EN ISO 6946 [7] zu berechnen (für die Randbedingungen wird auf die Norm verwiesen). Das Verfahren berücksichtigt auch den Wärmestrom zwischen den aneinandergrenzenden Bauteilen.

Für inhomogene Querschnitte berechnet sich der Wärmedurchgangswiderstand R_{tot} zu:

$$R_{tot} = \frac{R_{tot,upper} + R_{tot,lower}}{2} \qquad (2.26)$$

Darin bedeuten:

R_{tot} Gesamt-Wärmedurchlasswiderstand, in $m^2 K/W$
$R_{tot,upper}$ oberer Grenzwert des Gesamt-Wärmedurchlasswiderstands, in $m^2 K/W$
$R_{tot,lower}$ unterer Grenzwert des Gesamt-Wärmedurchlasswiderstands, in $m^2 K/W$

Der Wärmedurchgangswiderstand R_{tot} ist bei der Berechnung auf zwei Dezimalstellen zu runden, sofern er als Endergebnis angegeben wird.

Für die Berechnung des oberen und unteren Grenzwertes ist die Bauteilkomponente so in Abschnitte und Schichten aufzuteilen, dass die sich ergebenden Teile jeweils thermisch homogen sind (Abb. 2.12).

Abb. 2.12 Abschnitte und Schichten einer thermisch inhomogenen Bauteilkomponente (in Anlehnung an DIN EN ISO 6946 [7])

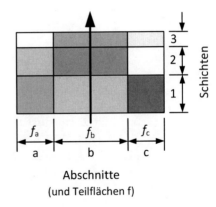

Abschnitte
(und Teilflächen f)

Oberer Grenzwert des Gesamt-Wärmedurchlasswiderstands

Der obere Grenzwert des Gesamt-Wärmedurchlasswiderstands $R_{\text{tot,upper}}$ berechnet sich unter Annahme eines eindimensionalen Wärmestroms mit folgender Gleichung:

$$\frac{1}{R_{\text{tot,upper}}} = \frac{f_a}{R_{\text{tot,a}}} + \frac{f_b}{R_{\text{tot,b}}} + \cdots + \frac{f_q}{R_{\text{tot,q}}} \tag{2.27}$$

Darin bedeuten:

$R_{\text{tot,upper}}$	oberer Grenzwert des Gesamt-Wärmedurchlasswiderstands, in m^{2}K/W
$R_{\text{tot,a}}, R_{\text{tot,b}}, \ldots, R_{\text{tot,q}}$	Gesamt-Wärmedurchlasswiderstände von Bereich zu Bereich für jeden Abschnitt (z. B. für Abschnitt a:
$R_{\text{tot,a}} = R_{\text{si}} + R_{1,a} + R_{2,a} + \ldots +$ $R_{\text{se}} f_a, f_b, \ldots, f_q$	in m^{2}K/W Teilflächen jedes Abschnittes (dimensionslos, d. h. Angabe als Zahl zwischen 0 und 1)

Unterer Grenzwert des Gesamt-Wärmedurchlasswiderstands

Die Berechnung des unteren Grenzwertes des Gesamt-Wärmedurchlasswiderstands $R_{\text{tot,lower}}$ kann mit den beiden folgenden Verfahren ermittelt werden.

1. Möglichkeit

Für jede thermisch inhomogene Schicht j wird zunächst ein äquivalenter Wärmedurchlasswiderstand R_j mithilfe folgender Formel berechnet:

$$\frac{1}{R_j} = \frac{f_a}{R_{aj}} + \frac{f_b}{R_{bj}} + \cdots + \frac{f_q}{R_{qj}} \tag{2.28}$$

Darin bedeuten:

R_j äquivalenter Wärmedurchlasswiderstand für jede inhomogene Schicht
                        j, in $m^2 K/W$.
$f_a, f_b, ..., f_q$ Teilflächen jedes Abschnittes ($a, b, ..., q$) (dimensionslos)
$R_{aj}, R_{bj}, ..., R_{qj}$ Wärmedurchlasswiderstände für jede thermisch inhomogene Schicht j
                        für jeden Abschnitt ($a, b, ..., q$), in $m^2 K/W$

Der untere Grenzwert des Gesamt-Wärmedurchlasswiderstands $R_{tot,lower}$ berechnet sich
mit diesen Angaben dann mit folgender Gleichung:

$$R_{tot,lower} = R_{si} + R_1 + R_2 + ... + R_n + R_{se} \qquad (2.29)$$

Darin bedeuten:

R_{si}, R_{se} raumseitiger sowie außenseitiger Wärmeübergangswiderstand, in $m^2 K/$
                        W
$R_1, R_2, ..., R_n$ Wärmeübergangswiderstände für die einzelnen Schichten 1, 2, ..., n, in
                        $m^2 K/W$

2. Möglichkeit

Für jede inhomogene Schicht j wird eine äquivalente Wärmeleitfähigkeit $\lambda_{eq,j}$ mit
folgender Formel ermittelt:

$$\lambda_{eq,j} = \lambda_{aj} \cdot f_a + \lambda_{bj} \cdot f_b + ... + \lambda_{qj} \cdot f_q \qquad (2.30)$$

Darin bedeuten:

$\lambda_{eq,j}$ äquivalente Wärmeleitfähigkeit der inhomogenen Schicht j, in W/mK
$\lambda_{aj}, \lambda_{bj}, ..., \lambda_{qj}$ Wärmeleitfähigkeit der inhomogenen Schicht j in den Abschnitten a, b,
                       q, in W/mK
$f_a, f_b, ..., f_q$ Teilflächen jedes Abschnittes ($a, b, ..., q$) (dimensionslos).

Der äquivalente Wärmedurchlasswiderstand R_j der inhomogenen Schicht j berechnet sich
damit zu:

$$R_j = \frac{d_j}{eq,j} \qquad (2.31)$$

Darin bedeuten:

R_j Wärmedurchlasswiderstand der inhomogenen Schicht, in $m^2 K/W$;
d_j Dicke der inhomogenen Schicht j, in m;

$\lambda_{eq,j}$ äquivalente Wärmeleitfähigkeit der inhomogenen Schicht j, in W/mK.

2.2.8 Wärmedurchgangskoeffizient

2.2.8.1 Allgemeines

Der Wärmedurchgangskoeffizient U ist die zentrale Kenngröße zur Beschreibung des Wärmedurchgangs durch Bauteile. Er wird wegen des Formelzeichens auch kurz als „U-Wert" bezeichnet und gibt an, welcher Wärmestrom in Watt [W] durch ein Bauteil mit einer Fläche von 1 Quadratmeter [m^2] bei einer Temperaturdifferenz von 1 Kelvin [K] strömt. Der U-Wert wird in der Einheit [W/(m^2 K)] angegeben.

Kleine U-Werte bedeuten, dass wenig Wärme durch das Bauteil strömt. Das Bauteil besitzt somit gute energetische Eigenschaften, d. h. einen hohen Wärmeschutz. Große U-Werte dagegen beschreiben Bauteile mit hohem Wärmedurchgang und schlechten energetischen Eigenschaften bzw. schlechtem Wärmeschutz.

Im GEG [1] wird der U-Wert beispielsweise für die technische Beschreibung der Bauteile des Referenzgebäudes verwendet (siehe GEG Anlage 1 „Technische Ausführung des Referenzgebäudes (Wohngebäude)" [1] und GEG Anlage 2 „Technische Ausführung des Referenzgebäudes (Nichtwohngebäude)" [1]). Außerdem werden Höchstwerte der Wärmedurchgangskoeffizienten für Bauteile von bestehenden Gebäuden definiert, wenn die Bauteile ausgetauscht oder erneuert werden sollen (GEG Anlage 7 „Höchstwerte der Wärmedurchgangskoeffizienten von Außenbauteilen bei Änderung an bestehenden Gebäuden" [1]). Weiterhin wird im GEG angegeben, nach welchen Verfahren der Wärmedurchgangskoeffizient zu bestimmen ist. Siehe folgenden Auszug aus dem GEG.

Auszug GEG [1]

„§ 49 Berechnung des Wärmedurchgangskoeffizienten"

„(1) Der Wärmedurchgangskoeffizient eines Bauteils nach § 48 wird unter Berücksichtigung der neuen und der vorhandenen Bauteilschichten berechnet. Für die Berechnung sind folgende Verfahren anzuwenden:

1. DIN V 18599-2: 2018-09 Abschn. 6.1.4.3 für die Berechnung der an Erdreich grenzenden Bauteile,

2. DIN 4108-4: 2017-03 in Verbindung mit DIN EN ISO 6946: 2008-04 für die Berechnung opaker Bauteile und.

3. DIN 4108-4: 2017-03 für die Berechnung transparenter Bauteile sowie von Vorhangfassaden."

Nachfolgend wird die Berechnung des Wärmedurchgangskoeffizienten für opake Bauteile (Abschn. 2.2.8.2) und transparente Bauteile (Fenster, Abschn. 2.8.2.3) erläutert. Für Bauteile, die ans Erdreich grenzen, wird auf DIN EN ISO 13370 [8] und DIN V 18599-2 [16] verwiesen.

2.2.8.2 Wärmedurchgangskoeffizient für opake Bauteile

Der Wärmedurchgangskoeffizient U ist abhängig vom Wärmedurchlasswiderstand des Bauteils R und den beiden Wärmeübergangswiderständen auf der Innen- und Außenoberfläche (R_{si} und R_{se}). Er entspricht dem Kehrwert des Wärmedurchgangswiderstands R_{tot} und berechnet sich mit folgender Gleichung:

$$U = \frac{1}{R_{\text{tot}}} = \frac{1}{R_{si} + R + R_{se}} \qquad (2.32)$$

Darin bedeuten:

U Wärmedurchgangskoeffizient, in W/(m^2 K)

R_{tot} Wärmedurchgangswiderstand bzw. Gesamt-Wärmedurchlasswiderstand des Bauteils, in m^{2}K/W

R Wärmedurchlasswiderstand des Bauteils, in ^{2}K/W

R_{si} Wärmeübergangswiderstand innen (raumseitig), in m^{2}K/W

R_{se} Wärmeübergangswiderstand außen, in m^{2}K/W

Hinweis

Kleine U-Werte kennzeichnen ein Bauteil mit geringem Wärmedurchgang. Große U-Werte beschreiben dagegen ein Bauteil mit großem Wärmedurchgang.

Der Wärmedurchgangskoeffizient ist gegebenenfalls zu korrigieren, um folgende Einflüsse zu berücksichtigen: Luftspalte im Bauteil, mechanische Befestigungsteile, die Bauteilschichten durchdringen, Niederschlag auf Umkehrdächern. Angaben zu den Korrekturwerten enthält DIN EN ISO 6946 [7]; es wird auf die Norm verwiesen.

Beispiel: *U*-Wert für ein homogenes Bauteil (Außenwand)

Für die in Abb. 2.13 dargestellte Außenwand mit homogenem Aufbau ist der Wärmedurchgangskoeffizient (U-Wert) zu berechnen.

Die Berechnung des Gesamt-Wärmedurchlasswiderstands R_{tot} erfolgt tabellarisch (siehe folgende Tabelle).

Abb. 2.13 Beispiel – U-Wert
für eine Außenwand mit
homogenem Aufbau

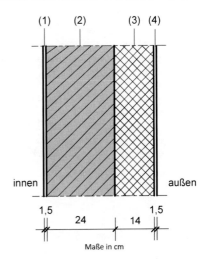

Schicht-Nr	Bezeichnung	Dicke d	Wärmeleitfähigkeit λ	Wärmedurchlasswiderstand R, Wärmeübergangswiderstände R_{si} bzw. R_{se}
		m	W/(mK)	m^{2}K/W
	Wärmeübergang innen	–	–	0,130
1	Gipsputz	0,015	0,70	0,021
2	Mauerwerk aus Kalksandstein	0,24	0,56	0,429
3	Wärmedämmung	0,14	0,040	3,500
4	Kalkzementputz	0,015	0,87	0,017
	Wärmeübergang außen	–	–	0,040
Wärmedurchgangswiderstand bzw Gesamt-Wärmedurchlasswiderstand: $\Sigma = R_{\text{tot}} =$				4,137 m^{2}K/W

Der Wärmedurchgangskoeffizient der Außenwand ergibt sich zu:

$$U = \frac{1}{R_{\text{tot}}} = \frac{1}{4,137} = 0,242 \text{W/m}^2\text{K}$$

◄

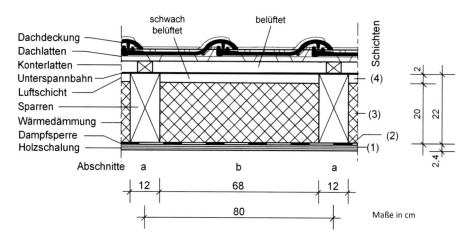

Abb. 2.14 Beispiel – U-Wert für einen Dachquerschnitt mit inhomogenem Aufbau sowie Aufteilung in Abschnitte und Schichten

---

Beispiel: *U*-Wert für ein inhomogenes Bauteil (Dachquerschnitt)

Für den in Abb. 2.14 dargestellten Dachquerschnitt mit inhomogenem Aufbau ist der
Wärmedurchgangskoeffizient (U-Wert) zu berechnen. Die Dachneigung beträgt 35°,
d. h. für die Ermittlung der Wärmeübergangswiderstände ist ein aufwärts gerichteter
Wärmestrom anzusetzen. Außerdem ist $R_{se} = R_{si}$ (= 0,10 m²K/W) anzunehmen, da
es sich um eine hinterlüftete Konstruktion handelt.

Für die Berechnung wird der Dachquerschnitt in Abschnitte und Schichten aufge-
teilt. Abschnitte kennzeichnen nebeneinander liegende Bereiche und sind senkrecht zu
den Oberflächen der Bauteilkomponente angeordnet. Die Abschnitte sind thermisch
homogen, d. h. sie weisen einen homogenen Schichtenaufbau auf. Im vorliegenden
Beispiel sind jeweils der Sparrenbereich (Abschnitt a) sowie der Gefachbereich mit
der Dämmung (Abschnitt b) thermisch homogene Abschnitte. Die Abschnitte selbst
werden in thermisch homogene Schichten eingeteilt. Bei dem vorliegenden Beispiel
ergeben sich folgende Schichten: (1) Holzschalung in Abschnitt a und b; (2) Dampfsperre in Abschnitt a und b (Hinweis: diese wird nicht berücksichtigt); (3) Sparren
in Abschnitt a sowie Wärmedämmung in Abschnitt b; (4) Sparren in Abschnitt a
sowie schwach belüftete Luftschicht in Abschnitt b (Annahme: $R = 0,16$ m²K/W).
Die weiteren Schichten (Lattung, Dachdeckung) werden nicht angesetzt.

Flächenanteile:

Abschnitt a: $f_a = 12/80 = 0,15$

Abschnitt b: $f_b = 68/80 = 0,85$

Oberer Grenzwert des Wärmedurchgangswiderstands $R_{tot,upper}$:

$$\frac{1}{R_{tot,upper}} = \frac{f_a}{R_{tot,a}} + \frac{f_b}{R_{tot,b}} = \frac{0,15}{2,077} + \frac{0,85}{5,545} = 0,226\,\text{W/m}^2\text{K}$$

$$R_{tot,upper} = \frac{1}{0,226} = 4,425\,\text{m}^2\text{K/W}$$

Die Berechnung von $R_{tot,a}$ erfolgt tabellarisch (siehe folgende Tabelle).

Beispiel – Berechnung von $R_{tot,a}$ für Abschnitt a (Sparrenbereich)

Schicht-Nr	Bezeichnung	Dicke d	Wärmeleitfähigkeit λ	Wärmedurchlasswiderstand R, Wärmeübergangswiderstände R_{si} bzw. R_{se}
		m	W/(mK)	m²K/W
	Wärmeübergang innen	–	–	0,100
1	Holzschalung	0,024	0,13	0,185
2	Dampfsperre [1]	–	–	–
3, 4	Sparren	0,22	0,13	1,692
	Wärmeübergang außen	–	–	0,100
	Σ = $R_{tot,a}$ =			2,077

Die Berechnung von $R_{tot,b}$ erfolgt tabellarisch (siehe folgende Tabelle).

Beispiel – Berechnung von $R_{tot,b}$ für Abschnitt b (Gefachbereich)

Schicht-Nr	Bezeichnung	Dicke d	Wärmeleitfähigkeit λ	Wärmedurchlasswiderstand R, Wärmeübergangswiderstände R_{si} bzw. R_{se}
		m	W/(mK)	m²K/W
	Wärmeübergang innen	–	–	0,100
1	Holzschalung	0,024	0,13	0,185
2	Dampfsperre [1]	–	–	–
3	Wärmedämmung	0,20	0,04	5,000
4	Luftschicht [2]			0,160
	Wärmeübergang außen	–	–	0,100
	Σ = $R_{tot,b}$ =			5,545

[1] Die Dampfsperre wird nicht berücksichtigt
[2] Für den Wärmedurchlasswiderstand der schwach belüfteten Luftschicht wird hier $R = 0,16$ m²K/W angesetzt

Unterer Grenzwert des Wärmedurchgangswiderstands $R_{tot,lower}$:

Schicht Nr. 1 (Holzschalung): homogen, d. h. in den Abschnitten a und b gleich:

$$R_1 = 0,185\,\mathrm{m^2 K/W}$$

Schicht Nr. 2 (Dampfsperre): wird nicht berücksichtigt.

$$R_2 = 0$$

Schicht Nr. 3: inhomogene Schicht, bestehend aus Sparren (a) und Wärmedämmung (b).
Abschnitt a: Sparren: $R_{3,a} = 0,20/0,13 = 1,538\,\mathrm{m^2 K/W}$
Abschnitt b: Wärmedämmung: $R_{3,b} = 0,20/0,04 = 5,000\,\mathrm{m^2 K/W}$

$$\frac{1}{R_3} = \frac{f_a}{R_{3,a}} + \frac{f_b}{R_{3,b}} = \frac{0,15}{1,538} + \frac{0,85}{5,000} = 0,268\,\mathrm{W/m^2 K}$$

$$R_3 = \frac{1}{0,268} = 3,731\,\mathrm{m^2 K/W}$$

Schicht Nr. 4: inhomogene Schicht, bestehend aus Sparren (a) und Luftschicht (b).
Abschnitt a: Sparren: $R_{4,a} = 0,02/0,13 = 0,154\,\mathrm{m^2 K/W}$
Abschnitt b: Luftschicht: $R_{4,b} = 0,16\,\mathrm{m^2 K/W}$

$$\frac{1}{R_4} = \frac{f_a}{R_{4,a}} + \frac{f_b}{R_{4,b}} = \frac{0,15}{0,154} + \frac{0,85}{0,16} = 6,287\,\mathrm{W/m^2 K}$$

$$R_4 = \frac{1}{0,974} = 0,159\,\mathrm{m^2 K/W}$$

Damit ergibt sich der untere Grenzwert $R_{tot,lower}$ zu:

$$R_{tot,lower} = R_{si} + R_1 + R_2 + R_3 + R_4 + R_{se}$$

$$= 0,10 + 0,185, +0 + 3,731 + 0,159 + 0,10$$

$$= 4,275\,\mathrm{m^2 K/W}$$

Der Gesamt-Wärmedurchlasswiderstand R_{tot} berechnet sich zu:

$$R_{tot} = \frac{R_{tot,upper} + R_{tot,lower}}{2} = \frac{4,425 + 4,275}{2} = 4,350\,\mathrm{m^2 K/W}$$

Damit ergibt sich der Wärmedurchgangskoeffizient U zu:

$$U = \frac{1}{R_{tot}} = \frac{1}{4,350} = 0,230\,\mathrm{W/m^2 K}$$

◀

2.2.8.3 Wärmedurchgangskoeffizient für Fenster

Der Wärmedurchgangskoeffizient für Fenster bzw. Fenstertüren wird mit U_W bezeichnet (Index w = window) und berechnet sich nach DIN EN ISO 10077-1 „Wärmetechnisches Verhalten von Fenstern, Türen und Abschlüssen – Berechnung des Wärmedurchgangskoeffizienten – Teil 1: Allgemeines" [9]. Der U_W-Wert ist abhängig vom U-Wert (U_g) und der Fläche (A_g) der Verglasung (Index g = glazing), vom U-Wert des Rahmens (U_f) und seiner Fläche (A_f) (Index f = frame) sowie vom Wärmedurchgangskoeffizienten und der Länge des Randverbunds (Ψ_g und l_g). Im Gegensatz zu den opaken Bauteilen (siehe Abschn. 2.2.8.2) wird der Wärmedurchgangskoeffizient eines Fensters von der Fenstergröße beeinflusst. Hier gilt, dass der Wärmedurchgangskoeffizient eines Fensters U_w mit zunehmender Fenstergröße geringer wird und sich dem U-Wert der Verglasung U_g annähert. Umgekehrt weisen kleine Fenster mit einem hohen Rahmenanteil einen größeren U_w-Wert auf.

Nachfolgend wird nur die Berechnung des U_W-Wertes für Fenster mit Mehrscheiben-Isolierverglasung, wie sie heute üblicherweise ausgeführt werden, gezeigt. Für andere Fensterarten (z. B. Kastenfenster, Verbundfenster, Fenster mit opaken Füllungen) wird auf die Norm verwiesen.

Der Wärmedurchgangskoeffizient für Fenster U_W ergibt sich mit folgender Formel (Dimension: U_w in W/(m²K)):

$$U_W = \frac{\sum A_g \cdot U_g + \sum A_f \cdot U_f + \sum l_g \cdot \Psi_g + + \sum l_{gb} \cdot \Psi_{gb}}{A_g + A_f} \tag{2.33}$$

Darin bedeuten:

A_g Fläche der Verglasung, in m²; Definition s. Abb. 2.15

U_g Wärmedurchgangskoeffizient der Verglasung, in W/(m²K); übliche Werte s. Tab. 2.9

A_f Fläche des Rahmens, in m²; Definition s. Abb. 2.15

U_f Wärmedurchgangskoeffizient des Rahmens, in W/(m²K); übliche Werte s. Tab. 2.10

Ψ_g längenbezogener Wärmedurchgangskoeffizient infolge des kombinierten wärmetechnischen Einflusses von Glas, Abstandhalter und Rahmen (Randverbund), in W/(mK); übliche Werte s. Tab. 2.11

l_g Länge des Randverbunds, in m; Definition s. Abb. 2.15

Ψ_{gb} längenbezogener Wärmedurchgangskoeffizient infolge des kombinierten wärmetechnischen Einflusses von Glas und Sprosse, in W/(mK)

l_{gb} Länge der Sprossen, in m

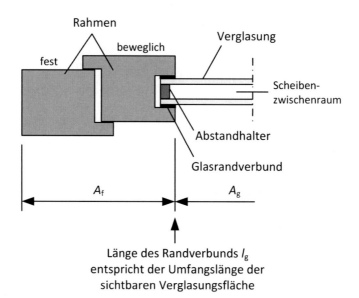

Abb. 2.15 Definition der Flächen von Verglasung A_g und des Rahmens A_f sowie der Länge des Randverbunds l_g (in Anlehnung an DIN EN ISO 10077-1 [9])

Für übliche Wärmedurchgangskoeffizienten von heutigen Zweischeiben- und Dreischeiben-Isolierverglasungen (U_g-Werte) siehe Tab. 2.9.

Die Wärmedurchgangskoeffizienten von Zweischeiben-Isolierverglasungen betragen $U_g \leq 1,1$ W/(m^{2}K). Die Verglasung ist mit einer Beschichtung bestehend aus einer extrem dünnen und lichtdurchlässigen Silberoxidschicht versehen. Die Beschichtung befindet sich auf der raumseitigen Scheibe im Scheibenzwischenraum und hat die Aufgabe, die Wärmestrahlung in den Raum zu reflektieren. Dadurch werden Wärmeverluste durch die Verglasung deutlich reduziert. Der Scheibenzwischenraum selbst ist mit einem Edelgas (in der Regel Argon, in seltenen Fällen auch Krypton) befüllt. Der Randverbund der Verglasung besteht teilweise aus thermisch verbesserten Abstandhaltern um die Wärmebrückenwirkung zu verringern. Weiterhin ist der Randverbund so gut abgedichtet, dass die Edelgaskonzentration im Scheibenzwischenraum selbst nach mehreren Jahrzehnten nicht unter 90 % sinken soll. Neben den Zweischeiben-Isolierverglasungen werden heute zunehmend auch Dreischeiben-Isolierverglasungen eingesetzt. Bei einer Dreischeiben-Isolierverglasung besteht die Verglasung aus drei am Rand luftdicht miteinander verbundenen Einzelscheiben. Mit Dreischeiben-Isolierverglasungen werden U_g-Werte von 0,5 W/(m^{2}K) bis 0,6 W/(m^{2}K) erreicht.

Wärmedurchgangskoeffizienten von Rahmen aus Kunststoff und Holz (U_f-Werte) sind in Tab. 2.10 angegeben. Für die Größe des Wärmedurchgangskoeffizienten U_f spielen neben der Tiefe des Rahmens auch die Anzahl der Kammern bei Kunststoffprofilen eine

Tab. 2.9 Übliche Wärmedurchgangskoeffizienten von Wärmeschutz-Verglasungen (U_g-Werte)

Art	Dicke in mm	Aufbau	Befüllung des SZR [1]	U_g-Wert in W/(m²K)
Zweischeiben-Isolierverglasung	24	4–16–4	Argon	1,1
	20	4–12–4	Krypton	1,0
Dreischeiben-Isolierverglasung	44	4–16–4–16–4	Argon	0,6
	36	4–12–4–12–4	Krypton	0,5

[1] SZR = Scheibenzwischenraum
[2] Beispielsweise bedeutet die Angabe 4–16–4: 4 mm Glas, 16 mm SZR, 4 mm Glas

entscheidende Rolle. Die Kunststoffprofile besitzen im Querschnitt mehrere hintereinander liegende Kammern. Diese sind in der Regel hohl, d. h. mit Luft gefüllt, um die Wärmedämmwirkung zu verbessern. Die Größe der Kammern, d. h. der lichte Abstand der Kunststoffstege ist so gewählt, dass in den Kammern gerade eben keine Konvektion stattfindet. Die in den Kammern eingeschlossene Luft wird somit optimal als natürlich vorhandener Dämmstoff eingesetzt. Ältere Kunststoffrahmen besitzen lediglich zwei oder drei Kammern mit entsprechend schlechten U_f-Werten. Heute werden standardmäßig Profile mit mindestens fünf Kammern eingesetzt. Einige Hersteller bieten sogar Profile mit acht Kammern und entsprechend großer Tiefe an. Für besondere Anforderungen (z. B. Passivhäuser) werden auch spezielle Kunststoffrahmen angeboten, bei denen die Kammern mit Dämmmaterial ausgefüllt sind, um den U_f-Wert weiter zu verbessern.

Der Wärmedurchgangskoeffizient für den Randverbund der Verglasung ist ein längenbezogener Wert und wird mit Ψ_g bezeichnet (Tab. 2.11). Standardmäßig werden heute als Randverbund der Verglasung überwiegend Abstandhalter aus Aluminium eingesetzt,

Tab. 2.10 Wärmedurchgangskoeffizienten von Rahmen (U_f-Werte)

Material	Beschreibung	U_f-Wert in W/(m²K)
Kunststoff	*2- oder 3-Kammer-Profilsystem, Tiefe = 60 mm (Hinweis: wird heute nicht mehr verwendet)*	$\geq 2,0$
	5-Kammer-Profil, Tiefe = 70 mm	1,3 bis 1,5
	6-Kammer-Profilsystem, Tiefe = 82 mm	1,1
	8-Kammer-Profilsystem, Tiefe = 82 mm	0,8 bis 0,9
Holz	Je nach Dicke	1,0 bis 2,9 (abhängig von der Rahmendicke)

Tab. 2.11 Längenbezogene Wärmedurchgangskoeffizienten des Randverbunds (Ψ_g-Werte)

Beschreibung	ψ_g-Wert in W/(mK)
Abstandhalter aus Aluminium	0,060 bis 0,080
Thermisch verbesserte Abstandhalter	0,040 bis 0,050
Abstandhalter aus Kunststoff	0,035

da Aluminium gute Festigkeitseigenschaften besitzt und sich leicht verarbeiten lässt. Aufgrund der guten Wärmeleitfähigkeit von Aluminium ergeben sich hier entsprechend hohe Wärmeverluste über den Randverbund. Thermisch verbesserte Abstandhalter aus Edelstahl mit Kunststoffkern reduzieren die Wärmeverluste über den Randverbund, sind jedoch teurer und lassen sich schwieriger verarbeiten. Sie werden daher nur in seltenen Fällen eingesetzt. Abstandhalter aus Kunststoff haben zwar die besten energetischen Eigenschaften, sind aber nicht so beständig gegen Erwärmung (z. B. durch Sonneneinstrahlung im Sommer). Aus diesem Grund beschränkt sich deren Verwendung auf Verglasungen mit gebogenen Rändern (sogenannte Modellscheiben).

Beispiel: Wärmedurchgangskoeffizient eines Fensters

Für ein Fenster mit der Größe 1,23 m × 1,48 m (Prüfstandardgröße) soll der Wärmedurchgangskoeffizient U_W berechnet werden. Weitere Angaben: Ansichtsbreite Rahmen-Flügel: 121 mm, Gesamtfläche Fenster: $A_w = A_g + A_f = 1{,}82$ m², Fläche Rahmen: $A_f = 0{,}59$ m², Fläche Verglasung: $A_g = 1{,}23$ m², Länge des Randverbundes: $l_g = 4{,}45$ m, U_f-Wert Rahmen: $U_f = 1{,}2$ W/(m²K), U_g-Wert Verglasung: $U_g = 1{,}0$ W/(m²K), Abstandhalter aus Aluminum: $\Psi_g = 0{,}08$ W/(mK).

Der Wärmedurchgangskoeffizient für das hier betrachtete Fenster berechnet zu:

$$U_W = \frac{\sum A_g \cdot U_g + \sum A_f \cdot U_f + \sum l \Psi_g \cdot \Psi_g + + \sum l_{gb} \cdot_{gb}}{A_g + A_f}$$

$$= \frac{1{,}23 \cdot 1{,}0 + 0{,}59 \cdot 1{,}2 + 4{,}45 \cdot 0{,}080 + 0}{1{,}23 + 0{,}59}$$

$$= 1{,}26 \, W/m^2 K$$

Bewertung hinsichtlich der Anforderungen des GEG [1]:
Sofern das oben betrachtete Fenster bei einem bestehenden Gebäude als Ersatz vorgesehen ist, werden die Anforderungen erfüllt. Nach GEG Anlage 7, Zeile 2a [1] ist der Höchstwert des Wärmedurchgangskoeffizienten bei Fenstern mit 1,30 W/(m²K) festgelegt. Der U_W-Wert des in diesem Beispiel betrachteten Fensters liegt etwas unter dem Höchstwert ($U_w = 1{,}26$ W/(m²K) $< U_{w,max} = 1{,}30$ W/(m² K). Die Anforderungen sind erfüllt.◄

2.2.9 Wärmebrücken

2.2.9.1 Allgemeines

Wärmebrücken sind örtlich begrenzte Stellen in der Gebäudehülle mit einem signifikant höheren Wärmedurchgang als in den unmittelbar benachbarten Bauteilbereichen. Im Bereich einer Wärmebrücke verlaufen die Isothermen (Linien gleicher Temperatur) gekrümmt. Die Adiabaten (Wärmestromlinien) treten im Bereich einer Wärmebrücke schräg aus der Bauteiloberfläche heraus. Auf der Innenseite von Wärmebrücken kommt es zum Teil zu deutlich verringerten raumseitigen Oberflächentemperaturen im Vergleich zum ungestörten Normalbereich. Dadurch besteht hier die erhöhte Gefahr der Tauwasserbildung sowie das Risiko des Schimmelpilzwachstums, wenn die kritischen Luftfeuchten überschritten werden. Außerdem wird die Behaglichkeit aufgrund der geringeren raumseitigen Oberflächentemperaturen beeinträchtigt. Darüber hinaus werden die Transmissionswärmeverluste durch Wärmebrücken erhöht, wobei der prozentuale Anteil der Wärmebrückenverluste mit zunehmender energetischer Qualität der Gebäudehülle steigt.

Aus diesem Grund werden im GEG Anforderungen an Wärmebrücken gestellt; siehe Abschn. 2.2.9.3.

2.2.9.2 Einteilung von Wärmebrücken

Grundsätzlich werden folgende Arten von Wärmebrücken unterschieden:

- **Geometrische Wärmebrücken.** Sie entstehen, wenn bei einem Bauteil keine ebenen Verhältnisse vorliegen und die Außenfläche größer als die Innenfläche ist. Die Dichte der Wärmestromlinien (Adiabaten) nimmt nach außen hin ab. Dadurch verlagern sich auch die Isothermen zum Raum hin, und die Oberflächentemperatur auf der Innenseite des Bauteils ist niedriger als im ungestörten, angrenzenden Normalbereich. Zu den geometrischen Wärmebrücken zählen z. B. Außenwandecken (Abb. 2.16).
- **Material- oder stoffbedingte Wärmebrücken.** Sie entstehen, wenn Materialien mit unterschiedlichen Wärmeleitfähigkeiten verwendet werden (z. B. Stahlbetonstütze in einer Mauerwerkswand aus Porenbeton; Abb. 2.17). Auch in diesem Fall verlaufen die Isothermen gekrümmt, die Adiabaten treten schräg aus den Bauteiloberflächen aus und die Oberflächentemperatur auf der Innenseite des Bauteils ist geringer als im ungestörten Bereich.
- **Konstruktive Wärmebrücken** liegen vor, wenn verschiedene Bauteilkomponenten mit unterschiedlichen Wärmeleitfähigkeiten sowie unterschiedlichen Abmessungen konstruktiv miteinander verbunden werden. Auch in diesem Fall verlaufen die Isothermen gekrümmt.

Weiterhin gibt es Mischformen bzw. Wärmebrücken, die sich mehreren Arten zuordnen lassen.

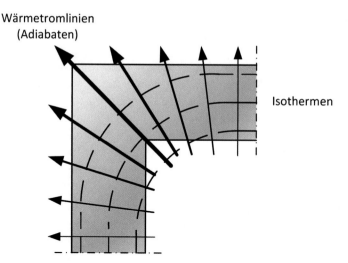

Abb. 2.16 Geometrische Wärmebrücke mit Wärmestromlinien (Volllinien) und Isothermen (Strich-linien); hier: Außenwandecke

Abb. 2.17 Materialbedingte Wärmebrücke mit Wärmestromlinien (Volllinien) und Isothermen (Strichlinien); hier: Stahlbetonstütze in einer Mauerwerkswand aus Porenbeton

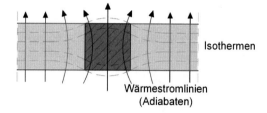

In der Literatur findet sich gelegentlich der Begriff *„konvektive Wärmebrücken"*. Hier-unter sind Stellen in der Gebäudehülle zu verstehen, bei denen aufgrund einer örtlichen Leckage oder Undichtheit (z. B. bei einer Fuge) durch Luftströmung erhöhte Wärme-verluste auftreten. Da die für Wärmebrücken typischen Merkmale fehlen (z. B. das Auftreten von niedrigeren Innenoberflächentemperaturen) und derartige Wärmebrücken auch nicht in den Begriffsdefinitionen in der hierfür geltenden Norm DIN EN ISO 10211 „Wärmebrücken im Hochbau – Wärmeströme und Oberflächentemperaturen – Detaillierte Berechnungen" [10] aufgeführt werden, handelt es sich hierbei nicht um Wärmebrücken im eigentlichen Sinn.

Die Berechnung von Wärmebrücken (Temperaturverteilung, Wärmeströme, Kennwerte) kann beispielsweis mit einer geeigneten Software erfolgen (z. B. nach der Methode der Finiten Elemente). Für häufig vorkommende Konstruktionen existieren auch Lösungen in Wärmebrückenkatalogen, aus denen die wesentlichen Kennwerte entnommen werden können.

2.2.9.3 Anforderungen an Wärmebrücken nach GEG

Das GEG fordert, dass der Einfluss konstruktiver Wärmebrücken auf den Jahres-Heizwärmebedarf nach den anerkannten Regeln der Technik und nach den im jeweiligen Einzelfall wirtschaftlich vertretbaren Maßnahmen so gering wie möglich gehalten wird. Siehe hierzu GEG § 12 „Wärmebrücken". Weiterhin wird im GEG gefordert, dass der verbleibende Einfluss von Wärmebrücken bei der Ermittlung des Jahres-Primärenergiebedarfs zu berücksichtigen ist (siehe GEG § 24 „Einfluss von Wärmebrücken"). Dies kann entweder pauschal durch einen Wärmebrückenzuschlag ΔU_{WB} oder durch eine genaue Berechnung erfolgen. Siehe folgenden Auszug aus dem GEG.

Auszug GEG [1]

„§ 12 Wärmebrücken"

„Ein Gebäude ist so zu errichten, dass der Einfluss konstruktiver Wärmebrücken auf den Jahres-Heizwärmebedarf nach den anerkannten Regeln der Technik und nach den im jeweiligen Einzelfall wirtschaftlich vertretbaren Maßnahmen so gering wie möglich gehalten wird."

„§ 24 Einfluss von Wärmebrücken

Unbeschadet der Regelung in § 12 ist der verbleibende Einfluss von Wärmebrücken bei der Ermittlung des Jahres-Primärenergiebedarfs [...] zu berücksichtigen. [...]."

2.2.9.4 Rechnerische Erfassung der Wärmeverluste über Wärmebrücken

Für die rechnerische Erfassung der Transmissionswärmeverluste über Wärmebrücken bestehen folgende Möglichkeiten:

1. **Pauschale Erfassung** der Wärmeverluste über Wärmebrücken mithilfe eines „Wärmebrückenzuschlags" in Abhängigkeit von der Art der Ausführung und der Größe der wärmeübertragenden Umfassungsfläche.
2. **Genaue Berechnung** der Wärmeverluste individuell für jede einzelne Wärmebrücke und Aufsummierung aller Einzelanteile zum Gesamtwärmeverlust, der durch Wärmebrücken verursacht wird.

Pauschale Erfassung

Die pauschale Erfassung der Transmissionswärmeverluste über Wärmebrücken erfolgt mithilfe eines Zuschlages. Hierbei wird eine pauschale Erhöhung der Wärmedurchgangskoeffizienten aller Bauteile der thermischen Gebäudehülle vorgenommen („Wärmebrückenzuschlag").

Die spezifischen Wärmebrückenverluste über die Wärmebrücken H_{WB} werden pauschal berechnet, indem ein Zuschlagswert ΔU_{WB} (Dimension: W/(m^{2}K)) mit der wärmeübertragenden Umfassungsfläche des Gebäudes A (Dimension: m^2) multipliziert wird.

Damit berechnen sich die spezifischen Transmissionswärmeverluste H_T mit folgender Gleichung:

$$H_T = H_{RQ} + H_{WB} = \sum F_{xi} \cdot U_i \cdot A_i + \Delta U_{WB} \cdot A \qquad (2.34)$$

Darin bedeuten:

H_T spezifische Transmissionswärmeverluste, in W/K

H_{RQ} spezifische Transmissionswärmeverluste über die Bauteile der Regelquerschnitte (Normalbereiche), in W/K

H_{WB} spezifische Transmissionswärmeverluste über Wärmebrücken, in W/K

$F_{x,i}$ Temperaturkorrekturfaktor, abhängig von der Lage des Bauteils (dimensionslos)

U_i Wärmedurchgangskoeffizient des Bauteils i, in W/(m²K);

A_i ΔU_{WB} Zuschlagswert („Wärmebrückenzuschlag"), in Abhängigkeit von der Ausführung der Wärmebrücke, in W/(m²K)

A wärmeübertragende Umfassungsfläche, in m²

Zuschlagswerte ΔU_{WB}

Der **Zuschlagswert** (Wärmebrückenzuschlag) ΔU_{WB} ist von der Ausführung der Wärmebrücke abhängig. Es gelten folgende Regeln:

1. **$\Delta U_{WB} = 0{,}05$ W/(m²K) Kategorie A bzw.**
   $\Delta U_{WB} = 0{,}03$ W/(m²K) Kategorie B:
   Diese Werte dürfen nur verwendet werden, wenn die Gleichwertigkeit (bildlich oder rechnerisch mittels ψ_{Ref}) nach DIN 4108 Beiblatt 2 „Wärmeschutz und Energieeinsparung in Gebäuden; Beiblatt 2: Wärmebrücken – Planungs- und Ausführungsbeispiele" [11] nachgewiesen wird, d. h. die Wärmebrücken den Beispielen des Beiblattes 2 der DIN 4108 entsprechen. Es gelten folgende Regeln: a) Sofern alle Wärmebrücken die Anforderungen der Kategorie B (höhere energetische Qualität) erfüllen, darf als Wärmebrückenzuschlag 0,03 W/(m²K) angesetzt werden. b) In allen anderen Fällen ist mit einem Wärmebrückenzuschlag von 0,05 W/(m²K) zu rechnen. Alternativ kann auch ein projektbezogener Wärmebrückenzuschlag ermittelt werden; s. DIN 4108 Beiblatt 2 [11].

2. **$\Delta U_{WB} = 0{,}10$ W/(m²K):**
   Dieser Wert darf im Regelfall ohne weiteren Nachweis angesetzt werden.

3. **$\Delta U_{WB} = 0{,}15$ W/(m²K):**
   Dieser Wert ist anzusetzen bei Gebäuden mit Innendämmung (Kriterium: Wert ist zu verwenden, wenn mehr als 50 % der Außenwände mit einer Innendämmung und einbindender Massivdecke versehen sind).

Genaue Berechnung der Wärmeverluste über Wärmebrücken

Bei der genauen Berechnung werden die Transmissionswärmeverluste über Wärmebrücken mithilfe von *längenbezogenen Wärmedurchgangskoeffizienten* Ψ (Dimension in W/(mK)) ermittelt.

Hierzu ist es erforderlich, für jeden Bauteilanschluss (Wärmebrücke) den längenbezogenen Wärmedurchgangskoeffizienten Ψ zu ermitteln und die genauen Längen l der Bauteilanschlüsse/Wärmebrücken zu bestimmen. Durch Multiplikation beider Größen ($\Psi_j \times l_j$) erhält man den spezifischen Transmissionswärmeverlust der betrachteten linienförmigen Wärmebrücke „j". Die Aufsummierung aller Anteile ($\Sigma\ \Psi_j \times l_j$) ergibt den gesamten Transmissionswärmeverlust über Wärmebrücken.

Punktförmige Wärmebrücken brauchen i. d. R. nicht berücksichtigt zu werden, sodass deren Anteil an den Transmissionswärmeverlusten ($\Sigma\chi_k$) in den meisten Fällen zu Null wird.

Die spezifischen Transmissionswärmeverluste H_T berechnen sich mit folgender Gleichung:

$$H_T = H_{RQ} + H_{WB} = \sum F_{xi} \cdot U_i \cdot A_i + \sum \Psi_j \cdot l_j + \sum \chi_k \qquad (2.35)$$

Darin bedeuten:

H_T spezifische Transmissionswärmeverluste, in W/K

H_{RQ} spezifische Transmissionswärmeverluste über die Bauteile der Regelquerschnitte, in W/K

H_{WB} spezifische Transmissionswärmeverluste über Wärmebrücken, in W/K

$F_{x,i}$ Temperaturkorrekturfaktor, abhängig von der Lage des Bauteils (dimensionslos)

U_i Wärmedurchgangskoeffizient des Bauteils i, in W/(m²K)

A_i Fläche des Bauteils i, in m²

Ψ_j längenbezogener Wärmedurchgangskoeffizient einer linienförmigen Wärmebrücke („j"), in W/(mK)

l_j Länge der linienförmigen Wärmebrücke bzw. des Bauteilanschlusses („j"), in m

χ_k Transmissionswärmeverlust einer punktförmigen Wärmebrücke („k"), in W/K; Hinweis: Anteil χ_k darf i. d. R. vernachlässigt werden; nachfolgend wird hierauf nicht näher eingegangen.

Vor- und Nachteile der Verfahren

Das genaue Verfahren bietet gegenüber dem Verfahren mit pauschalen Zuschlagswerten einige Vorteile, bringt aber auch mehrere Nachteile mit sich:

- **Vorteile:** Die durch Wärmebrücken verursachten Transmissionswärmeverluste werden im Vergleich zum Verfahren mit pauschalen Zuschlagswerten genauer ermittelt und lassen sich gegenüber dem pauschalen Verfahren erheblich reduzieren.

- **Nachteile:** Die Berechnung bzw. Ermittlung der längenbezogenen Wärmedurchgangs-koeffizienten Ψ der Bauteilanschlüsse ist mit einem erheblichen Aufwand verbunden und i. d. R. nur mit entsprechender Software durchzuführen. Für einige Konstruktionen und Bauteilanschlüsse können die Ψ-Werte auch aus Tabellen entnommen werden („Wärmebrückenkataloge").

2.2.9.5 Längenbezogener Wärmedurchgangskoeffizient

Der längenbezogene Wärmedurchgangskoeffizient (Ψ-Wert) beschreibt den zusätzlichen Transmissionswärmeverlust im Bereich einer Wärmebrücke gegenüber dem ungestörten Normalbereich. Die Dimension des Ψ-Wertes ist W/(mK). Die Berechnung des längen-bezogenen Wärmedurchgangskoeffizienten Ψ erfolgt nach DIN EN ISO 10211 [10]. Für ausgewählte Bauteilanschlüsse und Konstruktionen können die Ψ-Werte auch aus Wärme-brückenkatalogen oder aus dem Internet (z. B. von Baustoff- oder Bauproduktherstellern) entnommen werden.

Der längenbezogene Wärmedurchgangskoeffizient Ψ einer Wärmebrücke ergibt sich aus der Differenz zwischen dem Transmissionswärmeverlust im Bereich der Wärmebrü-cke und dem ungestörten Normalbereich. Der Transmissionswärmeverlust im Bereich der Wärmebrücke H_{WB} kann aus dem dort vorhandenen Wärmestrom Φ (in W) und der Temperaturdifferenz $\Delta\theta$ (in K) ermittelt werden, indem der Quotient aus beiden Größen berechnet wird. Es gilt folgender Zusammenhang:

$$H_{WB} = \frac{\Phi}{\Delta\theta} \qquad (2.36)$$

Darin bedeuten:

H_{WB} Transmissionswärmeverlust im Bereich der Wärmebrücke, in W/K
Φ Wärmestrom im Bereich der Wärmebrücke, in W
$\Delta\theta$ Temperaturdifferenz zwischen innen und außen, in K

Im ungestörten, an die Wärmebrücke angrenzenden Normalbereich, ergibt sich der spe-zifische Transmissionswärmeverlust H_{RQ} aus dem Wärmedurchgangskoeffizienten U und der Fläche A mit folgender Gleichung:

$$H_{RQ} = U \cdot A \qquad (2.37)$$

Als Differenz zwischen dem Wärmeverlust im Wärmebrückenbereich H_{WB} und dem ungestörten Normalbereich H_{RQ} ergibt sich (ΔH in W/K):

$$\Delta H = \frac{\Phi}{\Delta\theta} - U \cdot A \qquad (2.38)$$

Wird für die Fläche $A = b \times l$ die Abmessung $b = 1$ m gesetzt (die Abmessung l beschreibt die tatsächliche Länge der Wärmebrücke bzw. des Bauteilanschlusses) ergibt sich folgender Ausdruck:

$$\Delta H = \frac{\Phi}{\Delta \theta} - U \cdot l \cdot 1 \qquad (2.39)$$

Der Quotient aus dem Wärmestrom im Bereich der Wärmebrücke und der Temperaturdifferenz ($\Phi/\Delta\theta$) wird auch als *thermischer Leitwert* L^{2D} bezeichnet. Für die Transmissionswärmeverluste im ungestörten Normalbereich wird auch das Formelzeichen L_0 ($= U \times A = U \times l \times l$) verwendet. Die Differenz zwischen dem Wärmeverlust im Wärmebrückenbereich und dem ungestörten Normalbereich ΔH entspricht dem längenbezogenen Wärmedurchgangskoeffizienten der Wärmebrücke, der üblicherweise mit dem Formelzeichen Ψ gekennzeichnet wird. Mit diesen Angaben sowie unter Berücksichtigung der Temperaturkorrekturfaktoren F_x, die für den ungestörten Bereich anzunehmen sind, ergibt sich für den längenbezogenen Wärmedurchgangskoeffizienten Ψ einer Wärmebrücke folgende Gleichung:

$$\Psi = \frac{\Phi}{\Delta \theta} - \sum F_{x,j} \cdot U_j \cdot l_j = L^{2D} - L^0 \qquad (2.40)$$

Darin bedeuten:

Ψ längenbezogener Wärmedurchgangskoeffizient einer (linienförmigen) Wärmebrücke, in W/(mK)

Φ Wärmestrom im Bereich der Wärmebrücke, in W

$\Delta\theta$ Temperaturdifferenz zwischen innen (Raumlufttemperatur) und außen (Außenlufttemperatur), in K

F_x Temperaturkorrekturfaktor in Abhängigkeit von der Lage des Bauteils (dimensionslos)

U Wärmedurchgangskoeffizient der Bauteile, in W/(m^{2}K)

l Länge der Wärmebrücke, in m

Für die Berechnung des Ψ-Wertes ist es lediglich erforderlich, den Wärmestrom Φ im Bereich der Wärmebrücke zu ermitteln. Alle anderen Größen sind bekannt (Temperaturdifferenz, U-Wert, Temperaturkorrekturfaktor, Länge der Wärmebrücke). Hier ergibt sich jedoch die Schwierigkeit, dass der Wärmestrom nicht ohne Weiteres zu ermitteln ist. Vielmehr sind numerische Berechnungen auf Grundlage eines geeigneten Verfahrens (z. B. auf Grundlage der Methode der Finite Elemente (FEM)) erforderlich (Abb. 2.18).

Abb. 2.18
Wärmebrücke – Querschnitt,
Modellierung,
Temperaturverlauf

Querschnitt
(hier: Außenwand in Holztafelbauweise)

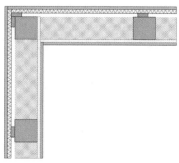

Modellierung und Elementnetz

Temperaturverlauf nach Berechnung

2.2.10 Mindestwärmeschutz

Neben dem energiesparenden Wärmeschutz, dessen Anforderungen im GEG in Verbindung mit den dort zitierten Normen geregelt sind, ist auch der Mindestwärmeschutz zu beachten. Siehe folgenden Auszug aus dem GEG.

Auszug GEG [1]

„§ 11 Mindestwärmeschutz
(1) Bei einem zu errichtenden Gebäude sind Bauteile, die gegen die Außenluft, das Erdreich oder gegen Gebäudeteile mit wesentlich niedrigeren Innentemperaturen abgrenzen, so auszuführen, dass die Anforderungen des Mindestwärmeschutzes nach DIN 4108-2: 2013-02 und DIN 4108-3: 2018-10 erfüllt werden."

Unter dem Begriff Mindestwärmeschutz sind Maßnahmen zu verstehen, die ein behagliches und hygienisches Raumklima sicherstellen sowie Tauwasser- und Schimmelpilzfreiheit an Innenoberflächen von Außenbauteilen gewährleisten. Die Anforderungen an den Mindestwärmeschutz sind in DIN 4108-2 [3] geregelt. Außerdem sind DIN 4108-3 [4] und DIN EN ISO 13788 [17] zu beachten, in der kritische Oberflächenfeuchten sowie Nachweisverfahren festgelegt sind, um Schimmelpilzfreiheit zu gewährleisten und schädliche Tauwasserbildung zu vermeiden.

2.2.10.1 Mindestwärmeschutz flächiger Bauteile

Die Mindestwerte der Wärmedurchlasswiderstände R von flächigen Bauteilen sind abhängig von der Bauweise und der Art des Bauteils. Bei leichten Bauteilen mit einer flächenbezogenen Masse unter 100 kg/m^2 sowie bei Rahmen- und Skelettbauarten sind die Anforderungen höher als bei Massivbauteilen. Der Grund hierfür liegt darin, dass bei leichten Bauteilen das Wärmespeichervermögen reduziert ist.

Bei den Anforderungen an den Mindestwärmeschutz flächiger Bauteile wird unterschieden in

- *homogene* Bauteile; ein- oder mehrschalig mit Differenzierung in schwere Bauteile (flächenbezogene Masse $m' \geq 100$ kg/m^2) und leichte Bauteile ($m' < 100$ kg/m^2),
- *inhomogene nichttransparente* Bauteile (z. B. Skelett-, Rahmen-, Ständerbauweisen) und
- *transparente und teiltransparente* Bauteile (Fenster, Fenstertüren, Pfosten-Riegel-Konstruktionen, Vorhangfassaden).

Homogene Bauteile mit einer flächenbezogenen Masse von $m' \geq 100$ kg/m^2

Ein- und mehrschalige Bauteile mit $m' \geq 100$ kg/m^2, die beheizte Räume gegen die Außenluft, niedrig beheizte Bereiche sowie Bereiche mit wesentlich niedrigeren Innentemperaturen oder unbeheizte Bereiche abgrenzen, müssen mindestens den Wärmedurchlasswiderstand R nach Tab. 2.12 aufweisen.

Beispielsweise wird für Wände gegen Außenluft ein Mindestwert von $R = 1,2$ m^{2}K/W gefordert. Da die Anforderungen an den energiesparenden Wärmeschutz nach EnEV wesentlich schärfer sind, wird diese Anforderung i. d. R. problemlos erfüllt. Beispielsweise ergibt sich für eine Wand aus Kalksandstein-Mauerwerk (Dicke $d = 24$ cm, Wärmeleitfähigkeit $\lambda = 0,70$ W/mK) mit einer 14 cm dicken Wärmedämmschicht ($\lambda = 0,04$ W/mK) ein Wärmedurchlasswiderstand von $R = 0,24/0,70 + 0,14/0,04 = 3,84$ m^{2}K/W > min $R = 1,2$ m^{2}K/W (Putzschichten sind nicht berücksichtigt). Die Anforderung an den Mindestwärmeschutz ist demnach erfüllt.

Homogene Bauteile mit einer flächenbezogenen Masse von $m' < 100$ kg/m^2

Bei ein- und mehrschaligen Bauteilen mit $m' < 100$ kg/m^2 wird ein erhöhter Mindestwert des Wärmedurchlasswiderstands gefordert. Es gilt:

$$R \geq 1,75 \, \text{m}^2\text{K/W}$$

Beispiel

Für eine Außenwand (gegen Außenluft) ist zu überprüfen, ob die Anforderungen an den Mindestwärmeschutz erfüllt werden.

Aufbau (von innen nach außen):

1. Gipsputz, $d = 1$ cm, $\rho = 1000$ kg/m^3, $\lambda_B = 0,34$ W/(mK)
2. Hochlochziegel (HLzA), $d = 30$ cm, $\rho = 1000$ kg/m^3, $\lambda_B = 0,45$ W/(mK)
3. Zementmörtel, $d = 2$ cm, $\rho = 1800$ kg/m^3, $\lambda_B = 1,0$ W/(mK)
4. Vollklinker, $d = 11,5$ cm, $\rho = 1600$ kg/m^3, $\lambda_B = 0,70$ W/(mK)

Die Berechnung des Wärmedurchlasswiderstands R erfolgt tabellarisch:

Schicht-Nr	Dicke d (m)	Bemessungswert der Wärmeleitfähigkeit λ_B (W/(mK))	Wärmedurchlasswiderstand R (m^{2}K/W)	Rohdichte ρ (kg/m^3)	Flächenbezogene Masse m (kg/m^2)
(1)	0,01	0,34	0,003	1000	10,0
(2)	0,30	0,45	0,667	1000	300,0
(3)	0,02	1,0	0,020	1800	36,0
(4)	0,115	0,70	0,164	1600	184,0
		$R =$	0,854	$m =$	530,0

Tab. 2.12 Mindestwerte für Wärmedurchlasswiderstände von Bauteilen (in Anlehnung an DIN 4108-2:2013-02, Tab. 3 [3])

Bauteile Beschreibung	Wärmedurchlasswiderstand des Bauteils[2] R in m^{2}K/W
Wände beheizter Räume	
Gegen Außenluft, Erdreich, Tiefgaragen, nicht beheizte Räume (auch nicht beheizte Dachräume oder nicht beheizte Kellerräume außerhalb der wärmeübertragenden Umfassungsfläche)	$R \geq 1,2$ [3]
Dachschrägen beheizter Räume	
Gegen Außenluft	$R \geq 1,2$
Decken beheizter Räume nach oben und Flachdächer	
Gegen Außenluft	$R \geq 1,2$
Zu belüfteten Räumen zwischen Dachschrägen und Abseitenwänden bei ausgebauten Dachräumen	$R \geq 0,90$
Zu nicht beheizten Räumen, zu bekriechbaren oder noch niedrigeren Räumen	$R \geq 0,90$
Zu Räumen zwischen gedämmten Dachschrägen und Abseitenwänden bei ausgebauten Dachräumen	$R \geq 0,35$
Decken beheizter Räume nach unten [1]	
Gegen Außenluft, gegen Tiefgarage, gegen Garagen (auch beheizte), Durchfahrten (auch verschließbare) und belüftete Kriechkeller	$R \geq 1,75$
Gegen nicht beheizte Kellerräume	$R \geq 0,90$
Unterer Abschluss (z. B. Bodenplatte) von Aufenthaltsräumen, unmittelbar an das Erdreich grenzend bis zu einer Raumtiefe von 5 m	
Über einem nicht belüfteten Hohlraum, z. B. Kriechkeller, an das Erdreich grenzend	
Bauteile an Treppenräumen	

(Fortsetzung)

Tab. 2.12　(Fortsetzung)

Bauteile	Beschreibung	Wärmedurchlasswiderstand des Bauteils[2] R in $m^2 K/W$
	Wände zwischen beheizten Räumen und direkt beheiztem Treppenraum, Wände zwischen beheizten Räumen und indirekt beheiztem Treppenraum, sofern die anderen Bauteile des Treppenraums die Anforderungen dieser Tabelle erfüllen	$R \geq 0,07$
	Wände zwischen beheizten Räumen und indirekt beheiztem Treppenraum, wenn nicht alle anderen Bauteile des Treppenraums die Anforderungen dieser Tabelle erfüllen	$R \geq 0,25$
	Oberer und unterer Abschluss eines beheizten oder indirekt beheizten Treppenraums	wie Bauteile beheizter Räume
Bauteile zwischen beheizten Räumen		
	Wohnungs- und Gebäudetrennwände zwischen beheizten Räumen	$R \geq 0,07$
	Wohnungstrenndecken, Decken zwischen Räumen unterschiedlicher Nutzung	$R \geq 0,35$

1) Vermeidung von Fußkälte
2) Bei erdberührten Bauteilen: konstruktiver Wärmedurchlasswiderstand
3) bei niedrig beheizten Räumen 0,55 $m^2 K/W$

Die flächenbezogene Masse beträgt $m = 530,0$ kg/m^2 > 100 kg/m^2. Es gelten die Anforderungswerte nach Tab. 2.12.

$$\text{vorh } R = 0,880 < \textit{erfR} = 1,2 \, m^2 K/W$$

Die Außenwand erfüllt **nicht** die Anforderungen des Mindestwärmeschutzes.

Abhilfe: Anordnung einer Dämmschicht, z. B. statt der Mörtelschicht. Gewählt: $d = 4$ cm Mineralwolle, $\lambda_B = 0,038$ W/(mK).

Zusätzlicher Wärmedurchlasswiderstand:

$$\Delta R = 0,04/0,038 = 1,053 \, m^2 K/W$$

Wärmedurchlasswiderstand insgesamt:

$$R = 0,880 - 0,020 + 1,053 = 1,913\,\mathrm{m^2K/W} > erf.R = 1,2\,\mathrm{m^2K/W}$$

Die Anforderungen an den Mindestwärmeschutz sind erfüllt, wenn zusätzlich eine Dämmschicht mit einer Dicke von 4 cm eingebaut wird.◄

Anforderungen an inhomogene nichttransparente Bauteile
Für thermisch inhomogene Bauteile wie sie bei Rahmen-, Skelett- und Holzständer-bauweisen sowie bei Fassaden als Pfosten-Riegel-Konstruktionen vorkommen, gelten folgende Anforderungen:

- Gefachbereich: $\qquad\qquad\qquad\qquad R_G \geq 1,75\,\mathrm{m^2K/W}$

- Mittelwert für das gesamte Bauteil: $\qquad R_m \geq 1,0\,\mathrm{m^2K/W}$

Für Rollladenkästen gelten folgende Anforderungen:

- Mittelwert für das gesamte Bauteil: $\qquad R_m \geq 1,0\,\mathrm{m^2K/W}$

- Deckel: $\qquad\qquad\qquad R \geq 0,55\,\mathrm{m^2K/W}$

Anforderungen an transparente und teiltransparente Bauteile
Für opake Ausfachungen von transparenten und teiltransparenten Bauteilen (wie z. B: Vorhangfassaden, Pfosten-Riegel-Konstruktionen, Glasdächer, Fenster, Fenstertüren und Fensterwände) gelten folgende Anforderungen bei beheizten und niedrig beheizten Räumen:

$$R \geq 1,2\,\mathrm{m^2K/W}\,(bzw.\,U_p \leq 0,73\,W/m^2K)$$

Für die Rahmen gilt:

$$U_f \leq 2,9\ \mathrm{W/m^2K}\ \text{und Ausführung nach DIN EN ISO 10077-1 [9]}$$

Transparente Teile der thermischen Hülle sind mindestens mit Isolierglas oder zwei Glasscheiben (z. B. Verbundfenster, Kastenfenster) auszuführen.

2.2.10.2 Mindestwärmeschutz im Bereich von Wärmebrücken
Mindestanforderungen an den Wärmeschutz im Bereich von Wärmebrücken sind in DIN 4108-2 [3] geregelt. Weiterhin ist das Beiblatt 2 zur DIN 4108 [11] zu beachten, das Planungs- und Ausführungsbeispiele für Wärmebrücken enthält.

Auskragende Balkonplatten, Attiken, freistehende Stützen sowie Wände mit $\lambda >$ 0,5 W/(mK) ohne zusätzliche Wärmedämmmaßnahmen sind nicht zulässig. Beispielsweise können auskragende Balkonplatten durch spezielle Konstruktionselemente von der übrigen Baukonstruktion thermisch getrennt werden. Attiken sind mit einer umlaufenden Wärmedämmschicht zu versehen, um die Wärmebrückenwirkung zu minimieren.

Ecken von Außenbauteilen mit gleichartigem Aufbau, deren Einzelkomponenten die Anforderungen des Mindestwärmeschutzes nach DIN 4108-2 [3] erfüllen, brauchen nicht gesondert nachgewiesen zu werden, d. h. die Mindestanforderungen gelten als erfüllt.

Bei Konstruktionen und Anschlüssen, die dem Beiblatt 2 der DIN 4108 [11] entsprechen bzw. den dort angegebenen Planungs- und Ausführungsbeispielen gleichwertig sind, gelten die Anforderungen an den Mindestwärmeschutz als erfüllt.

Für alle von DIN 4108 Beiblatt 2 abweichenden Konstruktionen muss der Temperaturfaktor f_{Rsi} an der ungünstigsten Stelle die Bedingung $f_{Rsi} \geq 0{,}70$ erfüllen. Das bedeutet, dass als raumseitige Oberflächentemperatur $\theta_{si} \geq 12{,}6\ °C$ eingehalten werden muss. Fenster sind von dieser Regelung ausgenommen. Der Temperaturfaktor f_{Rsi} ergibt sich mit folgender Gleichung (f_{Rsi} ist dimensionslos):

$$f_{Rsi} = \frac{\theta_{si} - \theta_e}{\theta_i - \theta_e} \tag{2.41}$$

Darin bedeuten:

θ_i Lufttemperatur innen, in °C

θ_e Lufttemperatur außen, in °C

θ_{si} Temperatur auf der Bauteiloberfläche innen, in °C

Dabei liegen folgende Randbedingungen zugrunde:

- Innenlufttemperatur $\theta_i = 20\ °C$
- Relative Luftfeuchte innen $\phi_i = 50\ \%$
- Kritische Luftfeuchte für Schimmelpilzbildung auf der Bauteiloberfläche $\phi_{si} = 80\ \%$
- Außenlufttemperatur $\theta_e = -5\ °C$
- Wärmeübergangswiderstand raumseitig: $R_{si} = 0{,}25\ m^2 W/K$ (beheizte Räume)
- Wärmeübergangswiderstand außen: $R_{se} = 0{,}04\ m^2 K/W$

Bei Bauteilen, die an das Erdreich grenzen gelten andere Temperatur-Randbedingungen, siehe DIN 4108-2 [3]. An Fenstern ist Tauwasserbildung vorübergehend und in kleinen Mengen zulässig, wenn die Oberfläche die Feuchtigkeit nicht absorbiert und wenn Maßnahmen zur Vermeidung eines Kontaktes mit angrenzenden feuchteempfindlichen Materialien (z. B. Mineralfaserdämmstoff) getroffen werden. Für Verbindungsmittel

(z. B. Nägel, Schrauben, Drahtanker), Fensteranschlüsse an angrenzende Bauteile und Mörtelfugen von Mauerwerk ist ein Nachweis der Wärmebrückenwirkung nicht zu führen.

Beispiel

Die Temperatur auf der Innenoberfläche einer Außenwandecke (Wärmebrücke) beträgt $\theta_{si} = 9,8\ °C$. Welcher Temperaturfaktor ergibt sich und wie ist die Konstruktion zu beurteilen?

$$f_{Rsi} = \frac{\theta_{si} - \theta_e}{\theta_i - \theta_e} = \frac{9,8 - (-5)}{20 - (-5)} = 0,592 < 0,70$$

Die Konstruktion ist nicht zulässig, es besteht Gefahr der Tauwasserbildung auf der Innenoberfläche im Bereich der Außenwandecke.◄

2.2.11 Luftdichtheit der Gebäudehülle

Anforderungen an die Luftdichtheit von Außenbauteilen von zu errichtenden Gebäuden sind im GEG geregelt. Siehe folgenden Auszug aus dem GEG.

Auszug GEG

"§ 13 Dichtheit"
"Ein Gebäude ist so zu errichten, dass die wärmeübertragende Umfassungsfläche einschließlich der Fugen dauerhaft luftundurchlässig nach den anerkannten Regeln der Technik abgedichtet ist. Öffentlich-rechtliche Vorschriften über den zum Zweck der Gesundheit und Beheizung erforderlichen Mindestluftwechsel bleiben unberührt".

Das GEG fordert bei zu errichtenden Gebäuden die Ausführung einer dauerhaft luftundurchlässigen wärmeübertragenden Umfassungsfläche einschließlich der Fugen. Dadurch sollen einerseits unplanmäßige Lüftungswärmeverluste, die z. B. durch Fugen und Leckagen in der Gebäudehülle entstehen, minimiert werden und andererseits Behaglichkeit und Raumklima verbessert werden, indem beispielsweise Zugluft vermieden wird.

Als Kenngröße für die Beurteilung der Luftdichtheit wird die sogenannte Luftwechselrate n_{50} verwendet. Diese gibt an, wie oft das (beheizte bzw. gekühlte) Luftvolumen pro Stunde ausgetauscht wird, wenn zwischen dem Gebäudeinnern und der Außenumgebung eine Druckdifferenz von 50 Pascal herrscht.

Im GEG wird als Anforderungsgröße der gemessene Volumenstrom in Kubikmeter pro Stunde bei einer Bezugsdruckdifferenz von 50 Pascal verwendet (Tab. 2.13).

Tab. 2.13 Anforderungen an die Dichtheit eines zu errichtenden Gebäudes (nach GEG § 26 [1])

Ausstattung	Gebäude mit einem beheizten oder gekühlten Luftvolumen von	
	$\leq 1500 \ m^3$	$> 1500 \ m^3$
Ohne raumlufttechnische Anlagen	≤ 3faches beheiztes bzw. gekühltes Luftvolumen	$\leq 4,5$fache Hüllfläche des Gebäudes in m^2
Mit raumlufttechnischen Anlagen	$\leq 1,5$faches beheiztes bzw. gekühltes Luftvolumen	$\leq 2,5$fache Hüllfläche des Gebäudes in m^2

Zusätzlich sind weitere Normen zu beachten, die Anforderungen an die Luftdichtheit sowie Ausführungsregeln enthalten. Wesentliches Regelwerk ist DIN 4108-7 „Wärme- schutz und Energie-Einsparung in Gebäuden – Teil 7: Luftdichtheit von Gebäuden – Anforderungen, Planungs- und Ausführungsempfehlungen sowie -beispiele" [12], die ausführliche Regeln für die Planung und Ausführung der Luftdichtheitsschicht enthält. Als Grundsatz für die Konzeption der Luftdichtheitsschicht ist die sogenannte „*Stiftregel*" zu beachten, die besagt, dass sich eine umlaufende Luftdichtheitsschicht ergibt, indem diese mit einem Stift gezeichnet wird, ohne diesen abzusetzen (Abb. 2.19). Bezüglich der Planung und Ausführung der Luftdichtheitsschicht sind folgende Regeln zu beachten (Auswahl):

- Bauteile aus Stahlbeton gelten als luftdicht.
- Plattenmaterialien (wie z. B. Gipsfaserplatten, Gipsplatten, Faserzementplatten, Ble- che, Holzwerkstoffplatten) gelten in der Fläche als luftdicht. Im Bereich von Fugen, Anschlüssen, Stößen usw. sind besondere Maßnahmen erforderlich, wie z. B. die Abdichtung durch Dichtbänder oder Dichtstoffe.
- Stahltrapezbleche sind dagegen im Bereich ihrer Überlappungen nicht luftdicht. Hier sind besondere Maßnahmen zur Erzielung einer ausreichenden Luftdichtheit erforderlich.
- Nut-Feder-Schalungen sowie Platten als raumseitige Bekleidung sind im Bereich von Anschlüssen und Durchdringungen undicht, sofern keine gesonderten Maßnahmen ergriffen werden.

Abb. 2.19
Stiftregel – Zeichnen der
Luftdichtheitsschicht mit
einem Stift, ohne diesen
abzusetzen (in Anlehnung an
DIN 4108-7, Bild 1 [12])

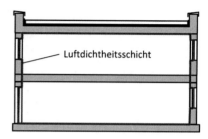

Abb. 2.20 Beispiel für eine
nicht unterbrochene
Luftdichtheitsschicht bei
Geschossdecken im Holzbau
(Prinzipdarstellung) (in
Anlehnung an DIN 4108-7,
Bild 3 [12])

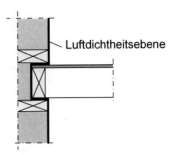

Weiterhin enthält DIN 4108-7 Beispiele für die Anordnung und Ausführung der Luftdichtheitsschicht im Bereich von Anschlüssen und Details (Abb. 2.20).

Für die Abdichtung von Fugen mit Fugendichtstoffen gilt DIN 18540 „Abdichten
von Außenwandfugen im Hochbau mit Fugendichtstoffen" [13]. Für Funktionsfugen von
Fenstern und Fenstertüren gelten die Regeln der DIN EN 12207 „Fenster und Türen –
Luftdurchlässigkeit -Klassifizierung" [14], wobei Fenster und Fenstertüren bei Gebäuden
mit bis zu zwei Vollgeschossen der Klasse 2 und bei Gebäuden mit mehr als zwei
Vollgeschossen der Klasse 3 entsprechen müssen.

Die Prüfung der Luftdichtheit von Gebäuden kann mithilfe eines sogenannten „Blower-
Door-Tests" durchgeführt werden. Die Messung erfolgt dabei nach DIN EN ISO 9972
„Wärmetechnisches Verhalten von Gebäuden – Bestimmung der Luftdurchlässigkeit von
Gebäuden" [15] wobei als Prüfgröße die Luftwechselrate n_{50} ermittelt wird. Das Prinzip
eines Blower-Door-Tests ist schematisch in Abb. 2.21 dargestellt.

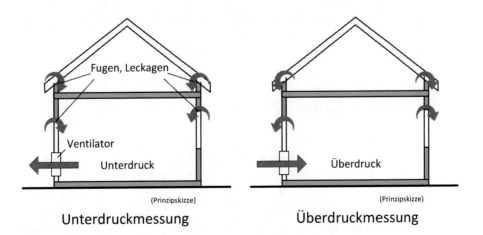

Abb. 2.21 Blower-Door-Test (schematische Darstellung)

2.2.12 Sommerlicher Wärmeschutz

Ziel des sommerlichen Wärmeschutzes ist es, eine zu starke Aufheizung von Gebäuden und Räumen im Sommer durch geeignete Maßnahmen zu verhindern. Anforderungen an den sommerlichen Wärmeschutz bei zu errichtenden Gebäuden sind im GEG geregelt. Siehe folgenden Auszug.

Auszug GEG [1]

„§ 14 Sommerlicher Wärmeschutz"

„(1) Ein Gebäude ist so zu errichten, dass der Sonneneintrag durch einen ausreichenden baulichen sommerlichen Wärmeschutz nach den anerkannten Regeln der Technik begrenzt wird. Bei der Ermittlung eines ausreichenden sommerlichen Wärmeschutzes nach den Absätzen 2 und 3 bleiben die öffentlich-rechtlichen Vorschriften über die erforderliche Tageslichtversorgung unberührt."

Die Anforderungen sowie der Nachweis des baulichen sommerlichen Wärmeschutzes sind in DIN 4108-2:2013-02, Abschn. 8 [3] geregelt. Beim baulichen sommerlichen Wärmeschutz sollen ausschließlich durch bauliche Maßnahmen unzumutbar hohe Innentemperaturen im Sommer zuverlässig vermieden werden, z. B. durch Anordnung von Sonnenschutzvorrichtungen, Verwendung von Sonnenschutzgläsern. Der Einsatz von Klima- oder aktiven Kühlanlagen gehört ausdrücklich nicht zum baulichen sommerlichen Wärmeschutz.

2.2.12.1 Klimaregionen

Die Bundesrepublik Deutschland ist in drei Sommerklimaregionen eingeteilt, um regionale Unterschiede der sommerlichen Klimaverhältnisse zu berücksichtigen:

- sommerkühle Gebiete = Region A
- gemäßigte Gebiete = Region B
- sommerheiße Gebiete = Region C

Die Sommerklimaregionen beruhen auf dem Zusammenwirken von Lufttemperatur und solarer Einstrahlung und dem daraus resultierenden Wärmeverhalten eines Gebäudes im Sommer. Für die Übersichtskarte mit den Sommerklimaregionen wird auf DIN 4108-2 [3] verwiesen.

Für jede Klimaregion wird ein Bezugswert für die operative Innentemperatur festgelegt. Dieser ist nicht als Höchstwert zu verstehen, sondern darf im Rahmen der festgelegten Übertemperaturgradstunden, die in Abhängigkeit von der Nutzung (Unterscheidung in Wohngebäude und Nichtwohngebäude) festgelegt werden, nicht überschritten werden (Tab. 2.14).

Tab. 2.14 Grenzwerte der operativen Innentemperaturen für die Klimaregionen (in Anlehnung an DIN 4108-2:2013-02, Tab. 9 [3])

Sommer-Klimaregion	Bezugswert der operativen Innentemperatur [a),b] in °C	Anforderungswert Übertemperaturgradstunden [c] in Kh/a	
		Wohngebäude [d]	Nichtwohngebäude [e]
A = sommerkühl	25	1200	500
B = gemäßigt	26	1200	500
C = sommerheiß	27	1200	500

[a] Eine differenzierte Festlegung des Bezugswertes der Innentemperatur ist aufgrund der Anpassung des Menschen an das vorherrschende Außenklima gewählt. Würde in allen Regionen die gleiche Anforderung an das sommerliche Raumklima wie in Region A gelten, könnte in den Regionen B und C keine für die Beleuchtung mit Tageslicht ausreichende Fenstergröße realisiert werden.

[b] Die Bezugswerte der operativen Innentemperatur sind nicht als Höchstwerte zu verstehen. Sie dürfen nutzungsabhängig überschritten werden, wobei als Anforderungswert die Kenngröße „Übertemperaturgradstunden" verwendet wird.

[c] Eine Übertemperaturgradstunde ergibt sich, wenn die Innentemperatur während einer Stunde in der Nutzungszeit über dem Bezugswert der operativen Innentemperatur liegt. Beispiel: Wohnnutzung, Region B, an 10 Tagen im Jahr wurde eine Innentemperatur von 27 °C festgestellt, an 15 Tagen im Jahr wurde eine Innentemperatur von 28 °C festgestellt und an 8 Tagen wurden 29 °C festgestellt (hier vereinfachend konstant über die jeweiligen Tage verteilt). Es ergibt sich folgende Übertemperaturgradstunde:
$(27{-}26) \times 10 \times 24 + (28{-}26) \times 15 \times 24 + (29{-}26) \times 8 \times 24 = 240 + 720 + 576 = 1536 > 1200$ Kh/a, d. h. die Anforderungen sind nicht erfüllt. Es sind zusätzliche Maßnahmen des sommerlichen Wärmeschutzes erforderlich.

[d] Anwesenheitszeit Wohnnutzung 24 h/d

[e] Anwesenheitszeit Nichtwohnnutzung Montag bis Freitag 7 Uhr bis 18 Uhr

2.2.12.2 Wärmeschutz im Sommer und Einflussgrößen

Bei Wohn-, Bürogebäuden oder Gebäuden mit ähnlicher Nutzung sind im Regelfall Anlagen zur Raumluftkonditionierung bei ausreichenden baulichen und planerischen Maßnahmen nicht notwendig. Der sommerliche Wärmeschutz ist abhängig vom Gesamtenergiedurchlassgrad der Verglasung, von der Art und Wirksamkeit der Sonnenschutzvorrichtungen, vom Anteil und der Orientierung der Fensterflächen, von der Neigung der Fenster in Dachflächen, von der Lüftung der Räume – besonders während der späten Nachtstunden, von der Wärmespeicherfähigkeit – insbesondere der innen liegenden Bauteile und von der Wärmeleitfähigkeit der nicht transparenten Außenbauteile.

Folgende Grundsätze sind bei der Planung der Gebäude für den Nachweis des sommerlichen Wärmeschutzes zu beachten:

• Große Fensterflächen ohne Sonnenschutz und zu wenige innen liegende wärmespeichernde Bauteile erhöhen die Überhitzungswahrscheinlichkeit im Sommer.

- Dunkle, unverschattete Außenbauteile weisen höhere Temperaturschwankungen auf als helle Oberflächen.
- Ein Sonnenschutz für die Fensterflächen kann durch bauliche Maßnahmen, wie z. B. Balkone oder Dachüberstände, oder durch den Einsatz von Sonnenschutzvorrichtungen, wie z. B. Rollläden oder Markisen, erfolgen. Ein Sonnenschutz sollte bei Dachfenstern und ost-, süd- und westorientierten Fensterflächen angebracht werden.
- Die Innenraumbeleuchtung sollte durch den Einsatz des Sonnenschutzes nicht unzulässig reduziert werden.
- Bei Büro-, Verwaltungs- und ähnlich genutzten Gebäuden sollte die künstliche Raumbeleuchtung zum Schutz vor einer sommerlichen Überhitzung geregelt eingesetzt werden.
- Räume mit nach zwei oder mehr Richtungen orientierten Fensterflächen, insbesondere Südost- oder Südwestorientierungen, sind im Allgemeinen ungünstiger als Räume mit einseitig orientierten Fensterflächen.
- Der solare Eintrag über Außenbauteile mit transparenten Flächen, wie z. B. Fenster, werden durch den Fensterflächenanteil, den Gesamtenergiedurchlassgrad der Verglasung und die verschiedenen Sonnenschutzmaßnahmen bestimmt.
- Bei solarenergiegewinnenden Außenbauteilen, wie z. B. transparenter Wärmedämmung, Glasvorbauten u. Ä., ist durch geeignete Maßnahmen eine sommerliche Überhitzung zu vermeiden. Anlagen zur Kühlung sind ausgeschlossen.
- Das Raumklima im Sommer kann durch eine intensive Nachtlüftung der Räume erheblich verbessert werden. Einrichtungen zur Nachtlüftung wie z. B. öffnende Fenster sollten bei der Planung vorgesehen werden.
- Eine gut wirksame Wärmespeicherfähigkeit der Bauteile, welche mit der Raumluft in Verbindung stehen, verringert die Erwärmung der Räume infolge der Sonneneinstrahlung und interner Wärmequellen, wie z. B. Elektrogeräte, Beleuchtung und Menschen. Außenliegende Wärmedämmschichten und innen liegende wärmespeicherfähige Schichten verbessern im Normalfall den sommerlichen Wärmeschutz und somit das Raumklima.

2.2.12.3 Nachweisverfahren nach DIN 4108-2

Für den Nachweis des sommerlichen Wärmeschutzes nach DIN 4108-2 [3] stehen zwei Verfahren zur Verfügung:

1. **Vereinfachtes Verfahren:** Das *vereinfachte Verfahren* über *Sonneneintragskennwerte* darf angewendet werden, wenn bestimmte Anwendungsvoraussetzungen erfüllt sind. Der Nachweis wird für den kritischen Raum bzw. kritische Raumgruppen geführt. Als „kritisch" sind solche Räume bzw. Raumgruppen zu verstehen, die an die Außenfassade (einschl. Dach) grenzen und der Sonneneinstrahlung besonders ausgesetzt sind, d. h. Räume mit nach Südost-, Süd- und Südwestorientierung und großen Fensterflächen. Siehe nächsten Abschnitt.

2. **Genaueres Verfahren:** Die Berechnung erfolgt durch *thermisch-dynamische Gebäudesimulation* für das gesamte Gebäude. Der Nachweis wird durch Vergleich der berechneten Übertemperaturgradstunden mit den Anforderungswerten erbracht, die für Wohn- und Nichtwohngebäude festgelegt sind (Tab. 2.14). Für den Nachweis durch thermisch-dynamische Gebäudesimulation wird auf die Norm verwiesen.

In bestimmten Fällen darf auf einen Nachweis des sommerlichen Wärmeschutzes verzichtet werden. Dies ist dann der Fall, wenn der grundflächenbezogene Fensterflächenanteil f_{WG} unterhalb bestimmter Grenzen liegt. Der grundflächenbezogene Fensterflächenanteil ergibt sich aus dem Verhältnis der Fensterfläche zur Grundfläche des betrachteten Raums. Der Grenzwert für f_{WG} hängt von der Neigung und Orientierung der Fenster ab. Er ist mit 7 % bei Fenstern mit einer Neigung zwischen 0° (horizontal) und 60° (Dachflächenfenster) festgelegt und liegt bei Fenstern mit einer Neigung über 60° bis 90° (lotrechte Fenster) zwischen 10 % (bei nordwest- über süd- bis nordostorientierten Fenstern) bis 15 % bei Fenstern mit Nordausrichtung. Außerdem kann bei Wohngebäuden auf den Nachweis verzichtet werden, wenn der grundflächenbezogene Fensterflächenanteil des kritischen Raums $f_{WG} \leq 35$ % ist und die Fenster mit Ost-, Süd- und Westorientierung mit geeigneten außenliegenden Sonnenschutzvorrichtungen versehen sind. Diese müssen einen Abminderungsfaktor von $F_C \leq 0{,}30$ bei Glas mit einem Gesamtenergiedurchlassgrad der Verglasung von $g > 0{,}40$ und $F_C \leq 0{,}35$ bei Glas mit $g \leq 0{,}35$ aufweisen. Weiterhin sind besondere Regeln für Räume oder Raumbereiche, die in Verbindung mit unbeheizten Glasvorbauten stehen (wie z. B. Wintergärten), zu beachten. Hier wird auf die Norm verwiesen.

2.2.12.4 Verfahren über Sonneneintragskennwerte

Das Verfahren über Sonneneintragskennwerte ist in DIN 4108-2:2013-02, Abschn. 8.3 [3] geregelt. Es handelt sich um ein vereinfachtes Verfahren mit standardisierten Randbedingungen, das an bestimmte Anwendungsvoraussetzungen geknüpft ist. Es darf nicht bei Räumen oder Raumbereichen angewendet werden, die in Verbindung mit Doppelfassaden oder transparenten Wärmedämmsystemen (TWD) stehen. Außerdem kann das Verfahren über Sonneneintragskennwerte nicht für den Nachweis von Räumen eingesetzt werden, die ausschließlich über einen unbeheizten Glasvorbau belüftet werden. Der Nachweis ist für den kritischen Raum oder Raumgruppen zu führen, wobei der vorhandene Sonneneintragskennwert S_{vorh} ermittelt und mit dem maximal zulässigen Sonneneintragskennwert S_{zul} verglichen wird. Der Nachweis ist erbracht, wenn der vorhandene Sonneneintragskennwert S_{vorh} den zulässigen Sonneneintragskennwert S_{zul} nicht überschreitet. Es gilt:

$$S_{vorh} \leq S_{zul} \tag{2.42}$$

Darin bedeuten:

S_{zul} zulässiger Sonneneintragskennwert (dimensionslose Größe)
S_{vorh} vorhandener Sonneneintragskennwert (dimensionslose Größe)

Kann der Nachweis mithilfe des Verfahrens über Sonneneintragskennwerte nicht erbracht werden, weil die Anwendungsvoraussetzungen nicht erfüllt sind (z. B. bei Belüftung über einen Glasvorbau) oder der Nachweis nicht erfüllt wird ($S_{vorh} > S_{zul}$), ist eine thermisch-dynamische Gebäudesimulation durchzuführen. Siehe hierzu DIN 4108-2:2013-02, Abschn. 8.4 [3]. Für weitere Regeln wird auf DIN 4108-2 [3] verwiesen.

2.3   Überblick Anlagentechnik

2.3.1   Allgemeines

Die Anlagentechnik spielt eine zentrale Rolle bei den Anforderungen und Regelungen des GEG. Zum besseren Verständnis der nachfolgenden Kapitel und Zusammenhänge werden daher einige wichtige Grundlagen zur Anlagentechnik erläutert. Für weiterführende Informationen wird auf die Fachliteratur (z. B. [18]) sowie auf die zitierten Normen verwiesen.

2.3.2   Heizungsanlagen

2.3.2.1   Allgemeines
Eine Heizungsanlage dient zur Versorgung eines Gebäudes mit Raumwärme zum Zwecke der Beheizung.

Nachfolgend wird nur auf Heizungsanlagen eingegangen, die ein einzelnes Gebäude (z. B. Wohngebäude mit mehreren Wohnungen, Einfamilienhäuser) mit Wärme versorgen. Anlagen, die zur Wärmeversorgung mehrerer Gebäude, großer Gebäudekomplexe sowie ganzer Quartiere dienen (Nahwärme, Fernwärme) werden hier nicht behandelt.

2.3.2.2   Komponenten einer Heizungsanlage
In Deutschland werden in den meisten Fällen Heizungsanlagen eingesetzt, bei denen die erzeugte Wärme mithilfe von Wasser zu den Räumen transportiert wird (Wasserheizung). Dieser Anlagentyp wird nachfolgend näher beschrieben.

Eine derartige Heizungsanlage besteht aus folgenden Komponenten (Abb. 2.22):

Wärmeerzeuger: Im Wärmeerzeuger wird die benötigte Wärme erzeugt. Dies kann durch Verbrennung von geeigneten Brennstoffen in einem Heizkessel (Gas, Heizöl, Holzpellets), mithilfe von Wärmepumpen (die Umweltwärme nutzen) oder mit Strom (bei einer Stromdirektheizung) geschehen. In vielen Fällen wird der Wärmeerzeuger für Raumwärme auch für die Warmwasserbereitung genutzt; siehe Abschn. 2.3.3.

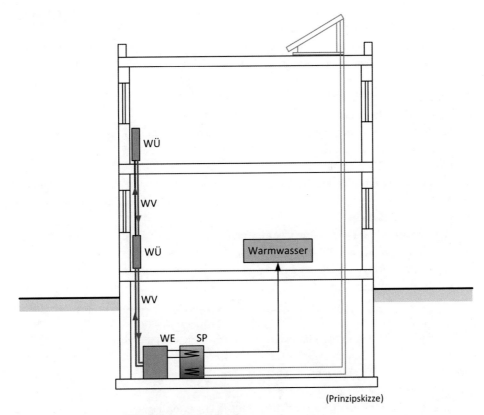

(Prinzipskizze)

WE: Wärmeerzeuger
WV: Wärmeverteilung
WÜ: Wärmeübertragung (Heizkörper, Flächenheizung)
SP: Speicher

Abb. 2.22 Komponenten einer Heizungsanlage

Nach den Vorschriften des GEG darf eine Heizungsanlage nur noch eingebaut oder aufgestellt werden, wenn sie mindestens 65 % der erzeugten Wärme aus erneuerbaren Energien bezieht; siehe hierzu § 71 des GEG. Damit können konventionelle Heizkessel, die mit Gas oder Heizöl betrieben werden, nicht mehr eingebaut werden, wenn sie alleinig als Wärmeerzeuger dienen. Für weitere Informationen siehe Kap. 5 in diesem Werk.

Wärmeverteilung: Im Wärmeerzeuger wird die Wärme über einen Wärmetauscher auf den Heizkreislauf übertragen. Als Wärmeträger dient das im Heizkreislauf enthaltene Wasser. Gegenüber anderen Stoffen hat Wasser einige Vorteile. Es ist erstens leicht verfügbar und weist zweitens eine hohe Wärmekapazität auf. Das bedeutet, dass die vom Wärmeerzeuger erzeugte Wärme auf das Wasser im Heizkreislauf gut übertragen und dort in großer Menge gespeichert werden kann. Drittens lässt sich Wasser und damit die darin enthaltene Wärme leicht transportieren, z. B. durch Umwälzpumpen.

Der Heizkreislauf wird in einen Vorlauf und einen Rücklauf unterteilt. Im Vorlauf wird das erwärmte Wasser vom Wärmeerzeuger zu den Heizkörpern oder den beheizbaren Fußbodenflächen (Wärmeübertragung) gepumpt. Im Rücklauf fließt das abgekühlte Wasser zurück zum Wärmeerzeuger. Bei heutigen Anlagen erfolgt der Transport des Wassers im Heizkreislauf mithilfe einer Umwälzpumpe. Aus physikalischen Gründen würde das erwärmte Wasser auch ohne eine Pumpe aufgrund der Thermik im Heizkreislauf zirkulieren. Allerdings ist dieser Prozess schlecht regelbar und dauert wesentlich länger als bei Einsatz einer Umwälzpumpe.

Wärmeübertragung: Die Übertragung der Wärme vom Heizkreislauf an die Raumluft erfolgt in den Heizkörpern (bei einer Heizkörperheizung) oder über Fußbodenflächen (bei einer Fußbodenheizung).

Im Heizkörper wird die Wärme vom Wasser des Heizkreislaufs je nach Bauart über Platten, Konvektoren oder Rippen an die Raumluft übertragen. Die erwärmte Luft steigt aufgrund ihrer geringeren Dichte auf und verteilt die Wärme im Raum, indem sich eine Konvektionswalze ausbildet. Die abgekühlte Luft strömt schließlich am Fußboden zurück zum Heizkörper und wird dort erneut erwärmt. Der Wärmetransport bei Heizkörpern erfolgt hauptsächlich über Konvektion und zu einem geringeren Teil durch Strahlung.

Bei einer Fußbodenheizung befinden sich im Estrich schlaufenförmig und flächig verlegte Heizrohre, in denen das Wasser des Heizkreislaufs zirkuliert. Die Wärme wird direkt an den Estrich abgegeben. Dieser erwärmt den Raum, wobei hier der Anteil der Wärmestrahlung überwiegt.

Aufgrund der kleineren Wärmeübertragungsflächen von Heizkörpern im Vergleich zu Fußbodenheizungen muss die Vorlauftemperatur bei Heizungen mit Heizkörpern höher sein als bei einer Fußbodenheizung. Umgekehrt sind bei Fußbodenheizungen geringere Vorlauftemperauren erforderlich, da ausreichend große Flächen zur Wärmeübertragung zur Verfügung stehen. Ergänzend sei darauf hingewiesen, dass die Vorlauftemperatur die Temperatur ist, die das Wasser im Heizkreislauf bei Verlassen des Wärmeerzeugers hat.

Speicher: In den Heizkreislauf kann ein Speicher integriert werden, um Wärme zwischenzuspeichern. Der Speicher ist vom Prinzip her ein großvolumiger und gut wärmegedämmter Behälter mit einem Fassungsvolumen von mindestens 0,5 m^3, in dem das zuvor erwärmte Wasser und damit die darin enthaltene Wärme gespeichert wird. Aufgrund der großen Wärmekapazität von Wasser können beachtliche Wärmemengen gespeichert und später bei Bedarf wieder abgegeben werden.

Ein Speicher ist beispielsweise erforderlich, wenn eine Solarthermieanlage zur Heizungsunterstützung vorgesehen ist. In diesem Fall wird die solar erzeugte Wärme in dem Speicher zwischengespeichert und kann zeitversetzt auch nach längerer Zeit noch genutzt werden.

Neben den genannten Hauptkomponenten (Wärmeerzeuger, Wärmeverteilung, Wärmeübertragung) existieren je nach Anlagentyp noch weitere Anlagenteile wie z. B.

Umwälzpumpen, Regeleinrichtungen, Ventile usw. Auf diese Anlagenteile wird hier nicht näher eingegangen.

In den folgenden Abschnitten werden einige Wärmeerzeuger und ihr Funktionsprinzip erläutert.

2.3.2.3 Gasbrennwertkessel

Ein Gasbrennwertkessel ist ein Heizkessel, der durch Verbrennung von Gas (meist Erdgas) Wärme erzeugt (Abb. 2.23). Das Besondere an der Brennwerttechnik ist, dass ein großer Teil der in den Abgasen enthaltenen Wärme genutzt und über einen Wärmetauscher dem Heizkreislauf zugeführt wird. Dabei kommt es regelmäßig zur Kondensation des im Abgas enthaltenen Wasserdampfs. Bei Kondensation wird nach den Gesetzen der Thermodynamik Wärme freigesetzt. Diese Wärme wird ebenfalls genutzt, sodass Brennwertkessel einen sehr guten Wirkungsgrad aufweisen. Der Wirkungsgrad bezogen auf den Heizwert des Energieträgers beträgt mehr als 100 % (ca. 105 bis 107 %).

Der entscheidende Nachteil von konventionellen Gasbrennwertkesseln besteht darin, dass sie in der Regel mit Erdgas betrieben werden, d. h. ein fossiler Brennstoff eingesetzt wird. Sie können die Forderung des GEG, dass mindestens 65 % der erzeugten Wärme aus erneuerbaren Energien stammt, nicht erfüllen, wenn sie als Einzelgerät eingesetzt werden. Nach den Vorschriften des GEG (§ 71) dürfen Gasbrennwertkessel daher nicht mehr eingebaut werden.

Abb. 2.23
Gasbrennwertkessel für die
Versorgung eines
Einfamilienhauses mit
Raumwärme und Warmwasser

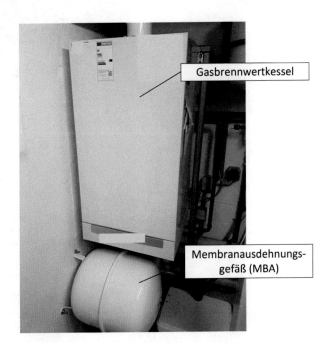

Gasbrennwertkessel

Membranausdehnungs-
gefäß (MBA)

Die Brennwerttechnik kann ebenfalls bei Heizkesseln, die mit Heizöl betrieben werden, angewendet werden. Im Unterschied zu einem Gasbrennwertkessel enthält das bei der Kondensation des in den Abgasen enthaltenen Wasserdampfs entstehende Wasser schädliche Rückstände (z. B. Schwefel u. a. Stoffe). Das Kondenswasser darf daher nicht direkt in die Gebäudeentwässerung geleitet werden.

2.3.2.4 Niedertemperaturkessel

Ein Niedertemperaturkessel ist ein Heizkessel, der mit deutlich niedrigeren Temperaturen gegenüber klassischen, alten Heizkesseln arbeitet. Er besitzt über einen großen Temperaturbereich (= Wärmebedarf) einen annähernd gleichbleibenden Wirkungsgrad. Die Abgase werden über einen Wärmetauscher geleitet, sodass die Abgastemperatur abgesenkt wird. Allerdings kommt es hierbei nur in Einzelfällen zur Kondensation. Eine planmäßige Nutzung der Kondensationswärme ist nicht vorgesehen. Heutige Heizöl-Heizkessel sind in der Regel als Niedertemperaturkessel konzipiert (Abb. 2.24).

Abb. 2.24
Niedertemperaturkessel
(Betrieb mit Heizöl) in einem
Mehrfamilienhaus

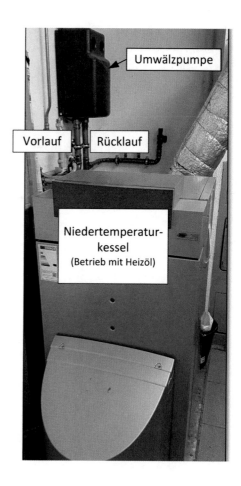

2.3.2.5 Holzpelletskessel

Ein Holzpelletskessel ist ein Heizkessel zur Verbrennung von Holzpellets. Holzpellets sind Presslinge, die aus Sägespänen ohne Zusatz von Bindemitteln in eine zylindrische Form gepresst werden. Durchmesser und Länge von Holzpellets sind genormt (siehe z. B. [19]).

Holzpellets haben gegenüber Scheitholz einige Vorteile:

1. Holzpellets lassen sich gut transportieren, z. B. mittels Druckluft oder einer Schnecke.
2. Der Heizkessel kann automatisch je nach Wärmebedarf beschickt werden. Es werden nur so viele Pellets verbrannt wie erforderlich.
3. Bei der Verbrennung entstehen kaum Ascherückstände. Eine Entleerung des Aschebehälters ist daher nur in großen Abständen erforderlich.
4. Das erforderliche Lagervolumen gegenüber Scheitholz ist geringer.

Da die Verbrennung von Holz als CO_2-neutral eingestuft wird (eine nachhaltige Waldwirtschaft wir vorausgesetzt), ist der Einbau von Holzpelletskessel nach dem GEG zulässig, wenn die im GEG definierten Anforderungen eingehalten werden.

2.3.2.6 Wärmepumpen

Eine Wärmepumpe ist eine Wärmekraftmaschine, die unter Einsatz von mechanischer Arbeit und Nutzung von Umweltwärme die für die Beheizung (ggfs. zusätzlich Warmwasser) erforderliche Wärme erzeugt.

Als Umweltwärme kommen verschiedene Wärmequellen in Betracht:

- Außenluft
- Erdwärme (oberflächennah)
- Wasser (z. B. Grundwasser)

Das Funktionsprinzip einer Wärmepumpe lässt sich vereinfachend wie folgt erläutern (Abb. 2.25); siehe [20]:

In einem geschlossenen Kreislauf befindet sich ein Kältemittel mit einem niedrigen Siedepunkt (Dampfpunkt). Die der Umwelt entnommene Wärme wird über einen Wärmetauscher (Verdampfer) auf das noch flüssige Kältemittel übertragen. Durch die Wärmeaufnahme verdampft das Kältemittel und nimmt einen gasförmigen Zustand an. Das gasförmige Kältemittel wird anschließend zu einem Verdichter (Kompressor) geführt und dort durch Verdichtung erhitzt. In einem weiteren Wärmetauscher (Verflüssiger) wird die Wärme des heißen Kältemittelgases auf den Heizkreislauf übertragen. Das Kältemittel kühlt ab und wird wieder verflüssigt. Anschließend wird das flüssige Kältemittel in einer Drossel entspannt und erneut zum Verdampfer geführt. Der Kreislauf beginnt von vorn.

Der Verdichter (Kompressor) wird mit Strom angetrieben. Durch die Nutzung von Umweltwärme sowie den Prozess Verdampfen-Verdichten-Verflüssigen werden bei heute

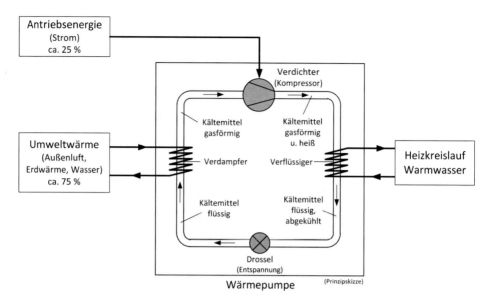

Abb. 2.25 Funktionsprinzip einer Wärmepumpe

üblichen Wärmepumpen aus einer Einheit eingesetzter elektrischer Energie (Strom) ca. vier Einheiten Wärmeenergie erzeugt. Das bedeutet, dass für die Erzeugung von ca. 4 Kilowattstunden Wärme nur eine Kilowattstunde Strom aufgewendet werden muss. Das Verhältnis von erzeugter Wärmeenergie Q_W zur eingesetzten elektrischen Energie Q_{el} – über ein Jahr gemittelt – wird als Jahresarbeitszahl (JAZ) bezeichnet. Je größer die JAZ desto effizienter ist die Wärmepumpe. Bei heute üblichen Wärmepumpen liegt die Jahresarbeitszahl mindestens bei JAZ = 4. Das bedeutet, dass ca. 25 % elektrische Energie (Strom) eingesetzt werden müssen, um daraus durch zusätzliche Nutzung der erneuerbaren Umweltwärme 100 % Wärmenergie zu erzeugen.

Die heute erreichbare JAZ von Wärmepumpen in Höhe von 4,0 wurde herangezogen, um die Anforderungen an eine Heizungsanlage (§ 71 Absatz (1) GEG) festzulegen. Danach dürfen Heizungsanlagen nur noch eingebaut werden, wenn sie mindestens 65 % der erzeugten Wärme aus erneuerbaren Energien erzeugen. Diese Anforderung können zurzeit Wärmepumpen problemlos erfüllen, selbst dann, wenn der Strom für den Antrieb des Kompressors vollständig aus nicht erneuerbaren Quellen stammt und z. B. mit einem Kohlekraftwerk erzeugt wird. In diesem Fall würde eine Wärmepumpe immer noch 75 % der Wärme aus Umweltwärme, d. h. aus erneuerbaren Energien, erzeugen. Lediglich 25 % der Wärme würde aus nicht erneuerbaren Quellen (z. B. Kohle) stammen.

2.3.2.7 Blockheizkraftwerk (BHKW)

Bei einem Blockheizkraftwerk wird mit einem Verbrennungsmotor, der einen Generator antreibt, Strom erzeugt. Außerdem wird die beim Verbrennungsprozess im Motor entstehende Wärme genutzt, z. B. zum Heizen, für die Warmwasserbereitung oder andere Zwecke. Das Prinzip wird auch als Kraft-Wärme-Kopplung bezeichnet (KWK).

Der Vorteil der KWK besteht darin, dass der Energieinhalt des eingesetzten Energieträgers für den Antrieb des Verbrennungsmotors (z. B. Gas, Dieselkraftstoff) zum größten Teil genutzt wird (Strom, Wärme). Übliche BHKW haben einen Wirkungsgrad von mehr als 90 %, d. h. 90 % der beim Verbrennungsprozess umgewandelten Energie werden in Strom und Wärme umgewandelt.

Der Nachteil von BHKW's ergibt sich dadurch, dass diese nur wirtschaftlich und technisch betrieben werden können, wenn permanent Wärme benötigt wird. Typische Anwendungsgebiete sind daher Schwimmbäder, Kliniken oder Industriebetriebe mit hohem und dauerndem Wärmebedarf. Für Wohngebäude werden auch sogenannte Mini-BHKWs angeboten. Diese sind aber ebenfalls nur geeignet, wenn die permanent erzeugte Wärme auch genutzt werden kann, z. B. für die Warmwasserbereitung. Ein bedarfsgeführter Betrieb von BHKWs ist nicht vorgesehen, da das wiederholte An- und Abstellen des Verbrennungsmotors zu erhöhtem Verschleiß führt.

2.3.2.8 Stromdirektheizung

Bei einer Stromdirektheizung wird Wärme aus elektrischer Energie erzeugt, indem Strom durch einen elektrischen Widerstand fließt.

Stromheizungen galten in Deutschland bis vor kurzer Zeit als unwirtschaftlich und ineffizient, da erhebliche Verluste bei der Stromerzeugung (insbesondere bei thermischen Kraftwerken, z. B. Kohleverstromung), dem Stromtransport zu den Verbrauchern (Leitungsverluste) und schließlich bei der Umwandlung in Wärme im Heizgerät (z. B. Heizlüfter) entstehen. Bei Stromerzeugung aus thermischen Kraftwerken liegen die Verluste typischerweise bei über 60 %. Aus diesem Grund wurden beispielsweise sogenannte Nachtspeicherheizungen in der noch bis vor wenigen Jahren geltenden Energieeinsparverordnung (EnEV) [21] verboten.

Erst mit Erhöhung des Anteils der Stromerzeugung aus erneuerbaren Energien (Windenergie, Photovoltaik) wurde die Wärmeerzeugung aus Strom wieder hoffähig und darf nach GEG eingesetzt werden (§ 71d GEG). Allerdings sind verschiedene Anforderungen zu erfüllen. Beispielsweise muss bei Einsatz einer Stromdirektheizung in einem zu errichtenden Gebäude der bauliche Wärmeschutz die Anforderungen um mindestens 45 % unterschreiten; siehe Kap. 5 in diesem Werk.

2.3.3   Anlagen zur Warmwassererzeugung

Warmwasser wird für verschiedene Zwecke benötigt, wie z. B. Duschen, Baden, Waschen und für Reinigungszwecke. Warmwasser muss daher bei Bedarf in ausreichender Menge zur Verfügung stehen.

Die Warmwasserbereitung kann grundsätzlich mit einem separaten Wärmeerzeuger erfolgen. Diese Lösung findet sich bei dezentraler Warmwasserversorgung mittels Durchlauferhitzer, die beispielsweise in der Nähe der Zapfstelle (z. B. Bad, Küche) angeordnet werden. In vielen Fällen wird die Warmwassererzeugung vom Wärmeerzeuger der Heizungsanlage an zentraler Stelle übernommen. In diesem Fall werden Warmwasserverteilungsleitungen vom Wärmeerzeuger zu den einzelnen Zapfstellen (Bad, WC, Küche usw.) geführt. Zur Verbesserung des Komforts können Zirkulationsleitungen vorgesehen werden, in denen das erwärmte Trinkwarmwasser zwischen Zapfstellen und Wärmeerzeuger oder Speicher zirkuliert. Dadurch ist bei Wasserentnahme sofort oder nach wenigen Sekunden Warmwasser verfügbar (Abb. 2.26).

In der Regel wird die Warmwasseranlage zusätzlich durch einen Speicher ergänzt. Dieser hat die Aufgabe, das zuvor vom Wärmeerzeuger erwärmte Wasser zu speichern. Bei Bedarf kann das Warmwasser schnell abgegeben werden und muss nicht erst vom Wärmeerzeuger erwärmt werden.

Sofern die Warmwassererzeugung durch eine Solarthermieanlage unterstützt werden soll, ist ein Speicher grundsätzlich vorzusehen, damit solar erzeugtes Warmwasser auch genutzt werden kann, wenn die Sonne nicht ausreichend scheint.

2.3.4   Solarthermieanlagen

In einer Solarthermieanlage wird Solarstrahlung (Sonnenstrahlung) in Wärme umgewandelt. Die solar erzeugte Wärme wird vorzugsweise für die Unterstützung der Warmwasserzeugung genutzt, kann aber auch – allerdings nur in begrenztem Umfang – auch für die Heizungsunterstützung verwendet werden.

Eine Solarthermieanlage besteht im Wesentlichen aus dem Kollektor, dem Solarkreislauf mit Umwälzpumpe und dem Speicher. Im Kollektor wird die Solarstrahlung in einem Absorber in Wärme umgewandelt. Es existieren verschiedene Kollektortypen. Weit verbreitet sind Flachkollektoren, bei denen der Absorber flächig angeordnet ist. Effizienter, aber weniger verbreitet, sind Vakuum-Röhren-Kollektoren, bei denen der Absorber in der Mittelachse einer entlüfteten Glasröhre angeordnet ist (Abb. 2.27).

Die im Kollektor solar erzeugte Wärme wird im Solarkreislauf zu einem Speicher geführt, der die Wärme speichert. Dabei ist darauf zu achten, dass der Solarkreislauf an den unteren Wärmetauscher des Speichers angeschlossen wird. Dadurch wird der gesamte Wasserinhalt bzw. das Volumen des Speichers solar erwärmt. Erst bei Unterschreitung

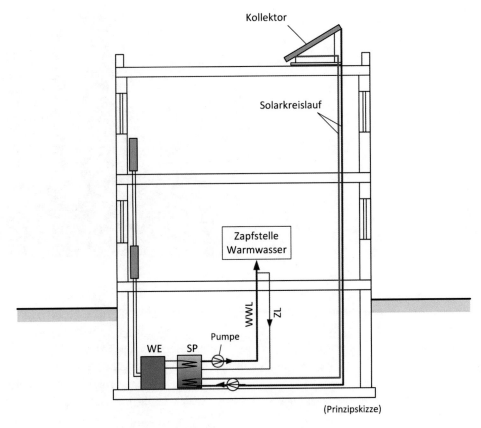

(Prinzipskizze)

WWL: Warmwasserleitung
ZL: Zirkulationsleitung
WE: Wärmeerzeuger
SP: Speicher

Abb. 2.26 Warmwasseranlage mit Zirkulationsleitungen und Solarthermieanlage zur Unterstützung der Warmwassererzeugung

der festgelegten Warmwasser-Solltemperatur wird die zusätzlich benötigte Wärme vom Wärmeerzeuger (z. B. Heizkessel der Heizungsanlage, Wärmepumpe, Heizstab) erzeugt.

2.3.5 Lüftungsanlagen mit Wärmerückgewinnung

Lüftungsanlagen dienen zur kontrollierten Lüftung von Räumen und Gebäuden. Dadurch sollen zum einen Lüftungswärmeverluste minimiert werden. Zum anderen sollen Feuchtigkeit (Wasserdampf) und andere Schadstoffe abgeführt werden, um z. B. Feuchteschäden

Abb. 2.27
Vakuum-Röhrenkollektor

und Schimmelpilzbildung zu vermeiden. Darüber hinaus wird die Raumluftqualität verbessert, da z. B. Pollen und andere Schadstoffe aus der Außenluft herausgefiltert werden.

Lüftungsanlagen können zusätzlich auch mit einer Heizfunktion (auch Kühlfunktion, Klimaanlage) ausgestattet werden. In diesem Fall kann bei entsprechender Dimensionierung auf eine konventionelle Heizungsanlage verzichtet werden. Grundsätzlich können Lüftungsanlagen zentral angeordnet werden. Auch dezentrale Lösungen (Einzelraum-Lüftungsgeräte) sind möglich.

Nachfolgend wird kurz die Funktionsweise einer zentralen Lüftungsanlage mit Wärmerückgewinnung beschrieben. Für weitere Informationen wird auf die Literatur (z. B. [18]) oder die Angaben der Hersteller verwiesen.

Lüftungsanlage mit Wärmerückgewinnung
Bei einer zentralen Lüftungsanlage mit Wärmerückgewinnung wird in einem zentral angeordneten Lüftungsgerät die aus der Umgebung angesaugte (kalte) Außenluft in einem Wärmetauscher an der aus den Ablufträumen (Bad, WC, Küche) abgesaugten warmen Abluft vorbeigeführt, ohne dass sich beide Luftströme vermischen. Dabei wird Wärme von der warmen Abluft auf die noch kalte Außenluft übertragen, sodass diese vorgewärmt den Zulufträumen (Wohnzimmer, Schlafräume, Kinderzimmer) zugeführt wird. Der Wirkungsgrad liegt bei über 80 %, d. h. mehr als 80 % der Wärme aus der Abluft können wieder genutzt werden. Die Lüftungswärmeverluste können im Vergleich zur manuellen Fensterlüftung erheblich reduziert werden (Abb. 2.28). Siehe hierzu auch DIN 1946-6 [22].

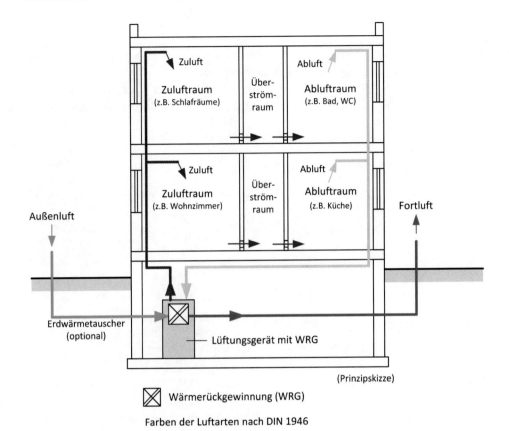

Abb. 2.28 Funktionsprinzip einer zentralen Lüftungsanlage mit Wärmerückgewinnung

2.4   Grundregeln für den Entwurf energieeffizienter Gebäude

Beim Entwurf und der Planung von energieeffizienten Gebäuden sind einige Grundregeln zu beachten. Nachfolgend werden wichtige Regeln stichpunktartig angegeben.

Baukörperform:

- Der Baukörper sollte möglichst kompakt sein.
- Das Verhältnis der wärmeübertragenden Umfassungsfläche A zum beheizten Gebäudevolumen V_e sollte möglichst gering sein, damit die Wärmeabgabe an die Außenumgebung minimiert wird.
- In der Fassade sind Vor- und Rücksprünge zu vermeiden.
- Dachflächen sollten ebenfalls möglichst eben und nicht strukturiert sein. Auf Gauben und Dachaufbauten sollte verzichtet werden.

Ausrichtung des Baukörpers:

- Der Baukörper sollte auf dem Grundstück so ausgerichtet werden, dass eine optimale Versorgung der Aufenthaltsräume mit Tageslicht gewährleistet ist.
- Dachflächen von Gebäuden mit geneigten Dächern sollten nach Möglichkeit nach Süden ausgerichtet werden, um die Erträge von Solarkollektoren auf dem Dach zu optimieren.

Grundriss:

- Aufenthaltsräume sollten nach Süden und Südwesten/ Westen orientiert werden, Schlafräume nach Osten.
- Nebenräume sollten nach Norden orientiert werden.

Außenbauteile:

- Der Wärmedurchgangskoeffizient sämtlicher Außenbauteile sollte möglichst gering sein.
- Die für das Referenzgebäude angegebenen Werte für den Wärmedurchgangskoeffizienten sollten nach Möglichkeit deutlich unterschritten werden.

Fenster:

- Verwendung von Fenstern mit Dreischeiben-Isolierverglasung und energetisch hochwertigen Rahmenprofilen.
- Anordnung von Fenstern von Aufenthaltsräumen auf der Südseite des Gebäudes, um das Tageslicht optimal zu nutzen und gleichzeitig solare Wärmegewinne zu generieren.
- Anordnung von wirksamen Sonnenschutzvorrichtungen (außenliegend, hinterlüftet), um eine zu starke Aufheizung der Räume im Sommer zu vermeiden.

Außentüren:

- Minimierung der Anzahl von Außentüren.
- Anordnung einer zweiten Tür hinter der eigentlichen Außentür (Luftschleuse bzw. Windfang), um Lüftungswärmeverluste beim Öffnen der Außentür zu vermeiden.

Vermeidung von Wärmebrücken:

- Wärmebrücken sollten nach Möglichkeit vermieden werden, zum Beispiel durch Vermeidung von strukturierten Außenoberflächen, außenseitige Dämmung der Bodenplatte und mit Anschluss an die Wanddämmung, Anordnung von Fenstern möglichst nahe der Außenoberfläche der Fassade.

- Verbleibende Wärmebrücken sind nach den Anforderungen des Beiblattes 2 der DIN 4108 [11] auszuführen. Hierbei sollten vorzugsweise Wärmebrücken der Kategorie B ausgeführt werden.

Luftdichtheit und Vermeidung von Lüftungswärmeverlusten:

- Zur Vermeidung von Lüftungswärmeverlusten ist die Gebäudehülle nach den allgemein anerkannten Regeln der Technik luftdicht auszuführen (DIN 4108-7 [12]).

Anlagentechnik:

- Einbau einer Lüftungsanlage mit Wärmerückgewinnung und Erdwärmetauscher zur Vorwärmung der Außenluft.
- Verwendung einer effizienten, smarten Anlagentechnik.

Literatur

1. Gesetz zur Einsparung von Energie und zur Nutzung erneuerbarer Energien zur Wärme- und Kälteerzeugung in Gebäuden (Gebäudeenergiegesetz – GEG); vom 8. August 2020 (BGBl. I S. 1728), zuletzt geändert durch Artikel 1 des Gesetzes vom 16. Oktober 2023 (BGBl. 2023 I Nr. 280)
2. Schmidt, Peter; Windhausen, Saskia: Lohmeyer Praktische Bauphysik; 10. Auflage 2024; Springer Vieweg, Wiesbaden
3. DIN 4108-2:2013-02: Wärmeschutz und Energie-Einsparung in Gebäuden – Teil 2: Mindestanforderungen an den Wärmeschutz
4. DIN 4108-3:2024-03: Wärmeschutz und Energie-Einsparung in Gebäuden – Teil 3: Klimabedingter Feuchteschutz – Anforderungen, Berechnungsverfahren und Hinweise für Planung und Ausführung
5. DIN 4108-4:2020-11: Wärmeschutz und Energie-Einsparung in Gebäuden – Teil 4: Wärme- und feuchteschutztechnische Kennwerte
6. DIN EN ISO 10456:2010-05: Baustoffe und Bauprodukte – Wärme- und feuchtetechnische Eigenschaften – Tabellierte Bemessungswerte und Verfahren zur Bestimmung der wärmeschutztechnischen Nenn- und Bemessungswerte
7. DIN EN ISO 6946:2018-03: Bauteile – Wärmedurchlasswiderstand und Wärmedurchgangskoeffizient – Berechnungsverfahren
8. DIN EN ISO 13370:2018-03: Wärmetechnisches Verhalten von Gebäuden – Wärmetransfer über das Erdreich – Berechnungsverfahren
9. DIN EN ISO 10077-1:2020-10: Wärmetechnisches Verhalten von Fenstern, Türen und Abschlüssen – Berechnung des Wärmedurchgangskoeffizienten – Teil 1: Allgemeines
10. DIN EN ISO 10211:2018-03: Wärmebrücken im Hochbau – Wärmeströme und Oberflächentemperaturen – Detaillierte Berechnungen

11. DIN 4108 Beiblatt 2:2019-06: Wärmeschutz und Energieeinsparung in Gebäuden; Beiblatt 2: Wärmebrücken – Planungs- und Ausführungsbeispiele

12. DIN 4108-7:2011-01: Wärmeschutz und Energie-Einsparung in Gebäuden – Teil 7: Luftdichtheit von Gebäuden – Anforderungen, Planungs- und Ausführungsempfehlungen sowie -beispiele

13. DIN 18540:2014-09: Abdichten von Außenwandfugen im Hochbau mit Fugendichtstoffen

14. DIN EN 12207:2017-03: Fenster und Türen – Luftdurchlässigkeit -Klassifizierung

15. DIN EN ISO 9972:2018-12: Wärmetechnisches Verhalten von Gebäuden – Bestimmung der Luftdurchlässigkeit von Gebäuden

16. DIN V 18599-2:2018-09:2018-09: Energetische Bewertung von Gebäuden – Berechnung des Nutz-, End- und Primärenergiebedarfs für Heizung, Kühlung, Lüftung, Trinkwarmwasser und Beleuchtung – Teil 2: Nutzenergiebedarf für Heizen und Kühlen von Gebäudezonen

17. DIN EN ISO 13788:2013-05: Wärme- und feuchtetechnisches Verhalten von Bauteilen und Bauelementen – Raumseitige Oberflächentemperatur zur Vermeidung kritischer Oberflächenfeuchte und Tauwasserbildung im Bauteilinneren – Berechnungsverfahren

18. Bohne, Dirk: Gebäudetechnik und technischer Ausbau von Gebäuden; 12. Auflage 2022, Springer Vieweg, Wiesbaden

19. ÖNORM M 7135:2000-11: Presslinge aus naturbelassenem Holz oder naturbelassener Rinde – Pellets und Briketts – Anforderungen und Prüfbestimmungen

20. Bundesverband Wärmepumpe (BMP) e. V., 2024, verschiedene Publikationen, Berlin

21. Verordnung über energiesparenden Wärmeschutz und energiesparende Anla-gentechnik bei Gebäuden (Energieeinsparverordnung – EnEV); außer Kraft getreten und ersetzt durch das GEG

22. DIN 1946-6:2019-12: Raumlufttechnik – Teil 6: Lüftung von Wohnungen – Allgemeine Anforderungen, Anforderungen an die Auslegung, Ausführung, Inbetriebnahme und Übergabe sowie Instandhaltung

Anforderungen an zu errichtende Gebäude 3

3.1 Allgemeines

Anforderungen an zu errichtende Gebäude (Neubauten) werden in Teil 2 des Gebäudeenergiegesetzes (GEG) [1] geregelt. Teil 2 des GEG gliedert sich in vier Abschnitte. Abschn. 1 enthält allgemeine Regelungen. In diesem Abschnitt werden Grundsätze zum energetischen Standard von zu errichtenden Gebäuden festgelegt (Niedrigstenergiegebäude). Außerdem enthält Abschn. 1 Anforderungen an den Mindestwärmeschutz, an Wärmebrücken, an die Dichtheit der thermischen Gebäudehülle und an den sommerlichen Wärmeschutz. In Abschn. 2 werden Anforderungen an den Jahres-Primärenergiebedarf und baulichen Wärmeschutz bei zu errichtenden Gebäuden festgelegt. Dieser Abschnitt gliedert sich in zwei Unterabschnitte (Nummer 1 und 2). Unterabschnitt 1 enthält Anforderungen an Wohngebäude, Unterabschnitt 2 gilt für Nichtwohngebäude. In Abschn. 3 werden Festlegungen und Regeln zu den Berechnungsgrundlagen und -verfahren angegeben. Hier wird beispielsweise geregelt, mit welchem Verfahren der Jahres-Primärenergiebedarf von Wohn- und Nichtwohngebäuden zu berechnen ist. Außerdem werden die Primärenergiefaktoren festgelegt, die erforderlich sind, um den Jahres-Primärenergiebedarf zu berechnen. Schließlich enthält Abschn. 3 auch vereinfachte Nachweis- und Berechnungsverfahren, die unter bestimmten Voraussetzungen angewendet werden dürfen. Der bisherige Abschn. 4 ist mit der Novellierung 2024 weggefallen. In diesem Abschnitt waren Anforderungen an die Anlagentechnik und Anlagenkomponenten geregelt. Diese Regeln werden in der GEG-Novelle 2024 in Teil 4 angegeben.

Die Struktur des Teils 2 des GEG sowie dessen Einordnung in den Gesetzestext des Gebäudeenergiegesetzes geht aus der schematischen Darstellung in Abb. 3.1 hervor.

P. Schmidt, *Das novellierte Gebäudeenergiegesetz (GEG 2024)*, Detailwissen Bauphysik, https://doi.org/10.1007/978-3-658-44921-6_3

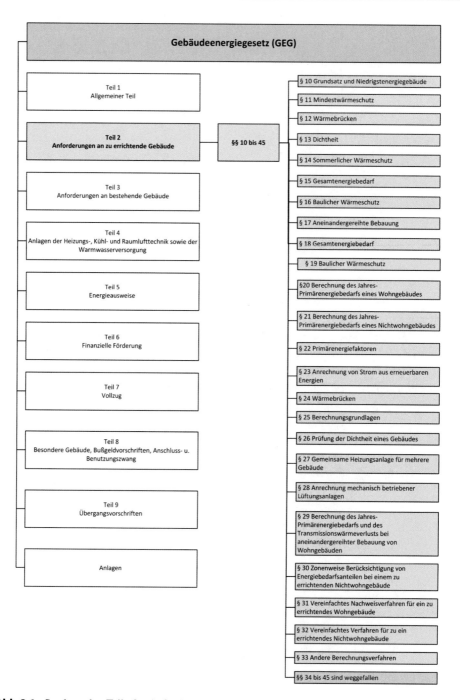

Abb. 3.1 Struktur des Teils 2 „Anforderungen an zu errichtende Gebäude" und Einordnung ins GEG

3.2 Allgemeiner Teil

In Abschn. 1 „Allgemeiner Teil" werden folgende Regelungen angegeben und Anforderungen festgelegt:

- Grundsatz und Niedrigstenergiegebäude (§ 10 GEG)
- Mindestwärmeschutz (§ 11)
- Wärmebrücken (§ 12)
- Dichtheit (§ 13)
- Sommerlicher Wärmeschutz (§ 14)

3.2.1 Grundsatz und Niedrigstenergiegebäude

Bei Errichtung eines Gebäudes ist als oberster Grundsatz zu beachten, dass dieses als Niedrigstenergiegebäude unter Beachtung der folgenden Anforderungen konzipiert wird (Abb. 3.2):

1. Der Gesamtenergiebedarf für Heizung (Raumwärme), Warmwasserbereitung und Kühlung darf den jeweiligen Höchstwert nicht überscheiten. Bei Nichtwohngebäuden ist bei der Berechnung des Gesamtenergiebedarfs zusätzlich der Anteil für Beleuchtung zu berücksichtigen. Die Höchstwerte sind für Wohn- und Nichtwohngebäude unterschiedlich definiert und in § 15 (Wohngebäude) und § 18 (Nichtwohngebäude) festgelegt.
2. Die Anforderungen an den baulichen Wärmeschutz sind einzuhalten, um Verluste beim Heizen und Kühlen zu minimieren. Maßgebend sind § 16 (Wohngebäude) sowie § 19 (Nichtwohngebäude).
3. Die Anforderungen nach § 71 Absatz 1 müssen erfüllt sein. Hier werden Anforderungen an die Heizungsanlage gestellt. Diese darf zum Zweck der Inbetriebnahme nur eingebaut oder aufgestellt werden, wenn sie mindestens 65 % der erzeugten Wärme mit erneuerbaren Energien oder unvermeidbarer Abwärme erzeugt.

Abb. 3.2 Anforderungen an zu errichtende Gebäude

Sofern andere öffentlich-rechtliche Vorschriften zur Standsicherheit, zum Brandschutz, zum Schallschutz sowie zum Arbeitsschutz und zum Schutz der Gesundheit den Regelungen des GEG entgegenstehen, brauchen die genannten Anforderungen nicht angewendet zu werden.

Die bisherigen Absätze 4 und 5 sind ersatzlos weggefallen. Im bisherigen Absatz 4 wurden Anforderungen an Nichtwohngebäude mit einer Raumhöhe von mehr als 4 m und einer Beheizung durch dezentrale Gebläse oder Strahlungsheizungen geregelt. Der entfallene Absatz 5 enthielt Regelungen für Gebäude der Landesverteidigung wie z. B. Kasernen.

Siehe hierzu auch den folgenden Gesetzesauszug.

"§ 10 Grundsatz und Niedrigstenergiegebäude"

"(1) Wer ein Gebäude errichtet, hat dieses als Niedrigstenergiegebäude nach Maßgabe von Absatz 2 zu errichten.

(2) Das Gebäude ist so zu errichten, dass

1. der Gesamtenergiebedarf für Heizung, Warmwasserbereitung, Lüftung und Kühlung, bei Nichtwohngebäuden auch für eingebaute Beleuchtung, den jeweiligen Höchstwert nicht überschreitet, der sich nach § 15 oder § 18 ergibt,

2. Energieverluste beim Heizen und Kühlen durch baulichen Wärmeschutz nach Maßgabe von § 16 oder § 19 vermieden werden und

3. die Anforderungen nach § 71 Absatz 1 erfüllt werden."

3.2.2 Mindestwärmeschutz

Neben den Anforderungen an den energiesparenden Wärmeschutz unter Berücksichtigung der Anlagentechnik (nach 3.2.1) müssen bei zu errichtenden Gebäuden auch Anforderungen an den Mindestwärmeschutz erfüllt werden. Die Anforderungen ergeben sich aus § 11 des GEG. Siehe folgenden Auszug.

"§ 11 Mindestwärmeschutz"

"(1) Bei einem zu errichtenden Gebäude sind Bauteile, die gegen die Außenluft, das Erdreich oder gegen Gebäudeteile mit wesentlich niedrigeren Innentemperaturen abgrenzen, so auszuführen, dass die Anforderungen des Mindestwärmeschutzes nach DIN 4108-2: 2013-02 und DIN 4108-3: 2018-10 erfüllt werden."

...

Die Einhaltung der Anforderungen an den Mindestwärmeschutz von Außenbauteilen sowie Bauteilen, die an unbeheizte Räume grenzen, sind erforderlich, um ein hygienisches und behagliches Raumklima zu gewährleisten, schädliche Tauwasserbildung zu vermeiden sowie das Risiko des Schimmelpilzwachstums zu minimieren. Die Anforderungen sind in den beiden Normen DIN 4108-2 „Anforderungen an den Mindestwärmeschutz" [2] und DIN 4108-3 „Klimabedingter Feuchteschutz" [3] festgelegt.

Anforderungen an den Mindestwärmeschutz müssen von flächigen Bauteilen sowie im Bereich von Wärmebrücken eingehalten werden. Für flächige Bauteile wird der Nachweis mithilfe des Wärmedurchlasswiderstands R geführt, der in Abhängigkeit von der Art und Lage des Bauteils festgelegte Werte nicht unterschreiten darf. Beispielsweise wird für Außenwände mit einer flächenbezogenen Masse von mehr als 100 kg/m^2 ein Mindestwert des Wärmedurchlasswiderstands von $R = 1,2$ m^{2}K/W gefordert. Im Bereich von Wärmebrücken wird dagegen der Temperaturfaktor f_{Rsi} als Anforderungsgröße herangezogen. Dieser darf an keiner Stelle den Wert von 0,7 unterschreiten. Dies ist gleichbedeutend mit einem Mindestwert der raumseitigen Bauteiloberflächentemperatur von 12,6 °C. Unter Normklimabedingungen (innen 20 °C, 50 % relative Luftfeuchte; außen: −5 °C, 80 % relative Luftfeuchte) wird in diesem Fall die kritische Oberflächenfeuchte von 80 % nicht überschritten, wodurch Schimmelpilzwachstum ausgeschlossen werden kann.

Einen interessanten Aspekt liefert Absatz 2 in § 11. Hier wird festgelegt, dass die Gebäudetrennwände bei einem zu errichtenden Gebäude bei aneinandergereihter Bebauung (z. B. Reihenhäuser) die Anforderungen an den Mindestwärmeschutz erfüllen müssen, wenn die Nachbarbebauung nicht gesichert ist. Dadurch sollen Behaglichkeit und hygienisches Raumklima sichergestellt sowie schädliche Tauwasserbildung und Schimmelpilzwachstum in Räumen vermieden werden, die an die Gebäudetrennwände grenzen, solange keine Nachbarbebauung vorhanden ist. Die Gebäudetrennwände müssen in diesem Fall einen Wärmedurchlasswiderstand von $R \geq 1,2$ m^{2}K/W erfüllen (Annahme: flächenbezogene Masse m' mindestens 100 kg/m^2). Dieser Wärmedurchlasswiderstand wird beispielsweise mit einer Dämmschicht von $d = 6$ cm Dicke erreicht, wenn ein Bemessungswert der Wärmeleitfähigkeit von $\lambda_B = 0{,}040$ W/(mK) angenommen wird und die Wärmedurchlasswiderstände weiterer Bauteilschichten vereinfachend vernachlässigt werden (vorh. $R = d/\lambda_B = 0{,}060/0{,}04 = 1{,}5$ m^{2}K/W $>$ erf. $R = 1{,}2$ m^{2}K/W) (Abb. 3.3).

3.2.3 Wärmebrücken

Wärmebrücken sind lokale Bereiche in der thermischen Gebäudehülle mit einem signifikant höheren Wärmedurchgang als in den unmittelbar angrenzenden Nachbarbereichen. Dies führt einerseits zu geringeren raumseitigen Oberflächentemperaturen mit der erhöhten Gefahr von Tauwasserbildung und Schimmelpilzwachstum und andererseits zu erhöhten Transmissionswärmeverlusten. Insbesondere bei Gebäuden mit einer energetisch hochwertigen Gebäudehülle – wie dies bei zu errichtenden Gebäuden nach GEG-Anforderungen der Fall ist – machen Wärmeverluste über Wärmebrücken einen signifikanten Anteil an den gesamten Transmissionswärmeverlusten aus.

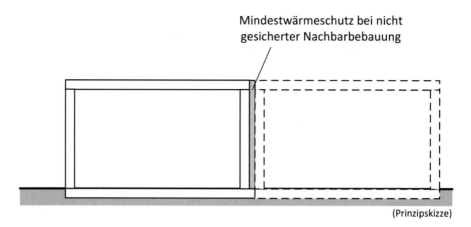

(Prinzipskizze)

Abb. 3.3 Mindestwärmeschutz bei Gebäudetrennwänden, wenn angrenzende Nachbarbebauung nicht gesichert ist

Aus diesem Grund fordert das GEG, dass der Einfluss konstruktiver Wärmebrücken auf den Jahres-Heizwärmebedarf so gering wie möglich gehalten wird, wobei die jeweiligen Maßnahmen den anerkannten Regeln der Technik entsprechen und wirtschaftlich vertretbar sein müssen. Siehe hierzu den folgenden Gesetzesauszug aus dem GEG. Außerdem wird gefordert, dass der verbleibende Einfluss von Wärmebrücken rechnerisch bei der Ermittlung des Transmissionswärmeverlusts und Heizwärmebedarfs zu berücksichtigen ist; siehe hierzu § 24 „Einfluss von Wärmebrücken". Siehe hierzu die Auszüge aus dem GEG.

"§ 12 Wärmebrücken"

"Ein Gebäude ist so zu errichten, dass der Einfluss konstruktiver Wärmebrücken auf den Jahres-Heizwärmebedarf nach den anerkannten Regeln der Technik und nach den im jeweiligen Einzelfall wirtschaftlich vertretbaren Maßnahmen so gering wie möglich gehalten wird."

"§ 24 Einfluss von Wärmebrücken"

"Unbeschadet der Regelung in § 12 ist der verbleibende Einfluss von Wärmebrücken bei der Ermittlung des Jahres-Primärenergiebedarfs nach § 20 Absatz 1 oder Absatz 2 und nach § 21 Absatz 1 und 2 nach einer der in DIN V 18599-2: 2018-09 oder bis zum 31. Dezember 2023 auch in DIN V 4108-6: 2003-06, geändert durch DIN V 4108-6 Berichtigung 1: 2004-03 genannten Vorgehensweisen zu berücksichtigen. Wärmebrückenzuschläge mit Überprüfung und Einhaltung der Gleichwertigkeit nach DIN V 18599-2: 2018-09 oder DIN V 4108-6: 2003-06, geändert durch DIN V 4108-6 Berichtigung 1: 2004-03 sind nach DIN 4108 Beiblatt 2: 2019-06 zu ermitteln.

Abweichend von DIN V 4108-6: 2003-06, geändert durch DIN V 4108-6 Berichtigung 1: 2004-03 kann bei Nachweis der Gleichwertigkeit nach DIN 4108 Beiblatt 2: 2019-06 der pauschale Wärmebrückenzuschlag nach Kategorie A oder Kategorie B verwendet werden."

Unter konstruktiven Wärmebrücken im Sinne des GEG § 12 sind Wärmebrücken zu verstehen, die rein konstruktionsbedingt entstehen, z. B. bei lokaler Anordnung von Bauteilen mit höherer Wärmeleitfähigkeit in einem ansonsten energetisch guten Bauteil (z. B. Aussteifungsstütze aus Stahlbeton in einer Außenwand aus Porenbeton). Außerdem ergeben sich konstruktive Wärmebrücken typischerweise bei Anschlüssen jeglicher Art, da hier in der Regel Bauteile mit unterschiedlichen Wärmeleitfähigkeiten und verschiedenen Abmessungen aneinandergrenzen, wodurch der Wärmestrom beeinflusst wird.

Konkret bedeutet diese Forderung, dass konstruktive Wärmebrücken durch geeignete Maßnahmen so zu gestalten sind, dass die Wärmeverluste minimiert werden. Planungs- und Ausführungsbeispiele von geeigneten Wärmebrücken, die sowohl die Anforderungen an den Mindestwärmeschutz erfüllen als auch geringe Transmissionswärmeverluste aufweisen, sind in DIN 4108 Beiblatt 2 „Wärmeschutz und Energie-Einsparung in Gebäuden; Beiblatt 2 – Wärmebrücken" [4] enthalten. Ggfs. können zusätzliche numerische Untersuchungen der Wärmebrücken mit einer geeigneten Software erforderlich sein, um die optimale Konstruktion zu erzielen. Bei der Berechnung von Wärmebrücken ist DIN EN ISO 10211 „Wärmebrücken im Hochbau" [5] zu beachten.

Praxistipp
Beispielsweise lassen sich Wärmeverluste bei Fensteranschlüssen minimieren, indem der Fensterrahmen in der Fensteröffnung möglichst weit vorne in Richtung Außenoberfläche positioniert wird, um so die Laibungsfläche zu reduzieren. Bei Außenwänden mit Wärmedämmverbundsystem werden die Fenster hierzu häufig in die Dämmschicht geschoben und mit Stahlwinkeln an der Tragschale befestigt. Aus wärmeschutztechnischer Sicht ist diese Lösung optimal, da die Wärmebrückenverluste reduziert werden. Allerdings ergeben sich Probleme, wenn die Außenwand zusätzlich Anforderungen gegen Außenlärm einhalten muss. In diesem Fall wird die Lösung nach DIN 4109 „Schallschutz im Hochbau" als schalltechnisch kritisch eingestuft; siehe hierzu DIN 4109-2 [6] (Abb. 3.4). Hier liegt ein typischer Fall vor, bei dem schallschutztechnische Anforderungen den Anforderungen des GEG entgegenstehen. In diesem Fall geht der Schallschutz vor, d. h. die Anforderungen an den Schallschutz stehen über denen des GEG.

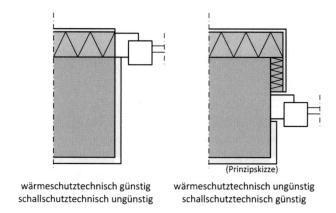

wärmeschutztechnisch günstig   wärmeschutztechnisch ungünstig
schallschutztechnisch ungünstig   schallschutztechnisch günstig

Abb. 3.4 Bewertung von Fensteranschlüssen in wärmeschutztechnischer und schallschutztechnischer Sicht

3.2.4   Dichtheit

Weiterhin werden Anforderungen an die Dichtheit der Gebäudehülle gestellt. Nach GEG § 13 muss die wärmeübertragende Umfassungsfläche einschließlich der Fugen dauerhaft luftundurchlässig abgedichtet werden. Hierdurch sollen Lüftungswärmeverluste durch Fugen, Leckagen und undichte Stellen in der Gebäudehülle minimiert werden. Gleichzeitig wird allerdings gefordert, dass der aus hygienischen und gesundheitlichen Gründen sowie zur Beheizung erforderliche Mindestluftwechsel sicherzustellen ist, z. B. um das Risiko des Schimmelpilzwachstums zu minimieren. Siehe hierzu den folgenden Auszug aus dem GEG.

"§ 13 Dichtheit"

"Ein Gebäude ist so zu errichten, dass die wärmeübertragende Umfassungsfläche einschließlich der Fugen dauerhaft luftundurchlässig nach den anerkannten Regeln der Technik abgedichtet ist. Öffentlich-rechtliche Vorschriften über den zum Zweck der Gesundheit und Beheizung erforderlichen Mindestluftwechsel bleiben unberührt".

Maßgebende Norm, die Regeln zur Planung und Ausführung der Luftdichtheitsschicht enthält, ist DIN 4108-7 „Wärmeschutz und Energie-Einsparung in Gebäuden – Teil 7: Luftdichtheit von Gebäuden – Anforderungen, Planungs- und Ausführungsempfehlungen" [7].

3.2.5   Sommerlicher Wärmeschutz

Schließlich sind Anforderungen an den sommerlichen Wärmeschutz einzuhalten, um eine zu starke Aufheizung von Gebäuden im Sommer zu vermeiden. Die Anforderungen an den sommerlichen Wärmeschutz dürfen nur durch bauliche Maßnahmen erreicht werden, wie z. B. durch Anordnung von wirksamen Sonnenschutzvorrichtungen, Anordnung von Vordächern oder den Einbau von Sonnenschutzgläsern. Der Nachweis ist erbracht, wenn die Anforderungen nach DIN 4108-2:2013-02 Abschn. 8.3 [2] eingehalten werden (vereinfachtes Verfahren über Sonneneintragskennwerte) oder durch eine Simulationsrechnung nach DIN 4108-2:2013-02 Abschn. 8.4 [2] gezeigt werden kann, dass die dort angegebenen Übertemperatur-Gradstunden nicht überschritten werden. Außerdem ist bei der Ermittlung des sommerlichen Wärmeschutzes zu beachten, dass öffentlich-rechtliche Vorschriften, die die ausreichende Versorgung von Aufenthaltsräumen mit Tageslicht regeln, weiterhin gelten und von den Anforderungen des GEG unberührt bleiben. Die Versorgung von Räumen mit Tageslicht ist in den Bauordnungen der Bundesländer geregelt. Sofern stellvertretend die Regelungen der Musterbauordnung des Bundes (MBO) [8] herangezogen werden, müssen Aufenthaltsräume Fenster mit einer Fläche von mindestens 1/8 der Grundfläche des Raums aufweisen. Ausgenommen sind unter bestimmten Voraussetzungen innenliegende Bäder und WC-Räume sowie Küchen; siehe MBO. Außerdem sind bei der Planung von Fenstern und anderen Tageslichtöffnungen (z. B. Dachoberlichter) die Regeln in DIN EN 17037 [9] in Verbindung mit der Normenreihe DIN 5034 [10] zu beachten.
Siehe hierzu den folgenden Auszug aus dem GEG.

"§ 14 Sommerlicher Wärmeschutz"

"(1) Ein Gebäude ist so zu errichten, dass der Sonneneintrag durch einen ausreichenden baulichen sommerlichen Wärmeschutz nach den anerkannten Regeln der Technik begrenzt wird. Bei der Ermittlung eines ausreichenden sommerlichen Wärmeschutzes nach den Absätzen 2 und 3 bleiben die öffentlich-rechtlichen Vorschriften über die erforderliche Tageslichtversorgung unberührt."

3.3   Jahres-Primärenergiebedarf und baulicher Wärmeschutz bei zu errichtenden Gebäuden

3.3.1   Allgemeines

Anforderungen an den Jahres-Primärenergiebedarf und baulichen Wärmeschutz bei zu errichtenden Gebäuden werden in Teil 2 Abschn. 2 des GEG geregelt. Die Anforderungen sind für Wohngebäude und Nichtwohngebäude unterschiedlich. Aus diesem Grund gliedert sich Abschn. 2 des GEG in zwei Unterabschnitte. Unterabschnitt 1 enthält Anforderungen an Wohngebäude und umfasst die Paragrafen § 15 „Gesamtenergiebedarf", § 16 „Baulicher Wärmeschutz" und § 17 „Aneinandergereihte Bebauung". Anforderungen an Nichtwohngebäude werden in Unterabschnitt 2 geregelt. Hierzu gehören die Paragrafen § 18 „Gesamtenergiebedarf" und § 19 „Baulicher Wärmeschutz".

3.3.2 Nachweismethodik

Der Nachweis des Gesamtenergiebedarfs und des baulichen Wärmeschutzes für zu errichtende Gebäude wird mithilfe eines zugehörigen Referenzgebäudes geführt. Dessen technische Ausführung ist im GEG für Wohn- und Nichtwohngebäude festgelegt. Bei Wohngebäuden entspricht das Referenzgebäude in Geometrie, Gebäudenutzfläche und Ausrichtung dem nachzuweisenden Gebäude. Bei Nichtwohngebäuden weist das Referenzgebäude die gleiche Geometrie, Nettogrundfläche, Ausrichtung und Nutzung wie das zu errichtende Gebäude auf (Abb. 3.5).

Es ist zu beachten, dass die Ausführung des zu errichtenden Gebäudes von derjenigen des Referenzgebäudes abweichen darf. Beispielsweise brauchen die Wärmedurchgangskoeffizienten, die für die Außenbauteile des Referenzgebäudes angegeben werden, nicht eingehalten zu werden. Das Gleiche gilt für die Komponenten der Anlagentechnik. Auch diese kann von der Referenzausführung abweichen, wobei allerdings die Anforderungen an die Anlagentechnik nach Teil 4 des GEG zu beachten sind. Durch die Nachweismethodik über ein Referenzgebäude besteht ein gewisser Gestaltungsspielraum bei der energetischen Planung und beim Entwurf eines zu errichtenden Gebäudes. Das bedeutet, dass es möglich ist, einige Komponenten schlechter zu konzipieren als es den Vorgaben für das Referenzgebäude entspricht. In diesem Fall müssen andere Komponenten entsprechend besser ausgeführt werden, um die Nachteile auszugleichen, damit die Nachweise erbracht werden können. Allerdings ist zu beachten, dass der Gestaltungsspielraum nicht beliebig ist, sondern nur innerhalb gewisser Grenzen vorgenommen werden kann. Einschränkungen ergeben sich durch die Anforderungen an den baulichen Wärmeschutz sowie die oben bereits erwähnten Anforderungen an die Anlagentechnik. Die Nachweismethodik ist exemplarisch in Abb. 3.6 dargestellt.

3.3.3 Anforderungsgrößen

Anforderungsgrößen für den Nachweis von zu errichtenden Gebäuden sind zum einen der Jahres-Primärenergiebedarf Q''_P (in kWh/(m²a)) sowie zum anderen

- bei Wohngebäuden der spezifische, auf die wärmeübertragende Umfassungsfläche bezogene Transmissionswärmeverlust H'_T (in W/(m²K)) und bei
- Nichtwohngebäuden der mittlere Wärmedurchgangskoeffizient U_m (in W/(m²K)) der Außenbauteile.

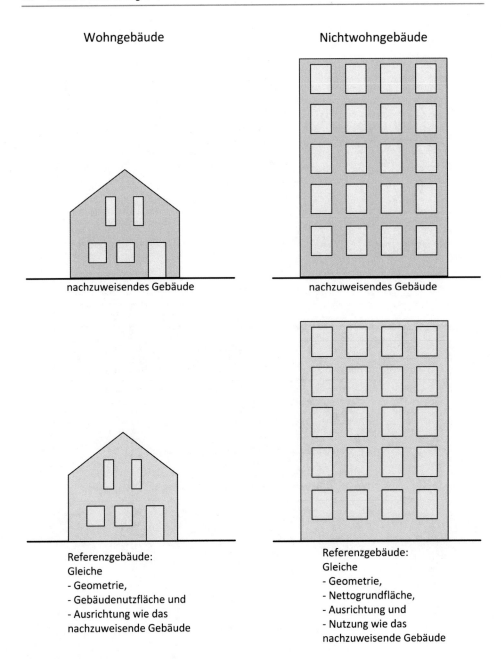

Abb. 3.5 Referenzgebäude für Wohn- und Nichtwohngebäude

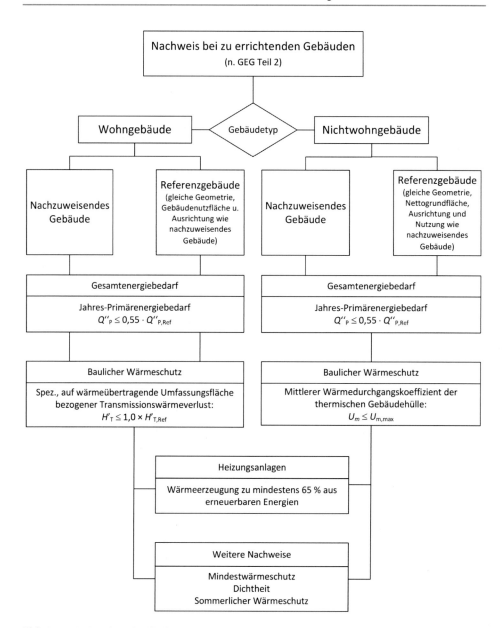

Abb. 3.6 Nachweismethodik für zu errichtende Gebäude nach GEG

Jahres-Primärenergiebedarf

Der Jahres-Primärenergiebedarf ist die Haupt-Anforderungsgröße beim Nachweis des energiesparenden Wärmeschutzes eines zu errichtenden Gebäudes nach GEG. Er wird für den Nachweis des Gesamtenergiebedarfs benötigt.

Der Jahres-Primärenergiebedarf wird als bezogene Größe in der Einheit kWh/(m²a) angegeben, wobei sich der Wert bei Wohngebäuden auf 1 m² Gebäudenutzfläche (A_N) und bei Nichtwohngebäuden auf 1 m² Nettogrundfläche (A_{NGF}) bezieht. Das Formelzeichen für den Jahres-Primärenergiebedarf ist Q''_P.

Der Jahres-Primärenergiebedarf berücksichtigt neben der energetischen Qualität der Bauteile der thermischen Gebäudehülle (wärmeübertragende Umfassungsfläche) insbesondere die eingesetzte Anlagentechnik einschließlich der zum Betrieb erforderlichen Hilfsenergien sowie den oder die verwendeten Energieträger. Dabei werden auch Energieaufwände berücksichtigt, die durch vorgelagerte Prozessketten durch Gewinnung, Umwandlung und Transport der verwendeten Energieträger (Primärenergie) entstehen.

Bei der Ermittlung des Jahres-Primärenergiebedarfs wird der erneuerbare Anteil der Energieaufwände mithilfe des für die eingesetzten Energieträger geltenden Primärenergiefaktoren herausgerechnet, um die Verwendung erneuerbarer Energien gezielt zu fördern und fossile Brennstoffe ungünstiger zu bewerten. Durch diese Methodik wird erreicht, dass der Jahres-Primärenergiebedarf eines Gebäudes, welches mit erneuerbaren Energien betrieben wird, erheblich geringer ausfällt als bei einem exakt gleichartigen Gebäude, bei dem fossile Brennstoffe verwendet werden. Für einen objektiven Vergleich von Gebäuden hinsichtlich des tatsächlichen Energiebedarfs und der damit verbundenen Kosten ist der Primärenergiebedarf daher nur bedingt geeignet. Hierfür sollte ausschließlich der Endenergiebedarf herangezogen werden, der die berechnete Energiemenge angibt, die über die Gebäudegrenze (Systemgrenze) strömen muss, um die festgelegten Konditionen im Gebäude (Raumwärme, Warmwasser, Lüftung usw.) zu erreichen.

Die Berechnung des Primärenergiebedarfs erfolgt nach DIN V 18599-1 [11] mit folgender Gleichung:

$$Q_{p,in} = \sum_{j}\left(Q_{f,in,j} \cdot \frac{f_{p,j}}{f_{Hs,Hi,j}}\right) \tag{3.1}$$

Darin bedeuten:

$Q_{p,in}$ heizwertbezogene Primärenergie der von außen zugeführten Energieträger

$Q_{f,in,j}$ von außen zugeführte Endenergie je nach Energieträger j, bezogen auf den Brennwert

f_p Primärenergiefaktor für den Energieträger j nach DIN V 18599-1, Anhang A [11]

$f_{Hs,Hi}$ Umrechnungsfaktor für die Endenergie nach DIN V 18599-1, Anhang B [11]

Beispiel

Die Auswirkung der Verwendung konventioneller und erneuerbarer Energieträger auf den Primärenergiebedarf wird deutlich, wenn die Gleichung für die Ermittlung des Primärenergiebedarfs analysiert wird. Dies soll an folgendem Beispiel deutlich gemacht werden.

Dazu wird ein Gebäude betrachtet, das im Fall A mit Erdgas und im Fall B mit dem erneuerbaren Energieträger Holz beheizt wird. Die von außen zugeführte Endenergie wird mit 100 kWh/(m²a) angenommen. Nach DIN V 18599-1 [11] sind folgende Werte für den Primärenergiefaktor und den Umrechnungsfaktor für die Endenergie anzusetzen:

Primärenergiefaktor:

- Erdgas: $f_p = 1{,}1$
- Holz: $f_p = 0{,}2$

Umrechnungsfaktor für die Endenergie:

- Erdgas: $f_{Hs,Hi} = 1{,}11$
- Holz: $f_{Hs,Hi} = 1{,}08$

Es ergibt sich folgender Primärenergiebedarf:
Fall A (Erdgas):

$$Q_{p,in} = \sum_j \left(Q_{f,in,j} \cdot \frac{f_{p,j}}{f_{Hs,Hi,j}} \right) = 100 \cdot \frac{1{,}1}{1{,}11} = 99{,}1 \mathrm{kWh/(m^2 a)}$$

Fall B (Holz):

$$Q_{p,in} = \sum_j \left(Q_{f,in,j} \cdot \frac{f_{p,j}}{f_{Hs,Hi,j}} \right) = 100 \cdot \frac{0{,}2}{1{,}08} = 18{,}5 \mathrm{kWh/(m^2 a)}$$

Fazit:
Im Fall A (Beheizung mit Erdgas) ergibt sich ein Primärenergiebedarf von 99,1 kWh/(m²a), während dieser im Fall B (Beheizung mit Holz) nur 18,5 kWh/(m²a) beträgt. Dabei ist zu beachten, dass die zugeführte Endenergie, für die letztendlich auch die Heizkosten berechnet werden, in beiden Fällen gleich groß ist. Bei Verwendung des erneuerbaren Energieträgers Holz wird das Gebäude allerdings deutlich besser bewertet als bei Beheizung mit Erdgas, wenn die Primärenergie als Anforderungsgröße herangezogen wird. Laut GEG ist für den Nachweis der Primärenergiebedarf (auf das Jahr bezogen) maßgebend, nicht jedoch die Endenergie. Es ist daher ein Trugschluss zu folgen, dass ein Gebäude mit geringem Primärenergiebedarf auch tatsächlich wenig Endenergie benötigt.◄

Für die Berechnungsgrundlagen und -verfahren zur Ermittlung des Jahres-Primärenergiebedarfs siehe Abschn. 3.4.

Spezifischer, auf die wärmeübertragende Umfassungsfläche bezogener Transmissions-wärmeverlust

Der spezifische, auf die wärmeübertragende Umfassungsfläche bezogene Transmissions-wärmeverlust ist die Anforderungsgröße für den Nachweis des baulichen Wärmeschutzes bei Wohngebäuden. Er gibt den mittleren Wärmestrom an, der über die Bauteile der wärmeübertragenden Umfassungsfläche (thermische Gebäudehülle) strömt, wenn zwischen den Bauteiloberflächen eine Temperaturdifferenz von 1 K herrscht. Außerdem ist er auf 1 Quadratmeter Bauteilfläche (senkrecht zum Wärmestrom) bezogen. Der spezifische, auf die wärmeübertragende Umfassungsfläche bezogene Transmissionswärmeverlust wird mit H'_T (Einheit: W/(m^{2}K)) bezeichnet. Er wird auch als (auf die wärmeübertragende Umfassungsfläche bezogener) Wärmetransferkoeffizient bezeichnet und wird nach DIN 18599-2 [12] mit folgender Gleichung berechnet:

$$H'_T = \sum F_{x,i} \cdot U_i \cdot A_i + \Delta U_{WB} \cdot A \qquad (3.2)$$

Darin bedeuten:

$F_{x,i}$ Temperaturkorrekturfaktor für das Bauteil i (dimensionslos); Bauteile an Außenluft: $F_x = 1,0$; Bauteile an unbeheizte Räume und ans Erdreich: $F_x < 1,0$ (für die Berechnung von F_x siehe DIN V 18599-2 [11])

U_i Wärmedurchgangskoeffizient des Bauteils i, in W/(m^{2}K)

A_i Fläche des Bauteils i, in m^2

ΔU_{WB} Wärmebrückenzuschlag, in W/(m^{2}K); Regelfall: $\Delta U_{WB} = 0,10$ W/(m^{2}K); Wärmebrücken der Kategorie A nach DIN 4108 Beiblatt 2 [3]: $\Delta U_{WB} = 0,05$ W/(m^{2}K); Wärmebrücken der Kategorie B nach DIN 4108 Beiblatt 2 [3]: $\Delta U_{WB} = 0,03$ W/(m^{2}K)

A wärmeübertragende Umfassungsfläche, in m^2

Mittlerer Wärmedurchgangskoeffizient

Der mittlere Wärmedurchgangskoeffizient U_m der Bauteile der wärmeübertragenden Umfassungsfläche ist die Anforderungsgröße für den Nachweis des baulichen Wärmeschutzes bei Nichtwohngebäuden. Er gibt die energetische Qualität der thermischen Gebäudehülle an, wobei eine flächenanteilige Mittelung der Bauteile der wärmeübertragenden Umfassungsfläche vorgenommen wird. Für die Bodenplatte und Bauteile an unbeheizte Zonen gelten besondere Regeln; siehe hierzu Abschn. 3.4. Der mittlere Wärmedurchgangskoeffizient U_m (in W/(m^{2}K)) berechnet sich mit folgender Gleichung:

$$U_m = \frac{\sum U_i \cdot A_i}{A} \qquad (3.3)$$

Darin bedeuten:

U_i Wärmedurchgangskoeffizient des Bauteils i, in W/(m²K)

A_i Fläche des Bauteils i, in m²

A wärmeübertragende Umfassungsfläche, in m²; $A = \Sigma A_i$

3.3.4   Anforderungen an zu errichtende Wohngebäude

An zu errichtende Wohngebäude werden Anforderungen an den Gesamtenergiebedarf und den baulichen Wärmeschutz gestellt.

Anforderungen an den Gesamtenergiebedarf bei zu errichtenden Wohngebäuden
Für den Nachweis des Gesamtenergiebedarfs wird der Jahres-Primärenergiebedarf für Heizung (Raumwärme), Warmwasserbereitung, Lüftung und Kühlung herangezogen. Der Jahres-Primärenergiebedarf des zu errichtenden Wohngebäudes wird dabei auf 1 m² Gebäudenutzfläche bezogen und darf den 0,55fachen Wert des zugehörigen Referenzgebäudes nicht überschreiten. Das Referenzgebäude ist ein fiktives Gebäude, dass die gleiche Geometrie, Gebäudenutzfläche und Ausrichtung wie das nachzuweisende Wohngebäude aufweist. Seine technische Ausführung (Bauteile, Anlagenkomponenten) ist in Anlage 1 des GEG festgelegt (Tab. 3.1).

Für den rechnerischen Nachweis gilt folgende Gleichung:

$$Q''_P \leq 0,55 \cdot Q''_{P,Ref} \qquad (3.4)$$

Darin bedeuten:

Q''_P vorhandener Jahres-Primärenergiebedarf des zu errichtenden Wohngebäudes, in kWh/(m²a); Bezugsfläche bei Wohngebäuden ist die Gebäudenutzfläche A_N

$Q''_{P,Ref}$ Jahres-Primärenergiebedarf des zugehörigen Referenzgebäudes, in kWh/(m²a)

Siehe hierzu auch folgenden Auszug aus dem GEG.

"§ 15 Gesamtenergiebedarf"

"(1) Ein zu errichtendes Wohngebäude ist so zu errichten, dass der Jahres-Primärenergiebedarf für Heizung, Warmwasserbereitung, Lüftung und Kühlung

Tab. 3.1 Technische Ausführung des Referenzgebäudes für Wohngebäude (nach GEG, Anlage 1)

Zeile	Bauteil/System	Referenzausführung bzw. Wert (Maßeinheit)	
		Eigenschaft (zu Zeilen 1.1 bis 4)	
1.1	Außenwand, Geschossdecke gegen Außenluft	Wärmedurchgangskoeffizient	$U = 0{,}28$ W/(m^{2}K)
1.2	Außenwand gegen Erdreich, Bodenplatte, Wände und Decken zu unbeheizten Räumen	Wärmedurchgangskoeffizient	$U = 0{,}35$ W/(m^{2}K)
1.3	Dach, oberste Geschossdecke, Wände zu Abseiten	Wärmedurchgangskoeffizient	$U = 0{,}20$ W/(m^{2}K)
1.4	Fenster, Fenstertüren	Wärmedurchgangskoeffizient	$U_{\mathrm{w}} = 1{,}3$ W/(m^{2}K)
		Gesamtenergiedurchlassgrad der Verglasung $g_\perp$	$g_\perp = 0{,}60$
1.5	Dachflächenfenster	Wärmedurchgangskoeffizient	$U_{\mathrm{w}} = 1{,}4$ W/(m^{2}K)
		Gesamtenergiedurchlassgrad der Verglasung $g_\perp$	$g_\perp = 0{,}60$
1.6	Lichtkuppeln	Wärmedurchgangskoeffizient	$U_{\mathrm{w}} = 2{,}7$ W/(m^{2}K)
		Gesamtenergiedurchlassgrad der Verglasung $g_\perp$	$g_\perp = 0{,}64$
1.7	Außentüren, Türen gegen unbeheizte Räume	Wärmedurchgangskoeffizient	$U = 1{,}80$ W/(m^{2}K)
2	Bauteile nach den Zeilen 1.1 bis 1.7	Wärmebrückenzuschlag	$\Delta U_{\mathrm{WB}} = 0{,}05$ W/(m^{2}K)
3	Solare Wärmegewinne über opake Bauteile	Wie das zu errichtende Gebäude	
4	Luftdichtheit der Gebäudehülle	Bemessungswert n_{50}	Bei Berechnung nach
			DIN V 4108-6:2003-06: mit Dichtheitsprüfung [13]
			DIN V 18599-2:2018-09: nach Kategorie I [12]
5	Sonnenschutzvorrichtung	Keine Sonnenschutzvorrichtung	
6	Heizungsanlage	Wärmeerzeugung durch Brennwertkessel (verbessert), Erdgas, Aufstellung:	

(Fortsetzung)

Tab. 3.1 (Fortsetzung)

Zeile	Bauteil/System	Referenzausführung bzw. Wert (Maßeinheit)	
		Eigenschaft (zu Zeilen 1.1 bis 4)	
		• Für Gebäude bis zu 500 m² Gebäudenutzfläche innerhalb der thermischen Hülle • Für Gebäude mit mehr als 500 m² Gebäudenutzfläche außerhalb der thermischen Hülle	
		Auslegungstemperatur 55/45 °C, zentrales Verteilsystem innerhalb der wärmeübertragenden Umfassungsfläche, innenliegende Stränge und Anbindeleitungen, Standard-Leitungslängen nach DIN V 4701-10:2003-08 Tab. 5.3–2 [14], Pumpe auf Bedarf ausgelegt (geregelt, Δp konstant), Rohrnetz hydraulisch abgeglichen	
		Wärmeübergabe mit freien statischen Heizflächen, Anordnung an normaler Außenwand, Thermostatventile mit Proportionalbereich 1 K nach DIN V 4701-10:2003-08 [14] bzw. P-Regler (nicht zertifiziert) nach DIN V 18599-5:2018-09 [15]	
7	Anlage zur Warmwasserbereitung	Zentrale Warmwasserbereitung	
		Gemeinsame Wärmebereitung mit Heizungsanlage nach Zeile 6	
		Bei Berechnung nach GEG § 20 Absatz 1 (Verfahren nach DIN V 18599 [26]): Allgemeine Randbedingungen nach DIN V 18599-8:2018-09 Tab. 6 [17], Solaranlage mit Flachkollektor sowie Speicher ausgelegt nach DIN V 18599:2018-09 Abschn. 6.4.3 Bei Berechnung nach GEG § 20 Absatz 2 (Verfahren nach DIN V 4108-6 [13]): Solaranlage mit Flachkollektor zur ausschließlichen Trinkwassererwärmung entsprechend den Vorgaben nach DIN V 4701-10:2003-08 Tab. 5.1–10 [14] mit Speicher, indirekt beheizt (stehend), gleiche Aufstellung wie Wärmeerzeuger,	
		• Kleine Solaranlage bei $A_N \le 500$ m² (bivalenter Solarspeicher)	
		• Große Solaranlage bei $A_N > 500$ m²	

Tab. 3.1 (Fortsetzung)

Zeile	Bauteil/System	Referenzausführung bzw. Wert (Maßeinheit)	
		Eigenschaft (zu Zeilen 1.1 bis 4)	
		Verteilsystem innerhalb der wärmeübertragenden Umfassungsfläche, innen liegende Stränge, gemeinsame Installationswand, Standard-Leitungslänge nach DIN V 4701-10:2003-08 Tab. 5.1–2 [14] mit Zirkulation	
8	Kühlung	Keine Kühlung	
9	Lüftung	Zentrale Abluftanlage mit Außenwandluftdurchlässen (ALD), nicht bedarfsgeführt mit geregeltem DC-Ventilator, • DIN V 4701-10:2003-08 [14]: Anlagen-Luftwechsel • $n_A = 0{,}4\ \mathrm{h}^{-1}$ • DIN V 18599-10:2018-09 [18]: nutzungsbedingter Mindestaußenluftwechsel $n_{Nutz} = 0{,}5\ \mathrm{h}^{-1}$	
10	Gebäudeautomation	Klasse C nach DIN V 18599-11:2018-09 [19]	

das 0,55fache des auf die Gebäudenutzfläche bezogenen Wertes des Jahres-Primärenergiebedarfs eines Referenzgebäudes, das die gleiche Geometrie, Gebäudenutzfläche und Ausrichtung wie das zu errichtende Gebäude aufweist und der technischen Referenzausführung der Anlage 1 entspricht, nicht überschreitet."

Die Berechnung des Jahres-Primärenergiebedarfs des zu errichtenden Wohngebäudes sowie des zugehörigen Referenzgebäudes ist in § 20, §§ 22 bis 24, §§ 26 bis 29 sowie in § 31 und § 33 des GEG geregelt. Dabei ist zu beachten, dass in den zuvor genannten Paragrafen nur die zu beachtenden Normen angegeben werden, die die Rechen- und Nachweisverfahren regeln. Der Gesetzestext des GEG selbst enthält keine Rechenverfahren.

Anmerkung
Ursprünglich war für 2025 geplant, den Höchstwert des Jahres-Primärenergiebedarfs auf 40 % des zugehörigen Referenzgebäudes abzusenken ($Q''_p \leq 0{,}40 \cdot Q''_{p,\mathrm{Ref}}$). Dies wurde nach der missglückten Einführung des Gesetzesentwurfs und den damit verbundenen kontroversen Diskussionen in Bundesregierung, Opposition und Öffentlichkeit bisher nicht umgesetzt. Nach Auffassung des Autors wäre außerdem die Überarbeitung der technischen Ausführung des Referenzgebäudes dringend anzuraten, bevor weitere Verschärfungen durch eine willkürliche Absenkung des Faktors in Gl. (3.4) eingeführt werden. Beispielsweise ist im Referenzgebäude für Wohngebäude für die Wärmeerzeugung ein Brennwertkessel vorgesehen, der mit Erdgas betrieben wird, während für das zu

errichtende Gebäude gefordert wird, dass die Heizungsanlage die bereitgestellte Wärme zu mindestens 65 % aus erneuerbaren Energien oder Abwärme erzeugt; siehe hierzu § 71 Absatz 1 des GEG.

Anforderungen an den baulichen Wärmeschutz bei zu errichtenden Wohngebäuden
Anforderungen an den baulichen Wärmeschutz werden gestellt, damit ein energetisches Mindestniveau der thermischen Gebäudehülle, d. h. der Bauteile, die die wärmeübertragende Umfassungsfläche bilden, erreicht wird. Dadurch sollen die Transmissionswärmeverluste über die Bauteile der thermischen Gebäudehülle minimiert werden.

Für den Nachweis des baulichen Wärmeschutzes bei zu errichtenden Wohngebäuden wird der spezifische, auf die wärmeübertragende Umfassungsfläche bezogene Transmissionswärmeverlust H'_T herangezogen. Dieser gibt an, welcher Wärmeverlust in Watt über eine ein Quadratmeter große Fläche der wärmeübertragenden Umfassungsfläche im Mittel strömt, wenn eine Temperaturdifferenz zwischen innen und außen von 1 Kelvin herrscht.

Für zu errichtende Wohngebäude wird gefordert, dass der spezifische, auf die wärmeübertragende Umfassungsfläche bezogene Transmissionswärmeverlusts H'_T den 1,0fachen Wert des zugehörigen Referenzgebäudes nicht überschreitet (GEG § 16). Es gilt:

$$H'_T \leq 1,0 \cdot H'_{T,Ref} \tag{3.5}$$

Darin bedeuten:

H'_T spezifischer, auf die wärmeübertragende Umfassungsfläche bezogener Transmissionswärmeverlust des zu errichtenden Wohngebäudes, in $W/(m^2 K)$
$H'_{T,Ref}$ spezifischer, auf die wärmeübertragende Umfassungsfläche bezogener Transmissionswärmeverlust des zugehörigen Referenzgebäudes, in $W/(m^2 K)$

Siehe hierzu den folgendes Gesetzesauszug.

"§ 16 Baulicher Wärmeschutz"

"Ein zu errichtendes Wohngebäude ist so zu errichten, dass der Höchstwert des spezifischen, auf die wärmeübertragende Umfassungsfläche bezogenen Transmissionswärmeverlusts das 1,0fache des entsprechenden Wertes des jeweiligen Referenzgebäudes nach § 15 Absatz 1 nicht überschreitet."

Anforderungen bei aneinandergereihten Wohngebäuden
Aneinandergereihte Wohngebäude, die gleichzeitig errichtet werden, dürfen hinsichtlich der Anforderungen an Wärmebrücken (§ 12 GEG) und an den sommerlichen Wärmeschutz (§ 14 GEG) sowie hinsichtlich der Anforderungen an den Gesamtenergiebedarf (§ 15 GEG) und an den baulichen Wärmeschutz (§ 16 GEG) wie ein Gebäude behandelt

werden. Die Regelungen des Teiles 5 des GEG („Energieausweise") bleiben unberührt. Siehe hierzu folgenden Auszug aus dem GEG.

"§ 17 Aneinandergereihte Bebauung"

"Werden aneinandergereihte Wohngebäude gleichzeitig errichtet, dürfen sie hinsichtlich der Anforderungen der §§ 12, 14, 15 und 16 wie ein Gebäude behandelt werden. Die Vorschriften des Teiles 5 bleiben unberührt."

Referenzgebäude für Wohngebäude

Die technische Ausstattung des Referenzgebäudes für Wohngebäude ist in Tab. 3.1 angegeben.

Es ist zu beachten, dass die dort angegebene Ausführung und definierten Werte nicht als Sollausstattung bzw. als Höchstwerte des zu errichtenden Wohngebäudes zu verstehen sind, sondern nur für die Berechnung der Kennwerte des Referenzgebäudes benötigt werden (d. h. Jahres-Primärenergiebedarf des Referenzgebäudes $Q''_{P,Ref}$ und spezifischer, auf die wärmeübertragende Umfassungsfläche bezogener Transmissionswärmeverlust $H'_{T,Ref}$). Das bedeutet, dass beispielsweise die U-Werte von Außenbauteilen nach oben und unten gegenüber dem Referenzwert abweichen dürfen. Das Gleiche gilt für die Ausstattung der Anlagentechnik wie Wärmeerzeuger und Warmwasserbereitung.

Beispiel

Für ein zu errichtendes Wohngebäude ist zu überprüfen, ob die Anforderungen an den Gesamtenergiebedarf und den baulichen Wärmeschutz eingehalten sind.

Gegeben:
Aus einer zuvor durchgeführten Berechnung ergeben sich folgende Kennwerte:

- vorhandener Jahres-Primärenergiebedarf: $Q''_P = 35{,}5$ kWh/(m²a)
- vorhandener spezifischer Transmissionswärmeverlust: $H_T = 148{,}6$ W/K
- wärmeübertragende Umfassungsfläche: $A = 412$ m²
- Jahres-Primärenergiebedarf des zugehörigen Referenzgebäudes: $Q''_{P,Ref} = 65{,}0$ kWh/(m²a)
- spezifischer, auf die wärmeübertragende Umfassungsfläche bezogener Transmissionswärmeverlust des zugehörigen Referenzgebäudes: $H'_T = 0{,}40$ W/(m²K)

Lösung:
Nachweis des Gesamtenergiebedarfs:
Die Einhaltung des Gesamtenergiebedarfs wird über den Jahres-Primärenergiebedarf nachgewiesen:

$$Q''_P = 35{,}5 \leq 0{,}55 \cdot Q''_{P,Ref} = 0{,}55 \cdot 65{,}0 = 35{,}75 \text{ kWh/(m}^2\text{a)}$$

Nachweis des baulichen Wärmeschutzes:
Der Nachweis des baulichen Wärmeschutzes wird bei zu errichtenden Wohngebäu-
den mithilfe des spezifischen, auf die wärmeübertragende Umfassungsfläche bezogenen
Transmissionswärmeverlusts erbracht.

Spezifischer, auf die wärmeübertragende Umfassungsfläche bezogener Transmissionswärmeverlust:

$$H'_T = \frac{H_T}{A} = \frac{148,6}{412} = 0,36 \, \text{W}/(\text{m}^2\text{K})$$

Nachweis:

$$H'_T = 0,36 \, \text{W}/(\text{m}^2\text{K}) \leq 1,0 \cdot H'_{T,\text{Ref}} = 1,0 \cdot 0,40 = 0,40 \, \text{W}/(\text{m}^2\text{K})$$

Die Nachweise (Gesamtenergiebedarf und baulicher Wärmeschutz) sind erbracht.◄

3.3.5 Anforderungen an zu errichtende Nichtwohngebäude

An zu errichtende Nichtwohngebäude werden Anforderungen an den Gesamtenergiebedarf und den baulichen Wärmeschutz gestellt.

Anforderungen an den Gesamtenergiebedarf bei zu errichtenden Nichtwohngebäuden
Für den Nachweis des Gesamtenergiebedarfs wird der Jahres-Primärenergiebedarf
für Heizung (Raumwärme), Warmwasserbereitung, Lüftung, Kühlung und eingebaute
Beleuchtung herangezogen. Der Jahres-Primärenergiebedarf des zu errichtenden Nicht-
wohngebäudes wird dabei auf 1 m² Nettogrundfläche bezogen und darf den 0,55fachen
Wert des zugehörigen Referenzgebäudes nicht überschreiten. Das Referenzgebäude ist
ein fiktives Gebäude, dass die gleiche Geometrie, Gebäudenutzfläche, Ausrichtung und
Nutzung, einschließlich der Anordnung der Nutzungseinheiten, wie das nachzuweisende
Nichtwohngebäude aufweist. Die technische Ausführung des Referenzgebäudes (Bauteile,
Anlagenkomponenten) ist in Anlage 2 des GEG festgelegt (Tab. 3.2). Die technische
Referenzausführung nach Anlage 2, Nummer 1.13 bis 9 ist nur insoweit zu berücksich-
tigen, wie eines der dort genannten Systeme in dem zu errichtenden Nichtwohngebäude
ausgeführt wird.

Für den rechnerischen Nachweis gilt folgende Gleichung:

$$Q''_P \leq 0,55 \cdot Q''_{P,\text{Ref}} \qquad (3.6)$$

Darin bedeuten:

Tab. 3.2 Technische Ausführung des Referenzgebäudes (Nichtwohngebäude) (nach GEG Anlage 2)

Nummer	Bauteile/Systeme	Eigenschaft (zu den Nummern 1.1 bis 1.13)	Referenzausführung/Wert (Maßeinheit)	
			Raum-Solltemperaturen im Heizfall $\geq$ 19 °C	Raum-Solltemperaturen im Heizfall von 12 bis < 19 °C
1.1	Außenwand (einschließlich Einbauten, wie Rollladenkästen), Geschossdecke gegen Außenluft	Wärmedurchgangskoeffizient	U = 0,28 W/(m²·K)	U = 0,35 W/(m²·K)
1.2	Vorhangfassade (siehe auch Nummer 1.14)	Wärmedurchgangskoeffizient	U = 1,4 W/(m²·K)	U = 1,9 W/(m²·K)
		Gesamtenergiedurchlassgrad der Verglasung	g = 0,48	g = 0,60
		Lichttransmissionsgrad der Verglasung	τv,D65,SNA = 0,72	τv,D65,SNA = 0,78
1.3	Wand gegen Erdreich, Bodenplatte, Wände und Decken zu unbeheizten Räumen (außer Abseitenwände nach Nummer 1.4)	Wärmedurchgangskoeffizient	U = 0,35 W/(m²·K)	U = 0,35 W/(m²·K)

(Fortsetzung)

Tab. 3.2 (Fortsetzung)

Nummer	Bauteile/Systeme	Eigenschaft (zu den Nummern 1.1 bis 1.13)	Referenzausführung/Wert (Maßeinheit)	
1.4	Dach (soweit nicht unter Nummer 1.5), oberste Geschossdecke, Wände zu Abseiten	Wärmedurchgangskoeffizient	$U = 0{,}20$ W/(m²·K)	$U = 0{,}35$ W/(m²·K)
1.5	Glasdächer	Wärmedurchgangskoeffizient	$U_W = 2{,}7$ W/(m²·K)	$U_W = 2{,}7$ W/(m²·K)
		Gesamtenergiedurchlassgrad der Verglasung	$g = 0{,}63$	$g = 0{,}63$
		Lichttransmissionsgrad der Verglasung	$\tau v{,}D65{,}SNA = 0{,}76$	$\tau v{,}D65{,}SNA = 0{,}76$
1.6	Lichtbänder	Wärmedurchgangskoeffizient	$U_W = 2{,}4$ W/(m²·K)	$U_W = 2{,}4$ W/(m²·K)
		Gesamtenergiedurchlassgrad der Verglasung	$g = 0{,}55$	$g = 0{,}55$
		Lichttransmissionsgrad der Verglasung	$\tau v{,}D65{,}SNA = 0{,}48$	$\tau v{,}D65{,}SNA = 0{,}48$
1.7	Lichtkuppeln	Wärmedurchgangskoeffizient	$U_W = 2{,}7$ W/(m²·K)	$U_W = 2{,}7$ W/(m²·K)
		Gesamtenergiedurchlassgrad der Verglasung	$g = 0{,}64$	$g = 0{,}64$
		Lichttransmissionsgrad der Verglasung	$\tau v{,}D65{,}SNA = 0{,}59$	$\tau v{,}D65{,}SNA = 0{,}59$
1.8	Fenster, Fenstertüren (siehe auch Nummer 1.14)	Wärmedurchgangskoeffizient	$U_W = 1{,}3$ W/(m²·K)	$U_W = 1{,}9$ W/(m²·K)
		Gesamtenergiedurchlassgrad der Verglasung	$g = 0{,}60$	$g = 0{,}60$
		Lichttransmissionsgrad der Verglasung	$\tau v{,}D65{,}SNA = 0{,}78$	$\tau v{,}D65{,}SNA = 0{,}78$
1.9	Dachflächenfenster (siehe auch Nummer 1.14)	Wärmedurchgangskoeffizient	$U_W = 1{,}4$ W/(m²·K)	$U_W = 1{,}9$ W/(m²·K)

(Fortsetzung)

Tab. 3.2 (Fortsetzung)

Nummer	Bauteile/Systeme	Eigenschaft (zu den Nummern 1.1 bis 1.13)	Referenzausführung/Wert (Maßeinheit)	
		Gesamtenergiedurchlassgrad der Verglasung	$g = 0,60$	$g = 0,60$
		Lichttransmissionsgrad der Verglasung	$\tau v,D65,SNA = 0,78$	$\tau v,D65,SNA = 0,78$
1.10	Außentüren; Türen gegen unbeheizte Räume; Tore	Wärmedurchgangskoeffizient	$U = 1,8\ W/(m^2{\cdot}K)$	$U = 2,9\ W/(m^2{\cdot}K)$
1.11	Bauteile in den Nummern 1.1 und 1.3 bis 1.10	Wärmebrückenzuschlag	$\Delta U_{WB} = 0,05\ W/(m^2{\cdot}K)$	$\Delta U_{WB} = 0,10\ W/(m^2{\cdot}K)$
1.12	Gebäudedichtheit	Kategorie nach DIN V 18599-2: 2018-09 Tab. 7	Kategorie I	
1.13	Tageslichtversorgung bei Sonnen- oder Blendschutz oder bei Sonnen- und Blendschutz	Tageslichtversorgungsfaktor $C_{TL,Vers,SA}$ nach DIN V 18599-4:2018-09	• Kein Sonnen- oder Blendschutz vorhanden: 0,70 • Blendschutz vorhanden: 0,15	
1.14	Sonnenschutzvorrichtung	Für das Referenzgebäude ist die tatsächliche Sonnenschutzvorrichtung des zu errichtenden Gebäudes anzunehmen; sie ergibt sich gegebenenfalls aus den Anforderungen zum sommerlichen Wärmeschutz nach § 14 oder aus Erfordernissen des Blendschutzes Soweit hierfür Sonnenschutzverglasung zum Einsatz kommt, sind für diese Verglasung folgende Kennwerte anzusetzen: Anstelle der Werte für Nummer 1.2 – Gesamtenergiedurchlassgrad der Verglasung g $g = 0,35$ – Lichttransmissionsgrad der Verglasung $\tau v,D65,SNA$ $\tau v,D65,SNA = 0,58$ Anstelle der Werte der Nummern 1.8 und 1.9: – Gesamtenergiedurchlassgrad der Verglasung g $g = 0,35$ – Lichttransmissionsgrad der Verglasung $\tau v,D65,SNA$ $\tau v,D65,SNA = 0,62$		

(Fortsetzung)

Tab. 3.2 (Fortsetzung)

Nummer	Bauteile/Systeme	Eigenschaft (zu den Nummern 1.1 bis 1.13)	Referenzausführung/Wert (Maßeinheit)
2	Solare Wärmegewinne über opake Bauteile		Wie beim zu errichtenden Gebäude
3.1		Beleuchtungsart	direkt/indirekt mit elektronischem Vorschaltgerät und stabförmiger Leuchtstofflampe
3.2		Regelung der Beleuchtung	Präsenzkontrolle: – In Zonen der Nutzungen 4, 15 bis 19, 21 und 31*: mit Präsenzmelder – Im Übrigen: manuell Konstantlichtkontrolle/tageslichtabhängige Kontrolle: – In Zonen der Nutzungen 5, 9, 10, 14, 22.1 bis 22.3, 29, 37 bis 40*: Konstantlichtkontrolle gemäß DIN V 18599-4: 2018-09 Abschn. 5.4.6 [20] – In Zonen der Nutzungen 1 bis 4, 8, 12, 28, 31 und 36*: tageslichtabhängige Kontrolle, Kontrollart „gedimmt, nicht ausschaltend" gemäß DIN V 18599-4: 2018-09 Abschn. 5.5.4 [20] (einschließlich Konstantlichtkontrolle) –Im Übrigen: manuell
4.1	Heizung (Raumhöhen ≤ 4 m) –Wärmeerzeuger		Brennwertkessel (verbessert, nach 1994) nach DIN V 18599-5: 2018-09 [15], Erdgas, Aufstellung außerhalb der thermischen Hülle, Wasserinhalt > 0,15 l/kW

(Fortsetzung)

Tab. 3.2 (Fortsetzung)

Nummer	Bauteile/Systeme	Eigenschaft (zu den Nummern 1.1 bis 1.13)	Referenzausführung/Wert (Maßeinheit)
4.2	Heizung (Raumhöhen ≤ 4 m) –Wärmeverteilung		– Bei statischer Heizung und Umluftheizung (dezentrale Nachheizung in RLT-Anlage): Zweirohrnetz, außen liegende Verteilleitungen im unbeheizten Bereich, innen liegende Steigstränge, innen liegende Anbindeleitungen, Systemtemperatur 55/45 °C, ausschließlich statisch hydraulisch abgeglichen, Δp const, Pumpe auf Bedarf ausgelegt, Pumpe mit intermittierendem Betrieb, keine Überströmventile, für den Referenzfall sind die Rohrleitungslängen und die Umgebungstemperaturen gemäß den Standardwerten nach DIN V 18599-5: 2018-09 [15] zu ermitteln – Bei zentralem RLT-Gerät: Zweirohrnetz, Systemtemperatur 70/55 °C, ausschließlich statisch hydraulisch abgeglichen, Δp const, Pumpe auf Bedarf ausgelegt, für den Referenzfall sind die Rohrleitungslängen und die Lage der Rohrleitungen wie beim zu errichtenden Gebäude anzumehmen
4.3	Heizung (Raumhöhen ≤ 4 m) –Wärmeübergabe		– Bei statischer Heizung: freie Heizflächen an der Außenwand (bei Anordnung vor Glasflächen mit Strahlungsschutz), ausschließlich statisch hydraulisch abgeglichen, P-Regler (nicht zertifiziert), keine Hilfsenergie – Bei Umluftheizung (dezentrale Nachheizung in RLT-Anlage): Regelgröße Raumtemperatur, hohe Regelgüte

(Fortsetzung)

Tab. 3.2 (Fortsetzung)

Nummer	Bauteile/Systeme	Eigenschaft (zu den Nummern 1.1 bis 1.13)	Referenzausführung/Wert (Maßeinheit)
4.4	Heizung (Raumhöhen > 4 m)		Dezentrales Heizsystem: Wärmeerzeuger gemäß DIN V 18599-5: 2018-09 Tab. 52 [15]: – Dezentraler Warmlufterzeuger – Nicht kondensierend – Leistung 25 bis 50 kW je Gerät – Energieträger Erdgas – Leistungsregelung 1 (einstufig oder mehrstufig/modulierend ohne Anpassung der Verbrennungsluftmenge) Wärmeübergabe gemäß DIN V 18599-5: 2018-09 Tab. 16 und 22 [15]: – Radialventilator, Auslass horizontal, ohne Warmluftrückführung, Raumtemperaturregelung P-Regler (nicht zertifiziert)
5.1	Warmwasser –Zentrales System		Wärmeerzeuger: allgemeine Randbedingungen gemäß DIN V 18599-8: 2018-09 Tab. 6 [17], Solaranlage mit Flachkollektor (nach 1998) zur ausschließlichen Trinkwassererwärmung nach DIN V 18599-8: 2018-09 [17] mit Standardwerten gemäß Tab. 19 bzw. Abschn. 6.4.3, jedoch abweichend auch für zentral warmwasserversorgte Nettogrundfläche über 3 000 m² Restbedarf über Wärmeerzeuger der Heizung Wärmespeicherung: Bivalenter, außerhalb der thermischen Hülle aufgestellter Speicher nach DIN V 18599-8: 2018-09 Abschn. 6.4.3 [17] Wärmeverteilung: Mit Zirkulation, für den Referenzfall sind die Rohrleitungslänge und die Lage der Rohrleitungen wie beim zu errichtenden Gebäude anzunehmen
5.2	Warmwasser –Dezentrales System		Hydraulisch geregelter Elektro-Durchlauferhitzer, eine Zapfstelle und 6 Meter Leitungslänge pro Gerät bei Gebäudezonen, die einen Warmwasserbedarf von höchstens 200 Wh / (m² · d) aufweisen

(Fortsetzung)

Tab. 3.2 (Fortsetzung)

Nummer	Bauteile/Systeme	Eigenschaft (zu den Nummern 1.1 bis 1.13)	Referenzausführung/Wert (Maßeinheit)
6.1	Raumlufttechnik –Abluftanlage		Spezifische Leistungsaufnahme Ventilator P_{SFP} = 1,0 kW/(m³/s)
6.2	Raumlufttechnik –Zu- und Abluftanlage		– Luftvolumenstromregelung: Soweit für Zonen der Nutzungen 4, 8, 9, 12, 13, 23, 24, 35, 37 und 40* eine Zu- und Abluftanlage vorgesehen wird, ist diese mit bedarfsabhängiger Luftvolumenstromregelung Kategorie IDA-C4 gemäß DIN V 18599-7: 2018-09 Abschn. 5.8.1 [21] auszulegen – Spezifische Leistungsaufnahme: – Zuluftventilator P_{SFP} = 1,5 kW/(m³/s)
			- Abluftventilator P_{SFP} = 1,0 kW/(m³/s) Erweiterte P_{SFP}-Zuschläge nach DIN EN 16798-3: 2017-11 Abschn. 9.5.2.2 [22] können für HEPA-Filter, Gasfilter sowie Wärmerückführungsbauteile der Klassen H2 oder H1 nach DIN EN 13053:2020-05 [23] angerechnet werden – Wärmerückgewinnung über Plattenwärmeübertrager: Temperaturänderungsgrad $\eta_{t,comp}$ = 0,6 Zulufttemperatur 18 °C Druckverhältniszahl f_P = 0,4 – Luftkanalführung: innerhalb des Gebäudes – bei Kühlfunktion: Auslegung für 6/12 °C, keine indirekte Verdunstungskühlung
6.3	Raumlufttechnik –Luftbefeuchtung		Für den Referenzfall ist die Einrichtung zur Luftbefeuchtung wie beim zu errichtenden Gebäude anzunehmen
6.4	Raumlufttechnik –Nur-Luft- Klimaanlagen		Als kühllastgeregeltes Variabel-Volumenstrom-System ausgeführt: Druckverhältniszahl: f_P = 0,4 Konstanter Vordruck Luftkanalführung: innerhalb des Gebäudes

(Fortsetzung)

Tab. 3.2 (Fortsetzung)

Nummer	Bauteile/Systeme	Eigenschaft (zu den Nummern 1.1 bis 1.13)	Referenzausführung/Wert (Maßeinheit)
7	Raumkühlung		– Kältesystem: Kaltwasser-Ventilatorkonvektor, Brüstungsgerät Kaltwassertemperatur 14/18 °C – Kaltwasserkreis Raumkühlung: Überströmung 10 % Spezifische elektrische Leistung der Verteilung $P_{d,spez} = 30$ Wel/kWKälte Hydraulisch abgeglichen, geregelte Pumpe, Pumpe hydraulisch entkoppelt, saisonale sowie Nacht- und Wochenendabschaltung nach DIN V 18599-7: 2018-09, Anhang D [21]
8	Kälteerzeugung		Erzeuger: Kolben/Scrollverdichter mehrstufig schaltbar, R134a, außenluftgekühlt, kein Speicher, Baualterfaktor fc,B = 1,0, Freikühlfaktor fFC = 1,0 Kaltwassertemperatur: – Bei mehr als 5 000 m² mittels Raumkühlung konditionierter Nettogrundfläche, für diesen Konditionierungsanteil 14/18 °C – Im Übrigen: 6/12 °C Kaltwasserkreis Erzeuger inklusive RLT-Kühlung: Überströmung 30 % spezifische elektrische Leistung der Verteilung $P_{d,spez} = 20$ Wel/kWKälte hydraulisch abgeglichen, ungeregelte Pumpe, Pumpe hydraulisch entkoppelt, saisonale sowie Nacht- und Wochenendabschaltung nach DIN V 18599-7: 2018-09 [21], Anhang D. Verteilung außerhalb der konditionierten Zone. Der Primärenergiebedarf für das Kühlsystem und die Kühlfunktion der raumlufttechnischen Anlage darf für Zonen der Nutzungen 1 bis 3, 8, 10, 16, 18 bis 20 und 31* nur zu 50 % angerechnet werden
9	Gebäudeautomation		Klasse C nach DIN V 18599-11: 2018-09 [19]

* Nutzungen nach Tab. 5 der DIN V 18599-10: 2018-09 [18]

Q''_P vorhandener Jahres-Primärenergiebedarf des zu errichtenden Nichtwohngebäudes, in kWh/(m²a); Bezugsfläche bei Nichtwohngebäuden ist die Nettogrundfläche A_{NGF}

$Q''_{P,Ref}$ Jahres-Primärenergiebedarf des zugehörigen Referenzgebäudes, in kWh/(m²a)

Siehe hierzu auch folgenden Auszug aus dem GEG.

"§ 18 Gesamtenergiebedarf"

"(1) Ein zu errichtendes Nichtwohngebäude ist so zu errichten, dass der Jahres-Primärenergiebedarf für Heizung, Warmwasserbereitung, Lüftung, Kühlung und eingebaute Beleuchtung das 0,55fache des auf die Nettogrundfläche bezogenen Wertes des Jahres-Primärenergiebedarfs eines Referenzgebäudes, das die gleiche Geometrie, Nettogrundfläche, Ausrichtung und Nutzung, einschließlich der Anordnung der Nutzungseinheiten, wie das zu errichtende Gebäude aufweist und der technischen Referenzausführung der Anlage 2 entspricht, nicht überschreitet. Die technische Referenzausführung in der Anlage 2 Nr. 1.13 bis 9 ist nur insoweit zu berücksichtigen, wie eines der dort genannten Systeme in dem zu errichtenden Gebäude ausgeführt wird."

Nichtwohngebäude mit unterschiedlichen Nutzungen
Sofern ein zu errichtendes Nichtwohngebäude für die Berechnung des Jahres-Primärenergiebedarfs nach unterschiedlichen Nutzungen in Zonen unterteilt ist und das Berechnungsverfahren nach § 21 Absatz 1 und 2 GEG angewendet wird (Berechnungsverfahren nach DIN V 18599), muss die Unterteilung hinsichtlich der Nutzung beim Referenzgebäude mit der des zu errichtenden Gebäudes übereinstimmen. Nur bei der Unterteilung der Anlagentechnik und Tageslichtversorgung sind solche Unterschiede zwischen Referenzgebäude und zu errichtendem Gebäude zulässig, die durch die technische Ausführung des zu errichtenden Gebäudes bedingt sind.

Anforderungen an den baulichen Wärmeschutz bei zu errichtenden Nichtwohngebäuden
Für den Nachweis des baulichen Wärmeschutzes bei zu errichtenden Nichtwohngebäuden wird der mittlere Wärmedurchgangskoeffizient der wärmeübertragenden Umfassungsfläche $U_{m,vorh}$ herangezogen. Dieser darf die Höchstwerte der mittleren Wärmedurchgangskoeffizienten $U_{m,max}$ nach Anlage 3 GEG nicht überschreiten (siehe Tab. 3.3). Es gilt:

$$U_{m,vorh} \leq U_{m,max} \qquad (3.7)$$

Darin bedeuten:

Tab. 3.3 Höchstwerte der mittleren Wärmedurchgangskoeffizienten $U_{m,max}$ der wärmeübertragenden Umfassungsfläche bei Nichtwohngebäuden (nach GEG Anlage 3)

Nr	Bauteil	Höchstwerte der mittleren Wärmedurchgangskoeffizienten $U_{m,max}$ in W/(m²K)	
		Zonen mit Raum-Solltemperaturen im Heizfall ≥ 19 °C	Zonen mit Raum-Solltemperaturen im Heizfall von 12 °C bis < 19 °C
1	opake Außenbauteile, soweit diese nicht in Nr. 3 und Nr. 4 enthalten sind	0,28	0,50
2	transparente Außenbauteile, soweit diese nicht in Nr. 3 und Nr. 4 enthalten sind	1,50	2,80
3	Vorhangfassaden	1,50	3,00
4	Glasdächer, Lichtbänder, Lichtkuppeln	2,50	3,10

Anmerkungen:
1. Die Berechnung des mittleren Wärmedurchgangskoeffizienten des jeweiligen Bauteils erfolgt in Abhängigkeit des Flächenanteils der einzelnen Bauteile.
2. Die Wärmedurchgangskoeffizienten von Bauteilen gegen unbeheizte Räume oder Erdreich sind mit dem Faktor 0,5 zu multiplizieren. Ausgenommen sind Bauteile gegen Dachräume.
3. Bei der Ermittlung des Wärmedurchgangskoeffizienten von Bodenplatten sind Flächen, die weiter als 5,0 m vom äußeren Rand des Gebäudes entfernt sind, nicht zu berücksichtigen.
4. Bei mehreren Zonen mit unterschiedlichen Raum-Solltemperaturen im Heizfall ist die Berechnung für jede Zone getrennt durchzuführen.
5. Die Berechnung der Wärmedurchgangskoeffizienten erfolgt nach folgenden Normen: Erdberührte Bauteile nach DIN V 18599-2 [12], opake Bauteile nach DIN 4108–4 [24] in Verbindung mit DIN EN ISO 6946 [25], transparente Bauteile sowie Vorhangfassaden nach DIN 4108–4 [24].

$U_{m,vorh}$ vorhandener mittlerer Wärmedurchgangskoeffizient der Bauteilgruppe des zu errichtenden Nichtwohngebäudes, in W/(m²K)

$U_{m,max}$ Höchstwert des mittleren Wärmedurchgangskoeffizienten der betrachteten Bauteilgruppe des zu errichtenden Nichtwohngebäudes, in W/(m²K); siehe Tab. 3.3

Der Nachweis ist für jede Bauteilgruppe nach Tab. 3.3 zu führen.

Die Regelungen zum baulichen Wärmeschutz bei zu errichtenden Nichtwohngebäuden befinden sich in § 19 des GEG; siehe folgenden Auszug.

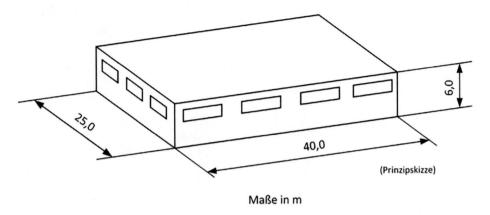

Maße in m

Abb. 3.7 Beispiel – Baulicher Wärmeschutz bei einer beheizten Lagerhalle

"§ 19 Baulicher Wärmeschutz"

"Ein zu errichtendes Nichtwohngebäude ist so zu errichten, dass die Höchstwerte der mittleren Wärmedurchgangskoeffizienten der wärmeübertragenden Umfassungsfläche der Anlage 3 nicht überschritten werden."

Beispiel

Für eine zu errichtende beheizte Lagerhalle mit Raum-Solltemperaturen im Heizfall von mindestens 19 °C ist der bauliche Wärmeschutz nachzuweisen (Abb. 3.7).

Randbedingungen:

- Abmessungen: Breite 25,0 m, Länge 40,0 m, Höhe 6,0 m (Außenmaße)
- Der Baukörper ist ein Quader.
- Wärmedurchgangskoeffizienten:
  - Bodenplatte: 0,35 W/(m²K)
  - Dach: 0,25 W(/m²K)
  - Wände: 0,20 W/(m²K); 80 % der Fassadenfläche
  - Transparente Bauteile in der Fassade: 1,30 W/(m²K); 20 % der Fassadenfläche

Lösung:
Flächen:
Bodenplatte:

- gesamt:

$$A_G = 25 \cdot 40 = 1000 \, \text{m}^2$$

- Für die Ermittlung des mittleren Wärmedurchgangskoeffizienten wird bei der Bodenplatte als Fläche nur ein 5 m breiter Streifen entlang der Ränder angesetzt.

$$A_{G,red} = 1000 - ((25 - 2 \cdot 5) \cdot (40 - 2 \cdot 5)) = 1000 - 15 \cdot 30 = 1000 - 450 = 550\,\text{m}^2$$

Dach:

$$A_D = 25 \cdot 40 = 1000\,\text{m}^2$$

Wände:

$$A_{\text{AW}} = 0{,}80 \cdot 2 \cdot ((40 \cdot 6) + (25 \cdot 6)) = 624\,\text{m}^2$$

Transparente Außenbauteile:

$$A_{\text{W}} = 0{,}20 \cdot 2 \cdot ((40 \cdot 6) + (25 \cdot 6)) = 156\,\text{m}^2$$

Anmerkung: Die Fläche für die transparenten Außenbauteile wird für den Nachweis nicht benötigt.

Mittlerer Wärmedurchgangskoeffizient der opaken Außenbauteile:
Es gelten folgende Regeln:

- Die U-Werte der einzelnen Bauteile werden entsprechend ihrer Flächen berücksichtigt.
- Der U-Wert der Bodenplatte wird mit dem Faktor 0,5 gewichtet. Als Fläche wird nur ein 5 m breiter Streifen entlang der Ränder angesetzt.

$$U_{\text{m,vorh}} = \frac{0{,}5 \cdot 0{,}35 \cdot 550 + 0{,}25 \cdot 1000 + 0{,}20 \cdot 624}{550 + 1000 + 624} = 0{,}22\ \text{W/(m}^2\text{K)}$$

Nachweis opake Außenbauteile:

$$U_{\text{m,vorh}} = 0{,}22 < U_{\text{m,max}} = 0{,}28\ \text{W/(m}^2\text{K)}$$

Nachweis transparenter Außenbauteile:

$$U_{\text{m,vorh}} = 1{,}30 < U_{\text{m,max}} = 1{,}50\ \text{W/(m}^2\text{K)}$$

◀

3.4 Berechnungsgrundlagen und -verfahren

3.4.1 Allgemeines

Die Berechnungsgrundlagen und -verfahren sind in Teil 2 Abschn. 3 des GEG geregelt und umfassen folgende Themen:

- Berechnung des Jahres-Primärenergiebedarfs eines Wohngebäudes (§ 20)
- Berechnung des Jahres-Primärenergiebedarfs eines Nichtwohngebäudes (§ 21)
- Primärenergiefaktoren (§ 22)
- Anrechnung von Strom aus erneuerbaren Energien (§ 23)
- Einfluss von Wärmebrücken (§ 24)
- Berechnungsrandbedingungen (§ 25)
- Prüfung der Dichtheit eines Gebäudes (§ 26)
- Gemeinsame Heizungsanlage für mehrere Gebäude (§ 27)
- Anrechnung mechanisch betriebener Lüftungsanlagen (§ 28)
- Berechnung des Jahres-Primärenergiebedarfs und des Transmissionswärmeverlusts bei aneinandergereihter Bebauung von Wohngebäuden (§ 29)
- Zonenweise Berücksichtigung von Energiebedarfsanteilen bei einem zu errichtenden Nichtwohngebäude (§ 30)
- Vereinfachtes Nachweisverfahren für ein zu errichtendes Wohngebäude (§ 31)
- Vereinfachtes Nachweisverfahren für ein zu errichtendes Nichtwohngebäude (§ 32)
- Andere Berechnungsverfahren (§ 33)

3.4.2 Berechnung des Jahres-Primärenergiebedarfs eines Wohngebäudes

Der Jahres-Primärenergiebedarf für das zu errichtende Wohngebäude und das zugehörige Referenzgebäude ist nach der Normenreihe DIN V 18599 [26] zu berechnen. Für die Berechnung stehen das Regelverfahren nach den Teilen 1 bis 10 der DIN V 18599 oder alternativ das Tabellenverfahren nach DIN/TS 18599-12 [27] zu Verfügung. Es ist zu beachten, dass die Berechnungen für das zu errichtende Gebäude und das Referenzgebäude nach dem gleichen Verfahren durchgeführt werden.

Abweichend zu den Regeln in DIN V 18599 [26] ist Folgendes zu beachten:

- Bei der Berechnung des Endenergiebedarfs sind diejenigen Anteile nicht zu berücksichtigen, die durch in unmittelbarem räumlichen Zusammenhang zum Gebäude gewonnene solare Strahlungsenergie und Umweltwärme gedeckt werden.
- Bei der Berechnung des Jahres-Primärenergiebedarfs ist der Endenergiebedarf für elektrische Nutzeranwendungen in der Bilanzierung nicht zu berücksichtigen.

Außerdem wird angegeben, nach welchen Regeln die Wärmedurchgangskoeffizienten von Außenbauteilen zu berechnen sind:

- Bauteile, die ans Erdreich grenzen: DIN V 18599-2 Abschn. 6.1.4.3 [12]
- Opake Bauteile: DIN 4108-4 [24] in Verbindung mit DIN EN ISO 6946 [25]
- Transparente Bauteile und Vorhangfassaden: DIN 4108-4 [24]

Anmerkung:
Bis zum 31.12.2023 durfte alternativ das Verfahren nach der inzwischen zurückgezogenen DIN V 4108-6 [13] in Verbindung mit DIN V 4701-10 [14] angewendet werden. Hierauf wird nachfolgend nicht eingegangen.

3.4.3 Berechnung des Jahres-Primärenergiebedarfs eines Nichtwohngebäudes

Der Jahres-Primärenergiebedarf für das zu errichtende Nichtwohngebäude und das zughörige Referenzgebäude ist nach DIN V 18599 [26] zu berechnen. Im Regelfall erfolgt die Berechnung nach dem Hauptverfahren, das in den Teilen 1 bis 11 der DIN V 18599 geregelt ist.

Alternativ steht ein Tabellenverfahren zur Verfügung, das in DIN/TS 18599-13 [28] geregelt ist und bei bestimmten Voraussetzungen angewendet werden kann. Voraussetzungen für die Anwendung des Tabellenverfahrens sind einzonige, nicht gekühlte Nichtwohngebäude mit einer Nettogrundfläche von ≤ 5000 m^2. Außerdem gilt das Tabellenverfahren nur für bestimmte Gebäudetypen wie:

- Bürogebäude, Gewerbebetriebe, Gaststätten,
- Gebäude des Groß- und Einzelhandels mit höchstens 1000 m^2 Nettogrundfläche, wenn neben der Hauptnutzung nur Büro-, Lager-, oder Verkehrsflächen vorhanden sind,
- Gewerbebetriebe mit höchstens 1000 m^2 Nettogrundfläche, wenn neben der Hauptnutzung nur Büro-, Lager-, Sanitär- oder Verkehrsflächen vorhanden sind,
- Schulen, Turnhallen, Kindergärten und -tagesstätten und ähnliche Einrichtungen,
- Beherbergungsstätten ohne Schwimmhalle, Sauna oder Wellnessbereich und
- Bibliotheken.

Im Unterschied zu Wohngebäuden, bei denen stets eine Zone mit gleichen Randbedingungen für die Berechnung angenommen wird, ist bei Nichtwohngebäuden eine Einteilung in Zonen vorzunehmen, wenn sich Flächen hinsichtlich ihrer Nutzung, technischen Ausstattung, inneren Lasten oder der Versorgung mit Tageslicht wesentlich unterscheiden. Allerdings sind Vereinfachungen zur Zonierung gestattet. Siehe hierzu folgenden Auszug aus dem GEG.

"§ 21 Berechnung des Jahres-Primärenergiebedarfs eines Nichtwohngebäudes"

"(1) Für das zu errichtende Nichtwohngebäude und das Referenzgebäude ist der Jahres-Primärenergiebedarf nach DIN V 18599: 2018-09 zu ermitteln.
(2) Soweit sich bei einem Nichtwohngebäude Flächen hinsichtlich ihrer Nutzung, ihrer technischen Ausstattung, ihrer inneren Lasten oder ihrer Versorgung mit Tageslicht wesentlich unterscheiden, ist das Gebäude nach Maßgabe der DIN V 18599: 2018-09 in Verbindung mit § 18 Absatz 3 für die Berechnung nach Absatz 1 in Zonen zu unterteilen. Die Vereinfachungen zur Zonierung, zur pauschalierten Zuweisung der Eigenschaften der Hüllfläche und zur Ermittlung von tageslichtversorgten Bereichen gemäß DIN V 18599-1: 2018-09 Anhang D dürfen nach Maßgabe der dort angegebenen Bedingungen auch für zu errichtende Nichtwohngebäude verwendet werden."

Bei der Zonierung sind die Nutzungsrandbedingungen nach DIN V 18599-10 [18] zu beachten. Sofern die Nutzung in DIN V 18599-10 nicht angegeben ist, ist wie folgt vorzugehen:

1. Es darf die Nutzung Nr. 17 „Sonstige Aufenthaltsräume" der Tab. 5 nach DIN V 18599-10 [18] verwendet werden (siehe hierzu Tab. 3.4) oder
2. es darf eine Nutzung auf Grundlage der DIN V 18599 [26] individuell bestimmt und verwendet werden, sofern die Anwendung auf gesicherten allgemeinem Wissensstand beruht. In diesem Fall ist eine Begründung erforderlich.

Sofern bei der Planung eines Nichtwohngebäudes die Nutzung noch nicht feststeht, darf ebenfalls die Nutzung Nr. 17 „Sonstige Aufenthaltsräume" nach DIN V 18599-10 Tab. 5 [18] angenommen werden (siehe Tab. 3.4).
Außerdem gelten folgende Regeln:

• Für die Berechnungen des zu errichtenden Nichtwohngebäudes und des Referenzgebäudes ist das gleiche Verfahren anzuwenden.
• Abweichend zu den Regeln in DIN V 18599:2018-09 [26] sind bei der Berechnung des Endenergiebedarfs diejenigen Anteile nicht zu berücksichtigen, die durch in unmittelbarem räumlichen Zusammenhang zum Gebäude gewonnene solare Strahlungsenergie und Umweltwärme gedeckt werden.
• Abweichend zu den Regeln in DIN V 18599:2018-09 [26] ist bei der Berechnung des Jahres-Primärenergiebedarfs der Endenergiebedarf für elektrische Nutzeranwendungen in der Bilanzierung nicht zu berücksichtigen.
• Die Berechnung der Wärmedurchgangskoeffizienten ist für Bauteile, die ans Erdreich grenzen nach DIN V 18599-2 Abschn. 6.1.4.3 [12], für opake Bauteile nach DIN 4108-4 [24] in Verbindung mit DIN EN ISO 6946 [25] und für transparente Bauteile und Vorhangfassaden nach DIN 4108-4 [24] vorzunehmen.

Tab. 3.4 Richtwerte der Nutzungsrandbedingungen für Nichtwohngebäude; hier exemplarisch angegeben: Nutzung Nr. 17: Sonstige Aufenthaltsräume (in Anlehnung an DIN V 18599-10, Tab. 5 [18]; Auszug)

Nutzung	Nutzungs- und Betriebszeiten
Nutzung Beginn	7:00 Uhr
Nutzung Ende	18:00 Uhr
tägliche Nutzungsstunden	11 h/d
jährliche Nutzungstage	250 d/a
jährliche Nutzungsstunden zur Tagzeit	2543 h/a
jährliche Nutzungsstunden zur Nachtzeit	207 h/a
tägliche Betriebsstunden RLT mit Kühlung	13 h/d
jährliche Betriebstage für jeweils RLT, Kühlung und Heizung	250 h/a
tägliche Betriebsstunden Heizung	13 h/d
Wartungswert der Beleuchtungsstärke	300 lx
Höhe der Nutzebene	0,8 m
Minderungsfaktor Bereich Sehaufgabe	0,93
Relative Abwesenheit	0,5
Raumindex	1,25
Teilbetriebsfaktor der Gebäudebetriebszeit für Beleuchtung	1,0
Anpassungsfaktor zur Beleuchtung vertikaler Flächen	1,0

3.4.4 Primärenergiefaktoren

Primärenergiefaktoren dienen zur Bewertung der Energieträger bei der Berechnung des Primärenergiebedarfs aus dem Endenergiebedarf; siehe hierzu Abschn. 3.3.3 und Gl. (3.1). Dabei gelten folgende grundsätzliche Regeln:

- *Konventionelle Energieträger* wie Erdgas und Heizöl werden mit einem Primärenergiefaktor von größer als 1,0 bewertet. Dadurch wird der Primärenergiebedarf größer als der Endenergiebedarf, der die Energiemenge angibt, die über die Systemgrenze strömen muss, um die geforderten Konditionen (Raumklima, Warmwasser usw.) im Gebäude sicherzustellen.
- *Erneuerbare Energieträger* wie Holz, Umweltwärme, Erdwärme werden mit einem Primärenergiefaktor kleiner 1,0 bewertet. Der Primärenergiebedarf wird somit geringer als der Endenergiebedarf. Bei einigen erneuerbaren Energieträgern wie z. B. Erdwärme und Solarthermie ist der Primärenergiefaktor sogar 0,0.

3.4 Berechnungsgrundlagen und -verfahren

141

Primärenergiefaktoren sind in § 22 des GEG geregelt und in Anlage 4 des GEG angegeben (Tab. 3.5).

Regelungen bei Fernwärme

Ergänzende Regelungen zum anzusetzenden Primärenergiefaktor bei Fernwärme oder bei Wärmenetzen befinden sich in § 22 Absätze 2 bis 5. Hier wird im Wesentlichen geregelt, wie der Primärenergiefaktor zu ermitteln ist; es wird auf das GEG verwiesen.

3.4.5 Anrechnung von Strom aus erneuerbaren Energien

Regeln zur Anrechnung von Strom aus erneuerbaren Energien enthält § 23 des GEG. Danach darf Strom aus erneuerbaren Energien, der in unmittelbaren räumlichen Zusammenhang mit dem zu errichtenden Gebäude erzeugt wird (z. B. bei Photovoltaikanlage auf dem Dach), für die Berechnung des Jahres-Primärenergiebedarfs angerechnet werden. Die anrechenbare bzw. abzugsfähige Strommenge ergibt sich aus § 23 Absatz 2. Danach ist der monatliche Ertrag der Anlage zur Erzeugung von Strom aus erneuerbaren Energien dem Strombedarf für Heizung, Warmwasserbereitung, Lüftung, Kühlung und Hilfsenergien sowie bei Nichtwohngebäuden zusätzlich der Strombedarf für Beleuchtung gegenüberzustellen. Der monatliche Ertrag ist nach den Regeln in DIN V 18599-9 [29] zu bestimmen. Bei Photovoltaikanlagen ist der Stromertrag unter Verwendung der mittleren monatlichen Strahlungsintensitäten für den Referenzort Potsdam nach DIN V 18599-10 Anhang E [18] zu ermitteln. Dabei sind für die Ermittlung der Nennleistung der Photovoltaikmodule die Standardwerte nach DIN V 18599-9 Anhang B [29] zu verwenden. Das bedeutet, dass der anrechenbare Stromertrag nicht für den tatsächlichen Standort und die eingesetzten Photovoltaikmodule berechnet werden darf, sondern stets für den Standort Potsdam und Standardmodule zu ermitteln ist.

3.4.6 Einfluss von Wärmebrücken

Regeln zum Einfluss von Wärmebrücken auf den Jahres-Primärenergiebedarf befinden sich in § 24 des GEG. Danach ist der Einfluss von Wärmebrücken bei der Berechnung des Jahres-Primärenergiebedarfs von zu errichtenden Gebäuden rechnerisch zu berücksichtigen (§ 24 GEG); siehe folgenden Auszug aus dem GEG. Diese Regelung gilt unabhängig von der Forderung in § 12 des GEG, den Einfluss konstruktiver Wärmebrücken auf den Jahres-Heizwärmebedarf so gering wie möglich zu halten (s.a. Abschn. 3.2.3).

"§ 24 Einfluss von Wärmebrücken"

"Unbeschadet der Regelung in § 12 ist der verbleibende Einfluss von Wärmebrücken bei der Ermittlung des Jahres-Primärenergiebedarfs nach § 20 Absatz 1 oder Absatz

Tab. 3.5 Primärenergiefaktoren nach Anlage 4 des GEG [1]

Nr	Kategorie	Energieträger	Primärenergiefaktor für den nicht erneuerbaren Anteil
1	Fossile Brennstoffe	Heizöl	1,1
2		Erdgas	1,1
3		Flüssiggas	1,1
4		Steinkohle	1,1
5		Braunkohle	1,2
6	Biogene Brennstoffe	Biogas	1,1[a,b,c]
7		Bioöl	1,1[a]
8		Holz	0,2
9	Strom	netzbezogen	1,8
10		gebäudenah erzeugt (aus Photovoltaik, Windkraft)	0,0
11		Verdrängungsstrommix für KWK	2,8
12	Wärme, Kälte	Erdwärme, Geothermie, Solarthermie, Umgebungswärme	0,0
13		Erdkälte, Umgebungskälte	0,0
14		Abwärme	0,0
15		Wärme aus KWK, gebäudeintegriert oder gebäudenah	nach DIN V 18599-9:2019-09 Abschn. 5.2.5 [29] Verfahren B oder nach DIN V 18599-9:2018-09 Abschn. 5.3.5.1 [29]
			0,6[d]

(Fortsetzung)

Tab. 3.5 (Fortsetzung)

Nr	Kategorie	Energieträger	Primärenergiefaktor für den nicht erneuerbaren Anteil
16	Siedlungsabfälle		0,0

Abkürzungen:
KWK: Kraft-Wärme-Kopplung

[a] Abweichend kann bei flüssiger oder gasförmiger Biomasse für den nicht erneuerbaren Anteil der Wert 0,3 angenommen werden, wenn die flüssige oder gasförmige Biomasse in unmittelbarem räumlichen Zusammenhang mit dem Gebäude bzw. mehreren Gebäuden erzeugt wird und die Gebäude damit versorgt werden. Bei mehreren Gebäuden müssen diese gemeinsam versorgt werden.

[b] Für Biogas, das in ein Erdgasnetz eingespeist worden ist (Biomethan) und in einem zu errichtenden Gebäude genutzt wird, kann abweichend
1. der Wert 0,7 verwendet werden, wenn das Biomethan in einem Brennwertkessel genutzt wird oder
2. der Wert 0,5 verwendet werden, wenn das Biomethan in einer hocheffizienten KWK-Anlage nach § 2 Nr. 8a des Kraft-Wärme-Kopplungsgesetzes [30] genutzt wird und wenn
3. Aufbereitung und Einspeisung des Biomethans die Voraussetzungen nach Anlage 1 Nr. 1 Buchstabe a bis c des Erneuerbare-Energien-Gesetzes in der geltenden Fassung vom 31. Juli 2014 [31] erfüllt ist und
4. die Menge des entnommenen Biomethans (als Wärmeäquivalent) der Gasmenge aus Biomasse entspricht, die an anderer Stelle in das Gasnetz eingespeist worden ist. Stichzeitpunkt ist das Ende eines Kalenderjahres.

[c] Für Biogas, das unter Druck verflüssigt worden ist (Flüssiggas) und in einem zu errichtenden Gebäude genutzt wird, kann abweichend für den nicht erneuerbaren Anteil
1. der Wert 0,7 angesetzt werden, wenn das Flüssiggas in einem Brennwertkessel genutzt wird oder
2. der Wert 0,5 verwendet werden, wenn das Flüssiggas in einer hocheffizienten KWK-Anlage nach § 2 Nr. 8a des KWK-Gesetzes [30] genutzt wird und wenn
3. die Menge des entnommenen Gases (als Wärmeäquivalent) am Ende des Kalenderjahres der Gasmenge aus Biomasse entspricht, die an anderer Stelle in das Gasnetz eingespeist worden ist.

[d] Der Wert 0,6 für den nicht erneuerbaren Anteil darf verwendet werden, wenn die Wärme in einer hocheffizienten KWK-Anlage nach § 2 Nr. 8a des KWK-Gesetzes [30] erzeugt wird und die Wärmeerzeugungsanlage für das zu errichtende Gebäude oder mehrere bestehende Gebäude, die mit dem zu errichtenden Gebäude in räumlichen Zusammenhang stehen, dauerhaft mit Wärme versorgt. Außerdem müssen ggfs. vorhandene Heizkessel, die mit fossilen Brennstoffen betrieben werden, außer Betrieb genommen werden. Dabei darf die Wärmeversorgung der mitversorgten bestehenden Gebäude nicht in der Art und Weise verändert werden, dass die energetische Qualität dieser Gebäude verschlechtert wird. Sofern ein Gemisch aus Erdgas und Biogas verwendet wird, darf der Wert von 0,6 nur für den energetischen Anteil des Biogases angewendet werden.

2 und nach § 21 Absatz 1 und 2 nach einer der in DIN V 18599-2: 2018-09 oder bis zum 31. Dezember 2023 auch in DIN V 4108-6: 2003-06, geändert durch DIN V 4108-6 Berichtigung 1: 2004-03 genannten Vorgehensweisen zu berücksichtigen. Wärmebrückenzuschläge mit Überprüfung und Einhaltung der Gleichwertigkeit nach DIN V

18599-2: 2018-09 oder DIN V 4108-6: 2003-06, geändert durch DIN V 4108-6 Berichtigung 1: 2004-03 sind nach DIN 4108 Beiblatt 2: 2019-06 zu ermitteln. Abweichend von DIN V 4108-6: 2003-06, geändert durch DIN V 4108-6 Berichtigung 1: 2004-03 kann beim Nachweis der Gleichwertigkeit nach DIN 4108 Beiblatt 2: 2019-06 der pauschale Wärmebrückenzuschlag nach Kategorie A oder Kategorie B verwendet werden. "

Der Grund für die Forderung im GEG, Wärmeverluste infolge Wärmebrücken rechnerisch zu berücksichtigen, besteht darin, dass der prozentuale Anteil der Wärmeverluste über Wärmebrücken bei Gebäuden mit zunehmender energetischer Qualität der thermischen Gebäudehülle überproportional ansteigt. Bei bestehenden Gebäuden mit energetisch schlechten Außenbauteilen ist der Anteil der Wärmeverluste über Wärmebrücken an den gesamten Transmissionswärmeverlusten verschwindend gering und liegt im unteren einstelligen Prozentbereich. Wärmebrückenverluste spielen daher bei energetisch unsanierten Gebäuden keine Rolle. Mit zunehmender energetischer Qualität der Außenbauteile steigt der Anteil der Wärmebrückenverluste jedoch an und erreicht bei heutigen Neubauten je nach Baukörperform und Konstruktion leicht Werte von über 10 % bis 15 % bezogen auf die gesamten Transmissionswärmeverluste. Dieser Anteil kann nicht mehr vernachlässigt werden und muss daher rechnerisch bei der Ermittlung des Jahres-Primärenergiebedarfs berücksichtigt werden.

Für die rechnerische Berücksichtigung der Wärmeverluste über Wärmebrücken stehen folgende Verfahren zur Verfügung:

1. Pauschale Erfassung durch einen Wärmebrückenzuschlag ΔU_{WB}.
2. Genaue Berechnung der Wärmebrückenverluste.

Zu 1.: Pauschale Erfassung durch Wärmebrückenzuschläge

Bei der pauschalen Erfassung werden die Wärmeverluste über Wärmebrücken pauschal mithilfe eines Wärmebrückenzuschlags ΔU_{WB} erfasst (Tab. 3.6). Hierzu wird der Wärmebrückenzuschlag mit der wärmeübertragenden Umfassungsfläche multipliziert. Als Wärmebrückenzuschlag sind im Regelfall $\Delta U_{WB} = 0,10$ W/(m^{2}K) anzusetzen. Sofern die Wärmebrücken des zu errichtenden Gebäudes die Anforderungen des Beiblattes 2 der DIN 4108 [4] erfüllen (d. h. Gleichwertigkeit festgestellt ist), dürfen für den Wärmebrückenzuschlag je nach Ausführung der Wärmebrücke entweder $\Delta U_{WB} = 0,05$ W/(m^{2}K) bei Wärmebrücken der Kategorie A oder $\Delta U_{WB} = 0,03$ W/(m^{2}K) für Wärmebrücken der Kategorie B angesetzt werden. Die Kategorien beschreiben unterschiedliche energetische Niveaus, wobei Kategorie B besser ist als Kategorie A. Für Außenbauteile mit Innendämmung und einbindender Massivdecke ist als Wärmebrückenzuschlag $\Delta U_{WB} = 0,15$ W/(m^{2}K) anzusetzen. Die Wärmebrückenzuschläge sind in DIN V 18599-2, 6.2.5 [12] festgelegt. Alternativ kann auch ein projektspezifischer Wärmebrückenzuschlag ermittelt

Tab. 3.6 Wärmebrückenzuschläge nach DIN V 18599-2, 6.2.5 [12]

Art	Wärmebrückenzuschlag ΔU_{WB} in $\mathrm{W/(m^2 K)}$	Bemerkung
Regelfall	0,10	Keine weitere Anforderung
Kategorie A	0,05	DIN 4108 Beiblatt 2, 5.2 [4] und DIN V 18599-2, 6.2.5 [12]
Kategorie B	0,03	
Außenbauteile mit Innendämmung und einbindender Massivdecke	0,15	
Projektspezifischer Wärmebrückenzuschlag	Individuelle Berechnung	DIN 4108 Beiblatt 2, Anhang B [4]

werden, indem sämtliche Wärmebrücken des zu errichtenden Gebäudes berücksichtigt werden; hier wird auf DIN 4108 Beiblatt 2 [4] verwiesen.

Die spezifischen Wärmeverluste über Wärmebrücken $H_{\mathrm{T,WB}}$ berechnen sich mit folgender Gleichung:

$$H_{\mathrm{T,WB}} = \Delta U_{\mathrm{WB}} \cdot A \qquad (3.8)$$

Darin bedeuten:

$H_{\mathrm{T,WB}}$ spezifischer Wärmeverlust über Wärmebrücken, in W/K
ΔU_{WB} Wärmebrückenzuschlag, in $\mathrm{W/(m^2 K)}$
A wärmeübertragende Umfassungsfläche, in $\mathrm{m^2}$

Der Wärmebrückenzuschlag muss folgende Wärmetypen erfassen:

- Gebäudekanten
- Sockelanschlüsse
- Fensteranschlüsse (einschließlich Fenstertüranschlüsse)
- Fassadenanschlüsse
- Dachanschlüsse
- Wand- und Deckeneinbindungen
- Deckenauflager
- Balkonplatten und sonstige auskragende Bauteile

Für die Überprüfung der Gleichwertigkeit (Gleichwertigkeitsnachweis) sind die Regelungen in DIN 4108 Beiblatt 2 [4] zu beachten. Danach kann der Gleichwertigkeitsnachweis entweder bildlich oder rechnerisch erfolgen.

Beim bildlichen Gleichwertigkeitsnachweis werden die Wärmebrücken mit den Anschlussdetails in DIN 4108 Beiblatt 2 [4] verglichen. Bei eindeutiger Zuordnung des konstruktiven Grundprinzips und bei Übereinstimmung der angegebenen Bauteilabmessungen und Baustoffeigenschaften ist Gleichwertigkeit gegeben. Außerdem ist der bildliche Gleichwertigkeitsnachweis erfüllt, wenn bei der Berechnung der Wärmebrücke der angegebene Referenzwert (Ψ-Wert) nicht überschritten wird. Ein Anschlussdetail aus DIN 4108 Beiblatt 2 [4] ist exemplarisch in Abb. 3.8 dargestellt.

Beim rechnerischen Gleichwertigkeitsnachweis wird die Wärmebrücke nach den in DIN EN ISO 10211 [5] angegebenen Verfahren berechnet oder mit den in DIN 4108

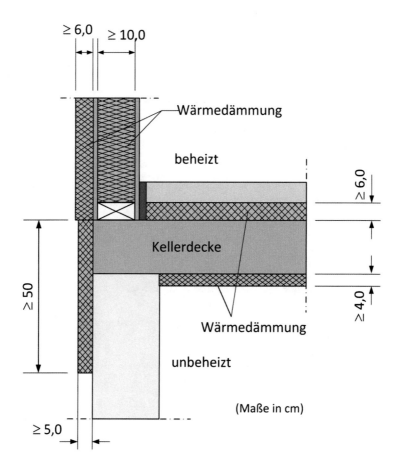

Darstellung in Anlehnung an Anschlussdetail Nr. 61 n.
DIN 4108 Beiblatt 2:2019-06:
- Kategorie B
- $\Psi_{ref} \leq 0{,}17$ W/(mK)

Abb. 3.8 Anschlussdetail aus DIN 4108 Beiblatt 2 [4]

Beiblatt 2 Abschn. 6 beschriebenen Verfahren nachgewiesen. Die Gleichwertigkeit ist gegeben, wenn der längenbezogene Wärmedurchgangskoeffizient Ψ der Wärmebrücke den Referenzwert für das jeweilige Anschlussdetail, der in DIN 4108 Beiblatt 2 [4] angegeben ist, nicht überschreitet.

Zu 2.: Genaue Berechnung der Wärmebrückenverluste
Alternativ zum Verfahren mithilfe von Wärmebrückenzuschlägen können die Wärmeverluste über Wärmebrücken auch genau erfasst werden. Allgemein berechnen sich die spezifischen Wärmeverluste über Wärmebrücken $H_{T,WB}$ mit folgender Gleichung:

$$H_{T,WB} = \sum F_{x,i} \cdot \psi_i \cdot l_i + \sum F_{x,j} \cdot \chi_j \qquad (3.9)$$

Der erste Anteil in Gl. (3.9) gibt den Wärmestrom über linienförmige Wärmebrücken an. Der zweite Anteil beschreibt Verluste durch punktförmige Wärmebrücken. In der Regel sind nur die Wärmeverluste durch linienförmige Wärmebrücken zu berücksichtigen. Dadurch vereinfacht sich Gl. (3.9) wie folgt:

$$H_{T,WB} = \sum F_{x,i} \cdot \psi_i \cdot l_i \qquad (3.10)$$

In den Gl. (3.9) und (3.10) bedeuten:

$H_{T,WB}$	spezifischer Wärmeverlust über Wärmebrücken, in W/K
$F_{x,i}$	Temperaturkorrekturkoeffizient für die linienförmige Wärmebrücke mit der Nummer i (dimensionslos) (nach DIN V 18599-2, 6.1.4 [12])
Ψ_i	längenbezogener Wärmedurchgangskoeffizient der linienförmigen Wärmebrücke mit der Nummer i, in W/(mK)
l_i	Länge der linienförmigen Wärmebrücke, in m (Außenmaß)
$F_{x,j}$	Temperaturkorrekturkoeffizient für die punktförmige Wärmebrücke mit der Nummer j (dimensionslos) (nach DIN V 18599-2, 6.1.4 [12])
χ_j	punktförmiger Wärmedurchgangskoeffizient der punktförmigen Wärmebrücke mit der Nummer j, in W/K

Die Berechnung des linienförmigen Wärmedurchgangskoeffizienten ψ erfolgt nach DIN EN ISO 10211 [5]. In der Regel wird hierfür eine geeignete Software benötigt, eine händische Rechnung ist nicht möglich. Ggs. kann ψ auch mithilfe von Wärmebrückenatlanten ermittelt werden; siehe hierzu zum Beispiel „Hauser, Stiegel: Wärmebrückenatlas für den Mauerwerksbau" [32]. Auch verschiedene Hersteller von Bauprodukten (z. B. Kalksandsteinindustrie) geben auf ihren Internetseiten ψ-Werte für Anschlussdetails bekannt.

3.4.7 Berechnungsrandbedingungen

Regeln zu Berechnungsrandbedingungen werden in § 25 des GEG angegeben.

Gebäudeautomation

Bei der Berechnung des Jahres-Primärenergiebedarfs für das zu errichtende Gebäude ist
ein System für die Gebäudeautomation der Klasse C nach DIN V 18599-11 [19] zugrunde
zu legen. Klasse C enthält Standardwerte für Gebäudeautomationsfunktionen. Nur für
den Fall, dass das zu errichtende Gebäude eine Gebäudeautomation der Klassen A oder
B enthält, kann eine der Klassen bei der Berechnung des Jahres-Primärenergiebedarfs
berücksichtigt werden.

Verschattungsfaktor

Bei der Berechnung des Jahres-Primärenergiebedarfs ist sowohl für das zu errichtende
Gebäude als auch für das Referenzgebäude ein Verschattungsfaktor von $F_S = 0,9$ (Index
S: shadow) anzunehmen. Ausgenommen von dieser Regelung ist der Fall, dass die Ver-
schattung detailliert ermittelt wird. Der Verschattungsfaktor wird für die Ermittlung der
solaren Wärmegewinne benötigt.

Anteil mitbeheizter Flächen

Bei der Berechnung des Jahres-Primärenergiebedarfs sind für den Anteil mitbeheizter
Flächen an der Gesamtfläche sowohl für das zu errichtende Wohngebäude als auch für
das Referenzgebäude die Standardwerte nach DIN V 18599-10 Tab. 4 [18] anzusetzen.
Bei Einfamilienhäusern beträgt der Anteil 0,25 (25 %), bei Mehrfamilienhäusern 0,15 (=
15 %).

Nutzungsrandbedingungen und Klimadaten für Nichtwohngebäude

Bei der Berechnung des Jahres-Primärenergiebedarfs für zu errichtende Nichtwohngebäude sind die Nutzungsrandbedingungen und Klimadaten nach DIN V 18599-10 Tab. 5
bis 9 [18] zugrunde zu legen. Für das Referenzgebäude sind dagegen die Werte nach DIN
V 18599-10 Tab. 5 [18] zu verwenden.

Nachtabsenkung der Heizung bei Nichtwohngebäuden

Der Absenkbetrieb der Heizung (Nachtabsenkung) bei Nichtwohngebäuden richtet sich
nach der Raumhöhe. Bei Raumhöhen bis einschließlich 4,0 m ist der Absenkbetrieb nach
DIN V 18599-2 [12] Gl. 29 und bei Raumhöhen über 4,0 m nach Gl. 30 zu berücksichtigen. Dabei ist jeweils eine Dauer nach den Nutzungsrandbedingungen in DIN V 18599-10
Tab. 5 [18] anzunehmen. Die Regeln gelten für das zu errichtende Nichtwohngebäude
sowie für das Referenzgebäude.

Verbauungsindex

Bei der Berechnung des Jahres-Primärenergiebedarfs für das zu errichtende Nichtwohngebäude sowie das Referenzgebäude ist ein Verbauungsindex von 0,9 anzunehmen,
sofern keine genauere Ermittlung nach DIN V 18599-4 Abschn. 5.5.2 [20] erfolgt. Der
Verbauungsfaktor beeinflusst die solaren Wärmegewinne.

Wartungsfaktor

Bei der Berechnung des Jahres-Primärenergiebedarfs für das zu errichtende Nichtwohngebäude (NWG) und das Referenzgebäude ist als Wartungsfaktor für die Beleuchtung
folgender Wert anzunehmen (s. DIN V 18599-4 [20]):

- Zonen der Nutzung Nr. 14 (Küche in NWG), Nr. 15 (Küche – Vorbereitung, Lager)
  und Nr. 22 (gewerbliche und industrielle Hallen): WF = 0,6
- in allen anderen Zonen: WF = 0,8

Der Wartungsfaktor wird benötigt, um die Beleuchtung mit Kunstlicht zu planen. Die
mittlere Beleuchtungsstärke und die Gleichmäßigkeit der Beleuchtung dürfen unter
Berücksichtigung des Wartungsfaktors bestimmte Werte nicht unterschreiten. Siehe hierzu
auch DIN EN 12464-1 [33].

Beleuchtungsstärke

Abweichend von den Angaben in DIN V 18599-10 [18] darf bei der Berechnung
des Jahres-Primärenergiebedarfs für das zu errichtende Nichtwohngebäude und das
Referenzgebäude bei Zonen der Nutzung Nr. 6 (Einzelhandel, Kaufhaus) und Nr. 7
(Einzelhandel, Kaufhaus – Lebensmittelabteilung mit Kühlprodukten) die tatsächliche
Beleuchtungsstärke angesetzt werden, jedoch nicht mehr als 1500 Lux bei Nutzung
Nr. 6 und nicht mehr als 1000 Lux bei Nutzung Nr. 7. Beim Referenzgebäude muss
der Primärenergiebedarf mit dem Tabellenverfahren nach DIN V 18599-4 [20] ermittelt
werden.

Höchstwert des Transmissionswärmeverlusts bei Wohngebäuden

Bei der Berechnung des Höchstwerts des Transmissionswärmeverlusts für den Nachweis
des baulichen Wärmeschutzes von Wohngebäuden ist die wärmeübertragende Umfassungsfläche des Wohngebäudes in Quadratmetern mit den Bemaßungsregeln nach DIN
V 18599-1 Abschn. 8 [11] so festzulegen, dass mindestens alle beheizten und gekühlten
Räume eingeschlossen werden.

Beheiztes Gebäudevolumen und Gebäudenutzfläche bei Wohngebäuden

Das beheizte Gebäudevolumen eines Wohngebäudes ist das Volumen in Kubikmetern,
das von der wärmeübertragenden Umfassungsfläche eingeschlossen wird. Das beheizte

Gebäudevolumen ist nach DIN V 18599-1 [11] zu bestimmen. Die Gebäudenutzfläche ergibt sich für Wohngebäude mit den folgenden Gleichungen (Tab. 3.10):
Geschosshöhe $h_G \geq 2,5$ m und $h_G \leq 3,0$ m:

$$A_N = 0,32 \cdot \frac{1}{m} \cdot V_e \qquad (3.11)$$

Geschosshöhe $h_G < 2,5$ m und $h_G > 3,0$ m:

$$A_N = \left(\frac{1}{h_G} - 0,04 \frac{1}{m} \right) \qquad (3.12)$$

In den Gl. (3.11) und (3.12) bedeuten:

A_N Gebäudenutzfläche, in m^2
h_G Geschosshöhe, in m
V_e Bruttovolumen nach DIN V 18599-1 [11], in m^3

Beispiel

Für ein zweigeschossiges quaderförmiges Wohngebäude mit den Außenabmessungen $b = 10$ m (Breite), $l = 12$ m (Länge) und $h = 5,5$ m (Gesamthöhe) ist die Gebäudenutzfläche zu berechnen. Die Geschosshöhe beträgt $h_G = 2,75$ m. Alle Räume sind beheizt. Das Gebäude ist nicht unterkellert.

Lösung:
Beheiztes Gebäudevolumen:

$$V_e = b \cdot l \cdot h = 10 \cdot 12 \cdot 5,5 = 660 m^3$$

Gebäudenutzfläche:
Die Gebäudenutzfläche berechnet sich nach Gl. (3.11), da die Geschosshöhe h_G 2,75 m > 2,5 m und < 3,0 m ist. Es ergibt sich folgende Gebäudenutzfläche:

$$A_N = 0,32 \cdot \frac{1}{m} \cdot V_e = 0,32 \cdot \frac{1}{m} \cdot 660 m^3 = 211,2 m^2$$

◄

Zonen der Nutzung Nr. 32 und Nr. 33 (Parkhäuser)
Abweichend von den Angaben in DIN V 18599-10 [18] sind Zonen in Nichtwohngebäuden mit den Nutzungen Nr. 32 (Nutzung Parkhaus, Büro-und Privatnutzung) und Nr. 33 (Parkhaus, öffentliche Nutzung) als nicht beheizt bzw. nicht gekühlt anzunehmen und brauchen daher bei der Berechnung des Jahres-Primärenergiebedarfs nicht berücksichtigt zu werden.

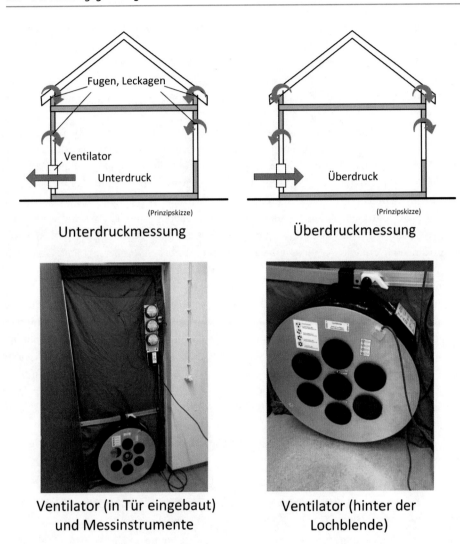

Abb. 3.9 Prüfung der Luftdichtheit mittels eines Blower-Door-Tests (schematische Darstellung)

3.4.8 Prüfung der Dichtheit des Gebäudes

Regeln zur Prüfung der Dichtheit eines Gebäudes sind in § 28 des GEG enthalten. Danach ist eine Prüfung der Dichtheit zwar nicht zwingend vorgeschrieben, kann aber dennoch optional durchgeführt werden. In diesem Fall ergeben sich als Vorteil gegenüber einem ungeprüften Gebäude geringere Lüftungswärmeverluste, da die tatsächliche, d. h. die gemessene Luftwechselrate anstelle des Standwerts für die Berechnung angesetzt werden darf.

Für die Planung und Ausführung der Luftdichtheitsschicht sind die Regelungen in §
13 „Dichtheit" zu beachten. Danach muss ein Gebäude luftdicht nach den allgemein anerkannten Regeln der Technik ausgeführt werden. Maßgebende Norm ist im Wesentlichen
die DIN 4108-7 „Wärmeschutz und Energie-Einsparung in Gebäuden – Teil 7: Luftdichtheit von Gebäuden – Anforderungen, Planungs- und Ausführungsempfehlungen sowie
-beispiele" [7], die Regeln zur Planung und Ausführung der Luftdichtheitsschicht enthält.

Für die Prüfung der Luftdichtheit des Gebäudes ist das Differenzdruckverfahren nach
DIN EN ISO 9972 [34] anzuwenden. Dieses Prüfverfahren wird auch als Blower-Door-
Test bezeichnet. Hierbei wird in eine Gebäudeöffnung – in der Regel ist dies die Haus-
oder Gebäudetür, daher resultiert der Begriff „Blower-Door" – ein Ventilator angeordnet, mit dem ein Luftvolumenstrom erzeugt wird, bis eine Druckdifferenz von 50
Pa zwischen dem Gebäudeinnern und der Außenumgebung erreicht wird. Dieser Luftvolumenstrom wird ins Verhältnis zum Raumluftvolumen gesetzt. Es ergibt sich die
Netto-Luftwechselrate n_{50}. Diese gibt an, wie oft das beheizte oder gekühlte Luftvolumen pro Stunde durch Infiltration bei einer Druckdifferenz von 50 Pa zwischen innen und
außen ausgetauscht wird (Abb. 3.9).

Die Messungen zur Prüfung der Luftdichtheit sind sowohl als Überdruck als auch als
Unterdruck durchzuführen. Dadurch sollen auch Fugen und Leckagen in der thermischen
Gebäudehülle aufgedeckt werden, die nur in eine Richtung zu einer Undichtheit führen.

Der beim Blower-Door-Test gemessene Luftvolumenstrom bzw. die Luftwechselrate
sind begrenzt. Die Höchstwerte hängen davon ab, ob das Gebäude mit einer raumlufttechnischen Anlage ausgestattet ist oder nicht. Außerdem ist der Höchstwert vom beheizten
oder gekühlten Luftvolumen V bzw. bei großen Gebäuden von der Hüllfläche des zu
errichtenden Gebäudes A abhängig (Tab. 3.7).

Bei der Prüfung der Luftdichtheit ergeben sich einige Vorteile gegenüber einem
ungeprüften Gebäude:

Tab. 3.7 Höchstwerte des gemessenen Luftvolumenstroms bei der Prüfung der Dichtheit eines
Gebäudes (Blower-Door-Test) (nach § 26 GEG [1])

Ausstattung mit raumlufttechnischer Anlage (RLT)	Höchstwerte des bei einer Bezugsdruckdifferenz von 50 Pa gemessenen Luftvolumenstroms in m^3	
	Gebäude mit einem Nettoraumvolumen bis 1500 m^3	Gebäude mit einem Nettoraumvolumen über 1500 m^3
Ohne RLT	$\leq 3,0 \times V$	$\leq 4,5 \times A$
Mit RLT	$\leq 1,5 \times V$	$\leq 2,5 \times A$

V: beheiztes oder gekühltes Luftvolumen in m^3
A: Hüllfläche des Gebäudes in m^2

1. **Verbesserung der Behaglichkeit:** Durch Prüfung der Luftdichtheit werden luftdurchlässige Fugen und Leckagen in der Gebäudehülle detektiert und können wirksam abgedichtet werden. Dadurch wird Zugluft bei Winddruck vermieden, wodurch die Behaglichkeit steigt.

2. **Geringere rechnerische Lüftungswärmeverluste:** Bei Prüfung der Luftdichtheit darf nach § 26 des GEG für die Berechnung der Lüftungswärmeverluste die gemessene Luftwechselrate angesetzt werden. Diese ist geringer als der Standardwert, der für die Berechnung der Lüftungswärmeverluste durch Infiltration angesetzt werden muss, wenn keine Prüfung der Dichtheit vorgenommen wird. Dadurch ergeben sich zwangsläufig geringere rechnerische Lüftungswärmeverluste, wenn ein Dichtheitstest durchgeführt wird, was zu einem geringeren Jahres-Primärenergiebedarf führt als bei Ansatz des Standardwerts für die Luftwechselrate ohne Prüfung der Luftdichtheit. Beispielsweise ist der n_{50}-Standardwert für ungeprüfte Gebäude mit einem Nettoraumvolumen bis 1500 m^3 (dies entspricht der Gebäudekategorie II nach DIN V 18599-2 [12]) mit $n_{50} = 4$ h^{-1} festgelegt. Dagegen darf bei Prüfung der Luftdichtheit die Luftwechselrate höchstens $n_{50} = 3$ h^{-1} betragen (s. Tab. 3.7). Das bedeutet, dass in diesem Fall die rechnerischen Lüftungswärmeverluste bei Prüfung der Dichtheit um mindestens 25 % geringer ausfallen als bei einem ungeprüften Gebäude.

Weitere Regeln:

- **Nichtwohngebäude mit verschiedenen Zonen:** Sofern bei Nichtwohngebäuden die Dichtheit nur für bestimmte Zonen bei der Ermittlung der Lüftungswärmeverluste und des Jahres-Primärenergiebedarfs berücksichtigt werden soll, kann die Dichtheitsprüfung für diese Zonen getrennt vorgenommen werden. Gleiches gilt sinngemäß, wenn sich unterschiedliche Anforderungen nach Tab. 3.7 für einzelne Zonen ergeben.
- **Gebäude mit gleichartigen Nutzungseinheiten:** Bei Gebäuden, die aus gleichartigen Nutzungseinheiten bestehen und bei denen die Nutzungseinheiten nur von außen erschlossen werden, ist es ausreichend, die Dichtheitsmessung nach DIN EN ISO 9972 Anhang NB [34] auf eine Stichprobe zu begrenzen. Das bedeutet, dass ggfs. die Dichtheitsmessung nur für eine Nutzungseinheit durchgeführt werden muss.

Beispiel

Für ein Wohngebäude mit zwei Vollgeschossen und einem Bruttovolumen (beheiztes Gebäudevolumen) von $V_e = 650$ m^3 soll eine Dichtheitsprüfung durchgeführt werden. Das Gebäude ist nicht mit einer raumlufttechnischen Anlage ausgestattet. Es ist der Höchstwert des gemessenen Luftvolumenstroms bei einer Druckdifferenz von 50 Pa zu berechnen.

Lösung:

Das Nettoraumvolumen V (beheiztes Gebäudevolumen) ergibt sich für Wohngebäude mit bis zu 3 Vollgeschossen mit folgender Gleichung (s. DIN V 18599-1, 8.2.2 [11]):

$$V = 0{,}76 \cdot V_e = 0{,}76 \cdot 650 = 494\,\text{m}^3$$

Höchstwert des gemessenen Luftvolumenstroms bei einer Druckdifferenz von 50 Pa (Tab. 3.7):

$$V_{50} \le 3{,}0 \cdot V = 3{,}0 \cdot 494 = 1482\,\text{m}^3$$

◀

3.4.9 Gemeinsame Heizungsanlage für mehrere Gebäude

Regelungen zu Fällen, bei denen eine gemeinsame Heizungsanlage mehrere Gebäude versorgt, befinden sich in § 27 des GEG.

Danach dürfen bei einem zu errichtenden Gebäude, das aus einer Heizungsanlage versorgt wird, die auch für andere Gebäude oder Gebäudeteile Wärme liefert, abweichend von den Regelungen der DIN V 18599 [26] bei der Berechnung des Jahres-Primärenergiebedarfs für das zu errichtende Gebäude eigene zentrale Anlagen für Wärmeerzeugung, Wärmespeicherung und Warmwasserbereitung angenommen werden. Diese Anlagenkomponenten müssen hinsichtlich ihrer Bauart und ihres Baualters sowie hinsichtlich ihrer Betriebsweise der gemeinsam genutzten Anlage entsprechen. Größe und Leistung sind jedoch nur für das zu errichtende Gebäude auszulegen. Wärmeverluste durch zusätzliche Wärmeverteilungsleitungen und Warmwasserleitungen, die zur Verbindung der versorgten Gebäude erforderlich sind, sind bei der Berechnung zu berücksichtigen.

3.4.10 Anrechnung mechanisch betriebener Lüftungsanlagen bei der Ermittlung des Jahres-Primärenergiebedarfs bei Wohngebäuden

Regelungen zur Anrechnung mechanisch betriebener Lüftungsanlagen bei der Ermittlung des Jahres-Primärenergiebedarfs bei Wohngebäuden befinden sich in § 28 des GEG.

Danach dürfen die Wärmerückgewinnung oder eine regelungstechnisch verminderte Luftwechselrate nur rechnerisch angesetzt werden, wenn folgende Anforderungen erfüllt sind:

1. Die Anforderungen an die Dichtheit des Gebäudes nach § 13 sind erfüllt und mithilfe eines Blower-Door-Tests nachgewiesen.

2. Die Lüftungsanlage ist so ausgestattet, dass die Luftvolumenströme jeder Nutzungseinheit durch den Nutzer beeinflusst werden können. Diese Regelung gilt nicht für Wohngebäude mit nicht mehr als zwei Wohneinheiten, von denen eine Wohnung eine Gebäudenutzfläche von nicht mehr als 50 m² aufweist.

3. Die aus der Abluft gewonnene Wärme wird vorrangig und die von der Heizung bereitgestellte Wärme wird nachrangig genutzt.

Außerdem ist zu beachten, dass die Kennwerte, die für die Anrechnung der Wärmerückgewinnung der Lüftungsanlage angesetzt werden nach den anerkannten Regeln der Technik zu bestimmen sind oder aus den allgemeinen bauaufsichtlichen Zulassungen der jeweiligen Produkte entnommen werden.

3.4.11 Aneinandergereihte Bebauung von Wohngebäuden

Bei aneinandergereihten Wohngebäuden gelten zusätzliche Regeln bei der Ermittlung des Jahres-Primärenergiebedarfs und des Transmissionswärmeverlusts; siehe hierzu § 29 des GEG. Diese betreffen die Gebäudetrennwand, die – je nach Temperierung der angrenzenden Räume – nicht oder nur gering wärmedurchlässig angenommen werden darf. Der Grund hierfür liegt darin, dass bei aneinandergereihten Wohngebäuden kein Wärmestrom bzw. nur ein verringerter durch die Gebäudetrennwand möglich ist, wenn in beiden aneinandergrenzenden Gebäuden die gleiche Temperatur herrscht bzw. nur geringe Temperaturunterschiede vorhanden sind. Das GEG sieht folgende Regeln vor (Abb. 3.10):

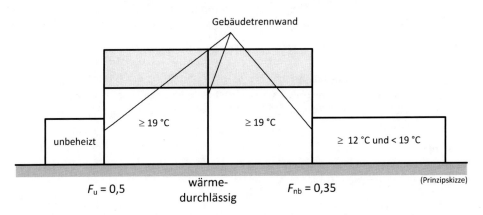

Abb. 3.10 Berücksichtigung der Gebäudetrennwand bei aneinandergereihten Gebäuden

1. **An die Gebäudetrennwand grenzen beidseitig Gebäude mit mindestens 19 °C an:**
   Bei Gebäuden mit Innentemperaturen von mindestens 19 °C darf die Gebäudetrennwand als nicht wärmedurchlässig angenommen werden. Sie zählt somit auch nicht zur wärmeübertragenden Umfassungsfläche.

2. **An die Gebäudetrennwand grenzen auf einer Seite ein Wohngebäude ($\geq$ 19 °C) und auf der anderen Seite ein Gebäude mit niedrigen Innentemperaturen ($\geq$ 12 °C und < 19 °C) an:** Der Wärmedurchgangskoeffizient der Gebäudetrennwand ist mit einem Temperatur-Korrekturfaktor zu wichten, um den geringeren Wärmestrom aufgrund der geringeren Temperaturdifferenz zu berücksichtigen. Temperaturfaktor nach DIN V 18599-2 [12]: F_{nb} = 0,35 (Index „nb": niedrig beheizt).

3. **An die Gebäudetrennwand grenzen auf einer Seite ein Wohngebäude ($\geq$ 19 °C) und auf der anderen Seite nicht beheizte Gebäude an:** Der Wärmedurchgangskoeffizient der Gebäudetrennwand ist mit einem Temperaturkorrekturfaktor von F_u = 0,5 zu wichten (Index „u": unbeheizt).

Sofern (normal) beheizte Gebäudeteile getrennt berechnet werden, werden die Trennflächen zwischen den Gebäudeteilen als nicht wärmedurchlässig angenommen (wie bei Nummer 1 oben). Die Trennflächen zählen nicht zur wärmeübertragenden Umfassungsfläche.

3.4.12 Zonenweise Berücksichtigung von Energiebedarfsanteilen bei einem zu errichtenden Nichtwohngebäude

Für zu errichtende Nichtwohngebäude, die aufgrund unterschiedlicher Nutzung in verschiedene Zonen eingeteilt sind, gelten für die zonenweise Berücksichtigung von Energiebedarfsanteilen die Regelungen in § 30 des GEG.

Die enthalten im Wesentlichen Angaben, in welchen Fällen der Primärenergiebedarf für die verschiedenen Anlagensysteme (Heizung, Heizfunktion der Lüftungsanlage, Kühlsystem, Dampfversorgung, Warmwasser, Beleuchtung und Hilfsenergien) zu bilanzieren ist. Beispielsweise ist der Primärenergiebedarf für die Heizung und die Heizfunktion der raumlufttechnischen Anlage (sofern vorhanden) zu bilanzieren, wenn die Raum-Solltemperatur mindestens 12 °C beträgt und die durchschnittliche Nutzungsdauer der Beheizung mindestens vier Monate im Jahr beträgt. Für weitere Angaben wird auf das GEG verwiesen; siehe folgenden Auszug.

"§ 30 Zonenweise Berücksichtigung von Energiebedarfsanteilen bei einem zu errichtenden Nichtwohngebäude"

"(1) Ist ein zu errichtendes Nichtwohngebäude nach § 21 Absatz 2 für die Berechnung des Jahres- Primärenergiebedarfs nach § 21 Absatz 1 in Zonen zu unterteilen, sind

Energiebedarfsanteile nach Maßgabe der Absätze 2 bis 7 in die Ermittlung des Jahres-Primärenergiebedarfs einer Zone einzubeziehen.

(2) Der Primärenergiebedarf für das Heizungssystem und die Heizfunktion der raumlufttechnischen Anlage ist zu bilanzieren, wenn die Raum-Solltemperatur des Gebäudes oder einer Gebäudezone für den Heizfall mindestens 12 Grad Celsius beträgt und eine durchschnittliche Nutzungsdauer für die Gebäudebeheizung auf Raum-Solltemperatur von mindestens vier Monaten pro Jahr vorgesehen ist.

(3) Der Primärenergiebedarf für das Kühlsystem und die Kühlfunktion der raumlufttechnischen Anlage ist zu bilanzieren, wenn für das Gebäude oder eine Gebäudezone für den Kühlfall der Einsatz von Kühltechnik und eine durchschnittliche Nutzungsdauer für Gebäudekühlung auf Raum-Solltemperatur von mehr als zwei Monaten pro Jahr und mehr als zwei Stunden pro Tag vorgesehen sind.

(4) Der Primärenergiebedarf für die Dampfversorgung ist zu bilanzieren, wenn für das Gebäude oder eine Gebäudezone eine solche Versorgung wegen des Einsatzes einer raumlufttechnischen Anlage nach Absatz 3 für durchschnittlich mehr als zwei Monate pro Jahr und mehr als zwei Stunden pro Tag vorgesehen ist.

(5) Der Primärenergiebedarf für Warmwasser ist zu bilanzieren, wenn ein Nutzenergiebedarf für Warmwasser in Ansatz zu bringen ist und der durchschnittliche tägliche Nutzenergiebedarf für Warmwasser wenigstens 0,2 Kilowattstunden pro Person und Tag oder 0,2 Kilowattstunden pro Beschäftigtem und Tag beträgt.

(6) Der Primärenergiebedarf für Beleuchtung ist zu bilanzieren, wenn in einem Gebäude oder einer Gebäudezone eine Beleuchtungsstärke von mindestens 75 Lux erforderlich ist und eine durchschnittliche Nutzungsdauer von mehr als zwei Monaten pro Jahr und mehr als zwei Stunden pro Tag vorgesehen ist.

(7) Der Primärenergiebedarf für Hilfsenergien ist zu bilanzieren, wenn er beim Heizungssystem und bei der Heizfunktion der raumlufttechnischen Anlage, beim Kühlsystem und bei der Kühlfunktion der raumlufttechnischen Anlage, bei der Dampfversorgung, bei der Warmwasseranlage und der Beleuchtung auftritt. Der Anteil des Primärenergiebedarfs für Hilfsenergien für Lüftung ist zu bilanzieren, wenn eine durchschnittliche Nutzungsdauer der Lüftungsanlage von mehr als zwei Monaten pro Jahr und mehr als zwei Stunden pro Tag vorgesehen ist."

3.4.13 Vereinfachtes Nachweisverfahren für ein zu errichtendes Wohngebäude

Für zu errichtende Wohngebäude können die Anforderungen an den Jahres-Primärenergiebedarf und an den baulichen Wärmeschutz nach § 10 des GEG (siehe Abschn. 3.3.3) alternativ zu einer genauen Berechnung nach DIN V 18599 [26] mithilfe eines vereinfachten Verfahrens nachgewiesen werden (Modellgebäudeverfahren). Die Anforderungen sind erfüllt, wenn das zu errichtende Wohngebäude die Voraussetzungen nach GEG Anlage 5 Nr. 1 erfüllt und die Ausführung der Bauteile und Anlagenkonzepte den Anforderungen der Anlage 5 Nr. 2 und 3 entsprechen. Siehe hierzu folgenden Auszug aus dem GEG.

"§ 31 Vereinfachtes Nachweisverfahren für ein zu errichtendes Wohngebäude"

"(1) Ein zu errichtendes Wohngebäude erfüllt die Anforderungen nach § 10 Absatz 2 in Verbindung mit den §§ 15 bis 17, wenn es die Voraussetzungen nach Anlage 5 Nr. 1 erfüllt und seine Ausführung den Vorgaben von Anlage 5 Nr. 2 und 3 entspricht."

Beim Modellgebäudeverfahren werden die Nachweise der Gesamtenergieeffizienz und des baulichen Wärmeschutzes des zu errichtenden Wohngebäudes im Unterschied zum Referenzgebäudeverfahren nicht durch die Berechnung der jeweiligen Anforderungs- und Kenngrößen (d. h. Jahres-Primärenergiebedarf und Transmissionswärmeverlust für das Referenzgebäude und das zu errichtende Gebäude) erbracht. Stattdessen ist der Nachweis erfüllt, wenn das zu errichtende Wohngebäude bestimmte Voraussetzungen erfüllt sowie die vorgegebenen Bauteilanforderungen eingehalten werden und eines der angegebenen Anlagenkonzepte umgesetzt wird. Berechnungen sind lediglich durchzuführen, um die Wärmedurchgangskoeffizienten der Bauteile der thermischen Gebäudehülle zu ermitteln.

Voraussetzungen

Das vereinfachte Nachweisverfahren für zu errichtende Wohngebäude (Modellgebäude-verfahren) darf nur angewendet werden, wenn die folgenden Voraussetzungen erfüllt sind. Es ist zu beachten, dass eine UND-Verknüpfung gilt, d. h. alle Voraussetzungen müssen erfüllt sein.

a) **Gebäudetyp:** Das zu errichtende Gebäude ist ein Wohngebäude. Bei einem gemischt genutzten Gebäude (Wohngebäudeteil und Nichtwohngebäudeteil in einem Gebäude) darf das vereinfachte Verfahren nur auf den Wohngebäudeteil angewendet werden, sofern dieser sämtliche der folgenden Voraussetzungen erfüllt.

b) **Keine Klimaanlage:** Das Wohngebäude darf keine Klimaanlage besitzen.

c) **Dichtheit:** Die Dichtheit des Wohngebäudes ist mit einem Blower-Door-Test nach DIN EN ISO 9972 [34] zu prüfen. Die Höchstwerte für den gemessenen Luftvolu-menstrom (nach § 26 GEG) dürfen nicht überschritten werden; d. h. $3,0 \times V$ ohne RLT (bzw. $n_{50} \leq 3,0$ h^{-1}) bzw. $1,5 \times V$ mit RLT (bzw. $n_{50} \leq 1,5$ h^{-1}); mit V: Net-toraumvolumen in m^3; n_{50}: Luftwechselrate bei einer Bezugs-Druckdifferenz von 50 Pa.

d) **Sommerlicher Wärmeschutz:** Damit der sommerliche Wärmeschutz ohne weiteren Nachweis ausreichend ist, muss das Wohngebäude folgende Voraussetzungen erfüllen:

   i. **Fensterflächenanteil:** Der Fensterflächenanteil des kritischen Raums bezogen auf die Grundfläche dieses Raums darf 35 % nicht überschreiten; der kritische Raum ist der Raum mit der höchsten Wärmeeinstrahlung im Sommer.

ii. **Sonnenschutzvorrichtung:** Sämtliche Fenster, die nach Osten, Süden oder Westen orientiert sind, müssen mit einer außenliegenden Sonnenschutzvorrichtung ausgestattet sein. Der Abminderungsfaktor der Sonnenschutzvorrichtung muss die Bedingung $F_C \leq 0{,}30$ erfüllen (C: curtain).

e) **Beheizte Bruttogrundfläche:** Die beheizte Bruttogrundfläche A_{BGF} des Wohngebäudes muss innerhalb folgender Grenzen liegen: $115 \text{ m}^2 \leq A_{BGF} \leq 2300 \text{ m}^2$.

f) **Mittlere Geschosshöhe:** Die mittlere Geschosshöhe h_G nach DIN V 18599-1 [11] muss innerhalb folgender Grenzen liegen: $2{,}5 \text{ m} \leq h_G \leq 3{,}0 \text{ m}$.

g) **Kompaktheit des Gebäudes:** Die Kompaktheit des Gebäudes muss bestimmte Voraussetzungen erfüllen. Hierzu wird das Verhältnis des Bruttoumfangs U_{brutto} der beheizten Bruttogeschossfläche je Geschoss $A_{BGF,Geschoss}$ verwendet. Es gilt folgende Bedingung: Das Quadrat des Bruttoumfangs U_{brutto} (U_{brutto} in m) darf das 20fache der beheizten Bruttogrundfläche eines beheizten Geschosses $A_{BGF,Geschoss}$ ($A_{BGF,Geschoss}$ in m^2) nicht überschreiten. Es gilt somit folgende Gleichung:

$$U_{brutto}^2 \leq 20 \cdot A_{BGF,Geschoss} \tag{3.13}$$

Bei einem angebauten Gebäude ist bei der Berechnung des Bruttoumfangs auch derjenige Anteil zu berücksichtigen, der an das angrenzende Gebäude grenzt.

h) **Vor- und Rücksprünge:** Bei Wohngebäuden mit beheizten Räumen in mehreren Geschossen müssen die Bruttogeschossflächen aller beheizten Geschosse deckungsgleich sein, d. h. sie dürfen keine Vor- und Rücksprünge untereinander aufweisen. Ausgenommen hiervon ist das oberste Geschoss, das eine kleinere beheizte Bruttogeschossfläche aufweisen darf als das darunter liegende Geschoss.

i) **Geschosszahl:** Das Wohngebäude darf höchstens sechs beheizte Geschosse aufweisen.

j) **Fensterflächenanteil:** Der Fensterflächenanteil bezogen auf die gesamte Fassadenfläche darf nicht mehr als 30 % betragen. Bei zweiseitig angebauten Gebäuden ist der Fensterflächenanteil auf 35 % der gesamten Fassadenfläche begrenzt.

k) **Gesamtfläche von Fenstertüren:** Die Gesamtfläche von Fenstertüren bezogen auf die gesamte Fassadenfläche darf folgende Höchstwerte nicht überschreiten:

   i. **freistehende und einseitig angebaute Gebäude:** $\leq 4{,}5 \%$

   ii. **zweiseitig angebaute Gebäude:** $\leq 5{,}5 \%$

l) **Fensterfläche nach Norden:** Die Gesamtfläche der nach Norden orientierten Fenster darf nicht größer als die mittlere Fensterfläche anderer Himmelsrichtungen (Ost, Süd, West) sein.

m) **Dachflächenfenster, Lichtkuppeln u. Ä.:** Der Anteil der Fläche von Dachflächenfenstern, Lichtkuppeln u. ä. transparenten Bauelementen im Dachbereich darf nicht größer als 6 % der Dachfläche sein.

n) **Außentüren:** Die Gesamtfläche aller Außentüren darf folgende Grenzwerte nicht überschreiten:

   i. **Ein- und Zweifamilienhäuser:** 2,7 % der beheizten Bruttogrundfläche des Gebäudes.

   ii. **Andere Wohngebäude:** 1,5 % der beheizten Bruttogrundfläche des Gebäudes.

Erläuterungen:

- **Beheizte Bruttogrundfläche:** Die beheizte Bruttogrundfläche A_{BGF} ist die Summe der Bruttogrundflächen aller beheizten Geschosse. Bei Gebäuden mit zwei oder mehr beheizten Geschossen werden für das oberste Geschoss nur 80 % der Bruttogrundgrundfläche angesetzt.
- **Mittlere Geschosshöhe:** Die mittlere Geschosshöhe ergibt sich als flächengewichteter Mittelwert der Geschosshöhen aller beheizten Geschosse des Gebäudes.
- **Kellerabgänge und Kellervorräume:** Kellerabgänge und -vorräume zählen nicht zu den beheizten Geschossen, sofern sie nur indirckt beheizt werden.
- **Fensterflächenanteil:** Der Fensterflächenanteil ist der Quotient aus der Fensterfläche und der Summe aus Fensterfläche und Außenwand-/Fassadenfläche. Die Fensterfläche enthält auch die Flächen von Fenstertüren und speziellen Fenstertüren (barrierefreie Fenstertüren nach DIN 18040-2 [35] mit Schiebe-, Hebe-Schiebe-, Falt- und Faltschiebetüren).
- **Nach Norden orientierte Fenster:** Fenster sind nach Norden orientiert, wenn die Senkrechte zur Fensterfläche um nicht mehr als 22,5° von der Nordrichtung abweicht (Abb. 3.11).
- **Öffnungsmaße von Fenstern und Türen:** Für die Öffnungsmaße von Fenstern und Türen werden nach DIN V 18599-1 [11] die lichten Rohbaumaße verwendet.

Abb. 3.11 Nach Norden
orientierte Fenster

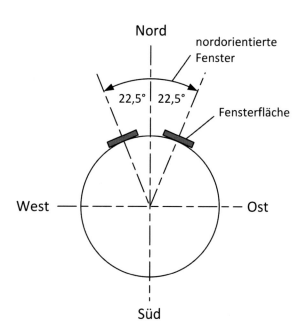

Anforderungen an die Außenbauteile

An die Außenbauteile (Bauteile der thermischen Gebäudehülle) sowie an Wärmebrücken werden Anforderungen gestellt, die eingehalten werden müssen (Tab. 3.8; Abb. 3.12). Für Außenbauteile werden Höchstwerte der Wärmedurchgangskoeffizienten festgelegt. Diese sind über die gesamte Bauteilfläche einzuhalten, d. h. dürfen an keiner Stelle überschritten werden. Wärmebrücken sind möglichst zu vermeiden. Für die verbleibenden Wärmebrücken ist nachzuweisen, dass der Wärmebrückenzuschlag die Anforderung $\Delta U_{WB} \leq 0{,}035$ W/(m²K) erfüllt. Außerdem müssen die Anforderungen an die Ausführung von Wärmebrücken eingehalten werden; siehe DIN 4108 Beiblatt 2 [4]. Schließlich sind die Anforderungen an die Luftdichtheit der Gebäudehülle einzuhalten; siehe DIN 4108-7 [7].

Zulässige Anlagenkonzepte

Es dürfen folgende Anlagensysteme eingesetzt werden (Abb. 3.13):

1. Sole-Wasser-Wärmepumpe mit Flächenheizsystem; zentrale Abluftanlage.
2. Wasser-Wasser-Wärmepumpe mit Flächenheizsystem; zentrale Abluftanlage.
3. Luft-Wasser-Wärmepumpe mit Flächenheizsystem; zentrale Lüftungsanlage mit Wärmerückgewinnung (Wärmebereitstellungsgrad ≥ 80 %).
4. Fernwärme mit zertifiziertem Primärenergiefaktor $f_p \leq 0{,}7$; zentrale Lüftungsanlage mit Wärmerückgewinnung (Wärmebereitstellungsgrad ≥ 80 %).

Tab. 3.8 Anforderungen an die Bauteile der thermischen Gebäudehülle bei Anwendung des vereinfachten Nachweisverfahrens für Wohngebäude (nach GEG Anlage 5)

Bauteil	Anforderung
Dachflächen, oberste Geschossdecke, Dachgauben	$U \leq 0{,}14$ W/(m²K)
Fenster und sonstige transparente Bauteile	$U_W \leq 0{,}90$ W/(m²K)
Dachflächenfenster	$U_W \leq 1{,}0$ W/(m²K)
Außenwände, Geschossdecken nach unten gegen Außenluft	$U \leq 0{,}20$ W/(m²K)
Sonstige opake Bauteile (Kellerdecken, Wände und Decken zu unbeheizten Räumen, Wand- und Bodenflächen gegen Erdreich usw.)	$U \leq 0{,}25$ W/(m²K)
Türen (Keller- und Außentüren)	$U_D \leq 1{,}2$ W/(m²K)
Lichtkuppeln u.ä. Bauteile	$U \leq 1{,}5$ W/(m²K)
Spezielle Fenstertüren (mit Klapp-, Falt-, Schiebe- oder Hebemechanismus)	$U_W \leq 1{,}4$ W/(m²K)
Wärmebrücken	Vermeidung von Wärmebrücken Wärmebrückenzuschlag: $\Delta U_{WB} \leq 0{,}035$ W(m²K)

Tab. 3.9 Nutzungsprofile für die Ermittlung des Jahres-Primärenergiebedarfs beim vereinfachten Nachweisverfahren für ein zu errichtendes Nichtwohngebäude (nach GEG Anlage 6 [1])

Nummer	Gebäudetyp und Hauptnutzung	Nutzung	Nutzenergiebedarf für Warmwasser[1]
1	Bürogebäude mit der Hauptnutzung Einzelbüro, Gruppenbüro, Großraumbüro, Besprechung, Sitzung, Seminar	Einzelbüro	0
2	Bürogebäude mit Verkaufseinrichtung oder Gewerbebetrieb und der Hauptnutzung Einzelbüro, Gruppenbüro, Großraumbüro, Besprechung, Sitzung, Seminar	Einzelbüro	0
3	Bürogebäude mit Gaststätte und der Hauptnutzung Einzelbüro, Gruppenbüro, Großraumbüro, Besprechung, Sitzung, Seminar	Einzelbüro	1,5 kWh je Sitzplatz in der Gaststätte und Tag
4	Gebäude des Groß- und Einzelhandels bis 1000 Quadratmeter Nettogrundfläche mit der Hauptnutzung Groß-, Einzelhandel/ Kaufhaus	Einzelhandel/ Kaufhaus	0
5	Gewerbebetriebe bis 1000 Quadratmeter Nettogrundfläche mit der Hauptnutzung Gewerbe	Gewerbliche und industrielle Hallen – leichte Arbeit, überwiegend sitzende Tätigkeit	1,5 kWh je Beschäftigten und Tag
6	Schule, Kindergarten und -tagesstätte, ähnliche Einrichtungen mit der Hauptnutzung Klassenzimmer, Gruppenraum	Klassenzimmer/ Gruppenraum	ohne Duschen: 65 Wh je Quadratmeter und Tag, 200 Nutzungstage
7	Turnhalle mit der Hauptnutzung Turnhalle	Turnhalle	1,5 kWh je Person und Tag
8	Beherbergungsstätte ohne Schwimmhalle, Sauna oder Wellnessbereich mit der Hauptnutzung Hotelzimmer	Hotelzimmer	250 Wh je Quadratmeter und Tag, 365 Nutzungstage
9	Bibliothek mit der Hauptnutzung Lesesaal, Freihandbereich	Bibliothek, Lesesaal	0

[1] Die flächenbezogenen Werte beziehen sich auf die gesamte Nettogrundfläche des Gebäudes; der monatliche Nutzenergiebedarf für Trinkwarmwasser ist nach DIN V 18599-10: 2018-09, Tab. 7, Fußnote a [18] zu berechnen.

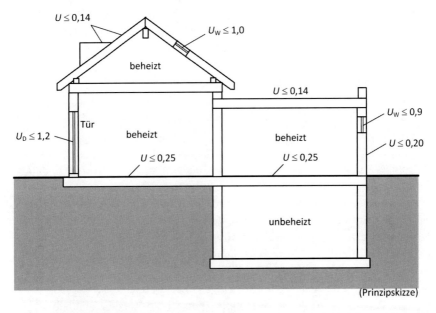

Abb. 3.12 Anforderungen an die Bauteile der thermischen Gebäudehülle bei Anwendung des vereinfachten Verfahrens für zu errichtende Wohngebäude (U-Werte in W/(m²K))

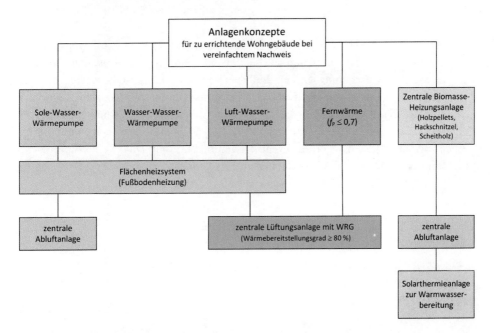

Abb. 3.13 Zulässige Anlagenkonzepte für zu errichtende Wohngebäude bei Anwendung des vereinfachten Nachweisverfahrens

5. Zentrale Biomasse-Heizungsanlage auf Basis von Holzpellets, Hackschnitzel oder Scheitholz; zentrale Abluftanlage; Solarthermieanlage zur Trinkwarmwasser-Bereitung.

Weiterhin sind folgende Randbedingungen zu beachten:

- **Aufstellungsort Wärmeerzeuger:** Der Aufstellungsort des Wärmeerzeugers bzw. der Wärmeübergabestation muss innerhalb der thermischen Gebäudehülle liegen. Bei Wärmepumpen dürfen einzelne Komponenten auch außerhalb der thermischen Hülle angeordnet werden, wenn sich mindestens der Speicher sowie die Verteilung innerhalb der thermischen Hülle befinden.
- **Trinkwarmwasser:** Zentrale Trinkwarmwasser-Bereitung. Bei Wärmepumpen kann die Trinkwarmwasser-Bereitung auch dezentral mittels Durchlauferhitzer erfolgen. Trinkwarmwasser-Zirkulation ist zulässig.
- **Zentrale Abluftanlage:** Die zentrale Abluftanlage kann durch eine Lüftungsanlage mit Wärmerückgewinnung (WRG) ersetzt werden. Eine Lüftungsanlage mit WRG kann auch dezentral in den beheizten Räumen installiert werden.
- **Weitere Wärmeerzeuger:** Weitere Wärmeerzeuger für Heizung und/oder Trinkwarmwasser sind nicht zulässig, auch nicht ergänzend.
- **Ergänzung durch solarthermische Anlagen:** Die Anlagensysteme können durch solarthermische Anlagen zur Heizungsunterstützung und/oder Trinkwarmwasser-Bereitung ergänzt werden.
- **Zentrale Lüftungsanlage:** Als zentrale Lüftungsanlage (bei den Anlagenkonzepten nach Punkt 3 und 4; s. o.) gelten sowohl gebäudezentrale als auch wohnungszentrale Anlagen. Die Anforderung an den Einbau einer zentralen Lüftungsanlage beziehen sich allerdings immer auf das Gebäude. Bei wohnungszentralen Lüftungsanlagen in einem Mehrfamilienhaus sind die Anlagen in jede einzelne Wohnung einzubauen. Die Anforderungen an den Wärmebereitstellungsgrad bei Lüftungsanlagen mit Wärmerückgewinnung gelten als erfüllt, wenn die zentrale Lüftungsanlage einen spezifischen Energieverbrauch von SEV $\leqslant$ 26 kWh/(m^{2}a) gemäß Definition des SEV nach der Verordnung (EU) Nr. 1253/2014 Anhang 1 Nr. 1 [36] aufweist.

Beispiel

Für ein zu errichtendes Wohngebäude soll der Nachweis nach dem vereinfachten Verfahren nach GEG § 31 geführt werden.
Beschreibung:

- zweigeschossiges Wohngebäude (Erdgeschoss, Dachgeschoss) als Einfamilienhaus, nicht unterkellert.

- Baukörper: Quader (Bungalow mit Flachdach)
- Abmessungen (Außenmaße): Breite 8,0 m; Tiefe 11,0 m; Höhe 5,5 m
- Geschosshöhe: 2,75 m
- keine Klimaanlage
- Die Prüfung der Dichtheit wurde nach GEG § 26 durchgeführt; $n_{50} = 0,5$ h^{-1}.
- Fensterflächenanteil im kritischen Raum (sommerlicher Wärmeschutz): 30 %
- Sonnenschutzvorrichtungen ($F_c = 0,25$) vor sämtlichen Fenstern mit Ost-, Süd- und Westorientierung
- beheizte Bruttogrundfläche: Erdgeschoss: 88 m^2, Dachgeschoss: 88 m^2
- Anzahl Geschosse: 2
- Fensterflächenanteil an der gesamten Fassadenfläche:
  - Nord: 8,0 m^2
  - Ost: 10,0 m^2
  - Süd: 15,0 m^2
  - West: 12,0 m^2
  - gesamte Fensterfläche: 45,0 m^2
  - Fassadenfläche: $2 \cdot (8,0 \cdot 5,5) + 2 \cdot (11,0 \cdot 5,5) = 209$ m^2
- Gesamtfläche spezieller Fenstertüren an der gesamten Fassadenfläche: 4,5 %
- Fläche nördlich orientierter Fenster: 8,0 m^2
- Dachflächenfenster, Lichtkuppeln und ähnliche Bauteile sind nicht vorhanden.
- Außentüren: 2 Türen je $1,01 \times 2,01$ m

Bauteile:
Dach (Aufbau von innen nach außen):

- Gipsputz: $d = 1,0$ cm, $\lambda_B = 0,39$ W/(mK)
- Stahlbetondecke: $d = 20$ cm, $\lambda_B = 2,3$ W/(mK)
- Dampfsperre (wird nicht berücksichtigt)
- Wärmedämmung aus EPS: $d = 24$ cm, $\lambda_B = 0,035$ W/(mK)
- Abdichtung aus Bitumenbahnen: zweilagig (werden nicht berücksichtigt)
- Wurzelschutzschicht (wird nicht berücksichtigt)
- Dränschicht (wird nicht berücksichtigt)
- Begrünung (wird nicht berücksichtigt)

Außenwände (Aufbau von innen nach außen):

- Gipsputz: $d = 1,0$ cm, $\lambda_B = 0,39$ W/(mK)
- Mauerwerk aus Porenbeton-Plansteinen (PP): $d = 30$ cm, $\lambda_B = 0,15$ W/(mK)
- Wärmedämmung aus EPS: $d = 12$ cm, $\lambda_B = 0,040$ W/(mK)
- Außenputz als Kunstharzputz: $d = 1,0$ cm, $\lambda_B = 0,25$ W/(mK)

Bodenplatte (Aufbau von innen nach außen):

- keramische Bodenfliesen: $d = 1,0$ cm, $\lambda_B = 1,5$ W/(mK)
- Zementestrich: $d = 10$ cm, $\lambda_B = 1,4$ W/(mK)
- Trittschalldämmung: $d = 4,0$ cm, $\lambda_B = 0,040$ W/(mK)
- Wärmedämmung aus XPS: $d = 12,0$ cm, $\lambda_B = 0,038$ W/(mK)
- Abdichtung mit PMBC: $d = 0,5$ cm, $\lambda_B = 0,17$ W/(mK)
- Bodenplatte aus Stahlbeton: $d = 20,0$ cm, $\lambda_B = 2,3$ W/(mK)

Fenster:

$$U_W = 0,90 \text{W}/(\text{m}^2\text{K})$$

Außentüren:

$$U_D = 1,2 \text{W}/(\text{m}^2\text{K})$$

Wärmebrücken werden vermieden; die Anforderung an den Wärmebrückenzuschlag ist erfüllt.

Anlagentechnik:

- Wärmeerzeuger (Raumwärme): Luft-Wasser-Wärmepumpe mit Flächenheizung zur Wärmeübergabe (Fußbodenheizung); zentrale Lüftungsanlage mit Wärmerückgewinnung; Wärmebereitstellungsgrad ≥ 80 %.
- Wärmeerzeuger, Wärmespeicher und Wärmeverteilung befinden sich innerhalb der thermischen Hülle; ausgenommen ist der Wärmetauscher der Wärmepumpe einschließlich der Versorgungsleitungen.
- Die Trinkwarmwasser-Erzeugung erfolgt dezentral mit Durchlauferhitzern.

Lösung:
Prüfung der Voraussetzungen:

1. Das nachzuweisende Gebäude ist ein Wohngebäude.
2. Es ist nicht mit einer Klimaanlage ausgestattet.
3. Die Prüfung der Dichtheit erfolgt nach GEG § 26; die Grenzwerte werden eingehalten.
4. Ein Nachweis des sommerlichen Wärmeschutzes ist nicht erforderlich, da
   (a) der kritische Raum einen Fensterflächenanteil bezogen auf die Grundfläche des Raums von 30 % < 35 % aufweist und
   (b) alle Fenster, die nach Osten, Süden und Westen orientiert sind, mit außen liegenden Sonnenschutzvorrichtungen mit einem Abminderungsfaktor $F_c = 0,25 < 0,35$ ausgestattet sind.

5. Die beheizte Bruttogrundfläche insgesamt beträgt $A_{BGF,gesamt} = 88 + 0,8 \cdot 88 = 158,4$ m^2 und ist damit größer als 115 m^2 und kleiner als 2300 m^2. Anmerkung: Beim obersten beheizten Geschoss werden nur 80 % der beheizten Bruttogrundfläche angesetzt.

6. Die mittlere Geschosshöhe beträgt 2,75 m und ist damit größer als 2,5 m und kleiner als 3,0 m.

7. Kompaktheit des Gebäudes:
Bruttogrundfläche eines beheizten Geschosses:

$$A_{BGF} = 8,0 \cdot 11,0 = 88,0 \text{ m}^2$$

Bruttoumfang der beheizten Bruttogrundfläche:

$$U_{brutto} = 2 \cdot 8,0 + 2 \cdot 11,0 = 38,0 \text{m}$$

Anforderung:

$$U_{brutto}^2 \leq 20 \cdot A_{BGF}$$

Nachweis:

$$U_{brutto}^2 = 38,0^2 = 1444 \text{ m}^2 \leq 20 \cdot A_{BGF} = 20 \cdot 88,0 = 1760 \text{ m}^2$$

8. Beide beheizten Geschosse (Erdgeschoss, Dachgeschoss) sind im Grundriss deckungsgleich. Es gibt keine Vor- und Rücksprünge.

9. Anzahl der Geschosse: $n = 2 < 6$. Die zulässige Geschosszahl ist eingehalten.

10. Fensterflächenanteil an der gesamten Fassadenfläche:

$$\frac{A_W}{A_{Fassade}} = \frac{45,0}{209,0} = 0,215 \equiv 21,5\% < 30\%$$

11. Gesamtfläche spezieller Fenstertüren: $4,5 \% \leq 4,5 \%$.

12. Begrenzung der Fläche von nach Norden orientierten Fenstern:

$$A_{W,Nord} = 8,0 \text{ m}^2$$

Mittelwert der Fensterflächen anderer Orientierungen (Ost: 10,0 m^2; Süd: 15,0 m^2, West: 12,0 m^2):

$$A_{W,Mittel} = \frac{10,0 + 15,0 + 12,0}{3} = 12,33 \text{m}^2$$

Nachweis:

$$A_{W,Nord} = 8,0 \text{m}^2 < A_{W,Mittel} = 12,33 \text{m}^2$$

13. Dachflächenfenster, Lichtkuppeln und ähnliche Bauteile sind nicht vorhanden.
14. Begrenzung der Fläche der Außentüren:

Anforderung:

$$A_D \leq 0{,}027 \cdot A_{BGF,gesamt}$$

Fläche der Außentüren:

$$A_D = 2 \cdot 1{,}01 \cdot 2{,}01 = 4{,}06\,\text{m}^2$$

Gesamte beheizte Bruttogrundfläche:

$$A_{BGF,gesamt} = 158{,}4\,\text{m}^2$$

Nachweis:

$$A_D = 4{,}06\text{m}^2 \leq 0{,}027 \cdot A_{BGF,gesamt} = 0{,}027 \cdot 158{,}4 = 4{,}28\,\text{m}^2$$

Sämtliche Voraussetzungen sind erfüllt.

Prüfung der Anforderungen an die Bauteile:
Dach ($U \leq 0{,}14\,\text{W}/(\text{m}^2\text{K})$):

Schicht	d m	λ_B W/(mK)	R_{si}, R_{se} R m^{2}K/W
Wärmeübergang innen	–	–	0,10
Gipsputz	0,01	0,39	0,026
Stahlbetondecke	0,20	2,3	0,087
Dampfsperre	–	–	–
Wärmedämmung	0,24	0,035	6,857
weitere Schichten	–	–	–
Wärmeübergang außen	–	–	0,04
		$R_{tot} =$	7,110 m^{2}K/W
Gesamtdicke:	0,45	$U = 1/R_{tot} = 1/7{,}110 =$	0,14 W/(m^{2}K)

Nachweis: $U = 0{,}14 \leq 0{,}14$ W/(mK)
Außenwände ($U \leq 0{,}20\,\text{W}/(\text{mK})$):

Schicht	d m	λ_B W/(mK)	R_{si}, R_{se} R m^{2}K/W
Wärmeübergang innen	–	–	0,13
Gipsputz	0,01	0,39	0,026
Mauerwerk	0,30	0,15	2,000
Wärmedämmung	0,12	0,040	3,000
Außenputz	0,01	0,25	0,040
Wärmeübergang außen	–	–	0,04
		$R_{tot} =$	5,236 m^{2}K/W
Gesamtdicke =	0,44 m	$U = 1/R_{tot} = 1/5{,}236 =$	0,191 W/(m^{2}K)

Nachweis: $U = 0,19 < 0,20$ W/(mK)

Bodenplatte ($U \leq 0,25$ W/(mK)):

Die Berechnung des Wärmedurchgangskoeffizienten der Bodenplatte erfolgt nach DIN EN ISO 13370 [37].

Charakteristisches Bodenplattenmaß B:

$$B = \frac{A}{0,5 \cdot P} = \frac{8,0 \cdot 11,0}{0,5 \cdot (2 \cdot 8,0 + 2 \cdot 11,0)} = 4,63 \text{ m}$$

Wirksame Gesamtdicke d_f:

$$d_f = d_{w,e} + \lambda_g \cdot \left(R_{si} + R_{f,sog} + R_{se}\right) = 0,44 + 2,0 \cdot (0,17 + 4,352 + 0) = 9,48 \text{ m}$$

Darin ist:

$d_{w,e}$ Gesamtdicke der Außenwände; hier: $d_{w,e} = 0,44$ m (siehe oben)

λ_g Wärmeleitfähigkeit des Erdreichs; hier: $\lambda_g = 2,0$ W/(mK) für Sand und Kies (n. DIN EN ISO 13370, Tab. 7)

R_{si} Wärmeübergangswiderstand innen; hier: $R_{si} = 0,17$ m^{2}K/W

R_{se} Wärmeübergangswiderstand außen; hier: $R_{se} = 0$

$R_{f,sog}$ Wärmedurchlasswiderstand der Bodenplatte; hier: $R_{f,sog} = 4,352$ m^{2}K/W; Berechnung siehe nachfolgende Tabelle

Berechnung $R_{f,sog}$:

Schicht	d m	λ_B W/(mK)	R m^{2}K/W
keramische Bodenfliesen	0,01	1,5	0,067

(Fortsetzung)

(Fortsetzung)

Schicht	d m	λ_B W/(mK)	R m^2K/W
Zementestrich	0,10	1,4	0,071
Trittschalldämmung	0,04	0,04	1,000
Wärmedämmung	0,12	0,038	3,158
Abdichtung	0,005	0,17	0,029
Bodenplatte	0,20	2,3	0,087
		$R =$	4,412 m^2K/W

Hier ist: $d_f = 9{,}48$ m $> B = 4{,}63$ m, d. h., es liegt im Sinne der DIN EN ISO 13370 eine gut gedämmte Bodenplatte vor. Der Wärmedurchgangskoeffizient der Bodenplatte berechnet sich für diesen Fall mit folgender Gleichung:

$$U_{fg,sog} = \frac{\lambda_g}{0,457 \cdot B + d_f} = \frac{2,0}{0,457 \cdot 4,63 + 9,48} = 0{,}17 \text{ W}/(m^2K)$$

Nachweis: $U = U_{fg,sog} = 0{,}17 < 0{,}25$ W/(mK)
Fenster: $U_W = 0{,}90 \leq 0{,}90$ W/(mK)
Außentüren: $U_D = 1{,}2 \leq 1{,}2$ W/(mK)
Wärmebrücken: $\Delta U_{WB} = 0{,}035 \leq 0{,}035$ W/(mK)

Anlagentechnik:
Die Anforderungen sind eingehalten.

Ergebnis:
Alle Nachweise sind erbracht; das zu errichtende Wohngebäude erfüllt sämtliche Anforderungen nach GEG § 31 (vereinfachtes Nachweisverfahren bzw. Modellgebäudeverfahren) und kann so wie angegeben ausgeführt werden.◄

Angaben im Energiebedarfsausweis
Da beim Modellgebäudeverfahren für zu errichtende Wohngebäude keine Berechnungen durchgeführt werden und somit die Kenn- und Anforderungsgrößen (Jahres-Primärenergiebedarf und spezifischer, auf die wärmeübertragende Umfassungsfläche bezogener Transmissionswärmeverlust) nicht bekannt sind, werden für die Angabe dieser Größen im Energieausweis entsprechende Angaben in den Bekanntmachungen des Bundesministeriums für Wirtschaft und Klimaschutz sowie des Bundesministeriums für Wohnen, Stadtentwicklung und Bauwesen veröffentlicht. Siehe hierzu den folgenden Gesetzesauszug aus dem GEG.

"(2) Das Bundesministerium für Wirtschaft und Klimaschutz macht gemeinsam mit dem Bundesministerium für Wohnen, Stadtentwicklung und Bauwesen im Bundesanzeiger bekannt, welche Angaben für die auf Grundlage von Absatz 1 zu errichtenden

Wohngebäude ohne besondere Berechnungen in Energiebedarfsausweisen zu verwenden sind."

3.4.14 Vereinfachtes Nachweisverfahren für ein zu errichtendes Nichtwohngebäude

Abweichend zu den Regeln in § 21 Absatz 1 und 2 des GEG darf der Jahres-Primärenergiebedarf für ein zu errichtendes Nichtwohngebäude sowie für das zugehörige Referenzgebäude nach einem vereinfachten Verfahren berechnet werden, wenn bestimmte Voraussetzungen gegeben sind; siehe GEG § 32. Beim vereinfachten Nachweisverfahren darf ein Ein-Zonen-Modell für die Berechnung zugrunde gelegt werden.

Voraussetzungen:

1. Die Summe der Nettogrundflächen aus der Hauptnutzung und den Verkehrsflächen betragen mehr als 2/3 der gesamten Nettogrundfläche des Gebäudes.
2. Beheizung und Warmwasserbereitung erfolgen in dem Gebäude für alle Räume auf dieselbe Art.
3. Das Gebäude wird nicht gekühlt (Ausnahme: Bürogebäude mit einer Verkaufseinrichtung, einem Gewerbebetrieb oder einer Gaststätte, deren Räume gekühlt werden; siehe weiter unten).
4. Höchstens 10 % der Nettogrundfläche des Gebäudes werden durch Glühlampen, Halogenlampen oder die Beleuchtungsart „indirekt" nach DIN V 18599-5 [15] beleuchtet.
5. Außerhalb der Hauptnutzung sind keine raumlufttechnischen Anlagen vorhanden, deren Werte für die spezifische Leistungsaufnahme der Ventilatoren die Werte nach GEG Anlage 2 Nr. 6.1 und 6.2 überschreiten (es gelten folgende Werte: bei einer Abluftanlage: spezifische Leistungsaufnahme Ventilator $P_{SFP} = 1,0$ kW/(m^{3}s); bei einer Zu- und Abluftanlage: Zuluftventilator: $P_{SFP} = 1,5$ kW/(m^{3}s), Abluftventilator: $P_{SFP} = 1,0$ kW/(m^{3}s)).

Das vereinfachte Nachweisverfahren für das zu errichtende Nichtwohngebäude kann für folgende Gebäude angewendet werden:

1. Bürogebäude (auch mit Verkaufseinrichtung), Gewerbebetrieb, Gaststätte.
2. Gebäude des Groß- und Einzelhandels mit maximal 1000 m^2 Nettogrundfläche, sofern neben der Hauptnutzung nur Büro-, Lager-, Sanitär- oder Verkehrsflächen vorhanden sind.
3. Gewerbebetriebe bis 1000 m^2 Nettogrundfläche, sofern neben der Hauptnutzung nur Büro-Lager-, Sanitär- oder Verkehrsflächen vorhanden sind.

4. Schulen, Turnhallen, Kindergarten, Kindertagesstätte oder ähnliche Einrichtungen.
5. Beherbergungsstätten ohne Schwimmhalle, Sauna oder Wellnessbereich.
6. Bibliotheken.

Abweichend von den Regeln für das genaue Verfahren nach DIN V 18599 [26] dürfen bei der Ermittlung des Jahres-Primärenergiebedarfs die Nutzungsprofile sowie die Werte für den Nutzenergiebedarf für Warmwasser nach GEG Anlage 6 (Tab. 3.9) verwendet werden.

Weitere Regeln:

- **Verkaufsräume, Gewerbebetrieb oder Gaststätte in einem Bürogebäude, die jeweils gekühlt werden:** Das vereinfachte Verfahren darf auch angewendet werden, wenn sich in einem Bürogebäude eine Verkaufseinrichtung, ein Gewerbetrieb oder eine Gaststätte befinden, deren Räume jeweils gekühlt werden und die Nettogrundfläche der gekühlten Räume jeweils nicht mehr als 450 m^2 beträgt. In diesem Fall ist der Höchstwert und der Referenzwert des Jahres-Primärenergiebedarfs pauschal um 50 kWh/(m^{2}a) pro Quadratmeter gekühlter Nettogrundfläche zu erhöhen. Dieser Betrag ist im Energieausweis als elektrische Energie für Kühlung anzugeben. Der Energiebedarf für die Kühlung von Anlagen der Datenverarbeitung (z. B. Server) ist bei der Bilanzierung nicht zu berücksichtigen.
- **Beleuchtung:** Der Jahres-Primärenergiebedarf für Beleuchtung darf vereinfachend für den Bereich mit der Hauptnutzung ermittelt werden, der die geringste Versorgung mit Tageslicht aufweist.
- **Jahres-Primärenergiebedarf:** Der mit dem vereinfachten Verfahren berechnete Jahres-Primärenergiebedarf für das Referenzgebäude ist um 10 % zu reduzieren. Der reduzierte Wert ist gleichzeitig der Höchstwert des Jahres-Primärenergiebedarfs des zu errichtenden Nichtwohngebäudes. Die Berechnungen für das Referenzgebäude und das zu errichtende Nichtwohngebäude sind mit demselben Verfahren durchzuführen.

Beispiel

Für das nachfolgend beschriebene Nichtwohngebäude ist zu überprüfen, ob das vereinfachte Berechnungsverfahren (Ein-Zonen-Modell) angewendet werden darf. (Abb. 3.14).

Randbedingungen:

- Bürogebäude mit 6 Geschossen (EG, 1. OG bis 5. OG), nicht gekühlt.
- Beheizung und Warmwasserbereitung erfolgen für alle Räume auf dieselbe Art.
- Es existiert keine raumlufttechnische Anlage.

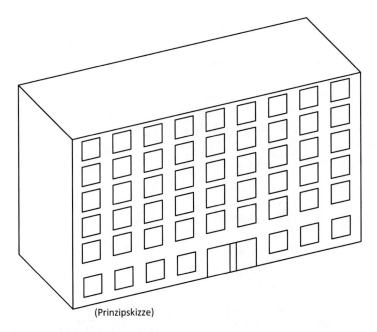

(Prinzipskizze)

Abb. 3.14 Beispiel – Überprüfung der Voraussetzungen für die Anwendung des vereinfachten Berechnungsverfahrens für ein zu errichtendes Nichtwohngebäude; hier: Bürogebäude

- Erdgeschoss (EG): (gesamt 400 m^2 Nettogrundfläche)
  - Verkehrsflächen (Flure, Treppenräume): 100 m^2
  - Sanitärräume (Toiletten): 50 m^2
  - Besprechungsräume, sonstige Nutzung: 125 m^2
  - Büros: 125 m^2
- 1. bis 5. Obergeschoss (1. bis 5. OG): (je Geschoss 400 m^2 Nettogrundfläche)
  - Verkehrsflächen: 100 m^2
  - Kleinküchen: 25 m^2
  - Sanitärräume (Toiletten): 50 m^2
  - Büros: 225 m^2
- Angegeben sind jeweils Nettogrundflächen.

Lösung:
Fläche der Hauptnutzung (Büros) und der Verkehrsflächen:

$$A_{H+V} = (125 + 100) + 5 \text{ x } (225 + 100) = 1850 \text{ m}^2$$

Gesamte Nettogrundfläche:

$$A_{ges} = 6 \times 400 = 2400 \text{ m}^2$$

Anteil der Nettogrundfläche aus der Hauptnutzung plus Verkehrsflächen an der gesamten Nettogrundfläche:

$$\eta = A_{\text{H+V}}/A_{\text{ges}} = 1850/2400 = 0,77 > 2/3 = 0,67$$

Die Summe der Nettogrundflächen aus der Hauptnutzung (hier: Büros) plus der Verkehrsflächen an der gesamten Nettogrundfläche beträgt 77 % und ist damit größer als 2/3 bzw. 67 %. Alle weiteren Ausstattungsmerkmale entsprechen den Vorgaben. Damit darf das hier betrachtete Nichtwohngebäude nach dem vereinfachten Verfahren als Ein-Zonen-Modell berechnet werden.◄

3.4.15 Andere Berechnungsverfahren

Regeln zu anderen Berechnungsverfahren enthält § 33 des GEG. Danach dürfen die energetischen Eigenschaften von Bauteilen und Anlagenkomponenten, für deren energetische Bewertung keine anerkannten Regeln der Technik oder gesicherten Erfahrungswerte vorliegen, mithilfe von dynamisch-thermischen Simulationsrechnungen ermittelt werden. Dabei sind dieselben Randbedingungen anzusetzen wie in den Berechnungsverfahren und Anforderungen nach den §§ 20 bis 30 des GEG. Alternativ dürfen für die Bauteile oder Anlagen auch andere Komponenten angesetzt werden, die ähnliche Eigenschaften aufweisen und für deren energetische Bewertung anerkannte Regeln der Technik vorliegen oder bekannt gemachte Erfahrungswerte vorhanden sind.

3.5   Hinweise zur Berechnung nach DIN V 18599

3.5.1   Allgemeines

Die Berechnung des Jahres-Primärenergiebedarfs sowie aller hiermit in Verbindung stehenden Kenngrößen erfolgt für Wohn- und Nichtwohngebäude nach DIN V 18599:2018-09 [26][1].

Mit dem Rechenverfahren nach DIN V 18599 wird eine Energiebilanzierung von Wärmequellen (z. B. solare Wärmegewinne, interne Wärmegewinne) und Wärmesenken (z. B. Transmissionswärmeverluste, Lüftungswärmeverluste, Verluste bei der Wärmeerzeugung, Verteilung und Wärmeübergabe) innerhalb des Gebäudes vorgenommen. Außerdem

---

[1] **Anmerkung:**
Für zu errichtende Wohngebäude, die nicht gekühlt werden, konnte der Jahres-Primärenergiebedarf alternativ nach DIN V 4108–6:2003–06 [13] und DIN V 4701–10:2003–08 [14] ermittelt werden. Dieses Verfahren durfte allerdings nur bis zum 31.12.2023 angewendet werden; maßgebend ist das Datum der Bauantragstellung. Auf dieses Verfahren wird hier nicht weiter eingegangen.

Tab. 3.10 Gebäudenutzfläche bei Wohngebäuden

Geschosshöhe h_G in m	Gebäudenutzfläche A_N in m^2
< 2,5	$A_N = \left(\frac{1}{h_G} - 0{,}04\frac{1}{m}\right)$
$2{,}5 \le h_G \le 3{,}0$	$A_N = 0{,}32 \cdot \frac{1}{m} \cdot V_e$
> 3,5	$A_N = \left(\frac{1}{h_G} - 0{,}04\frac{1}{m}\right)$

werden die außerhalb der Gebäudegrenze entstehenden Aufwände durch Gewinnung, Umwandlung und Transport des Energieträgers berücksichtigt.

Bei Wohngebäuden werden bei der Berechnung des Jahres-Primärenergiebedarfs die Anteile für Heizung, Warmwasserbereitung, Lüftung und Kühlung berücksichtigt. Bei Nichtwohngebäuden ist bei der Berechnung des Jahres-Primärenergiebedarfs zusätzlich der Anteil für die eingebaute Beleuchtung zu berücksichtigen.

Für die Bilanzierung wird bei Wohngebäuden eine Zone mit gleichen Randbedingungen (Temperatur, Nutzung, technische Ausstattung) angesetzt (Ein-Zonen-Modell). Bei Nichtwohngebäuden ist eine Einteilung in mehrere Zonen vorzunehmen, wenn sich in dem Gebäude Flächen hinsichtlich ihrer Nutzung, ihrer technischen Ausstattung, ihrer inneren Lasten oder ihrer Versorgung mit Tageslicht wesentlich unterscheiden. Die Randbedingungen für die Nutzung werden in DIN V 18599-10 [18] geregelt.

Als Bezugsgröße für die Angabe des Jahres-Primärenergiebedarfs wird bei Wohngebäuden die Gebäudenutzfläche A_N verwendet. Die Gebäudenutzfläche ist dabei bei üblichen Geschosshöhen h_G (h_G zwischen 2,5 und 3,0 m) ausschließlich vom beheizten Gebäudevolumen V_e (Bruttovolumen) abhängig. Bei anderen Geschosshöhen (h_G < 2,5 m oder h_G > 3,0 m) fließt in die Berechnung neben der Größe des beheizten Gebäudevolumens V_e außerdem die Geschosshöhe h_G mit ein (s. Tab. 3.10). Bei Nichtwohngebäuden wird als Bezugsgröße für die Angabe des Jahres-Primärenergiebedarfs die Nettogrundfläche A_{NGF} verwendet.

3.5.2 Bezugsmaße für die wärmeübertragende Umfassungsfläche und das Bruttovolumen

Die für die Ermittlung der wärmeübertragenden Umfassungsfläche und des Bruttovolumens zu verwendenden Bezugsmaße sind in DIN V 18599-1 [11] festgelegt.

Bezugsmaße im Grundriss
Als Bezugsmaße zur Bestimmung der wärmeübertragenden Umfassungsfläche A und des Bruttovolumens V_e im Grundriss (horizontale Richtung) gelten folgende Maße (Abb. 3.15):

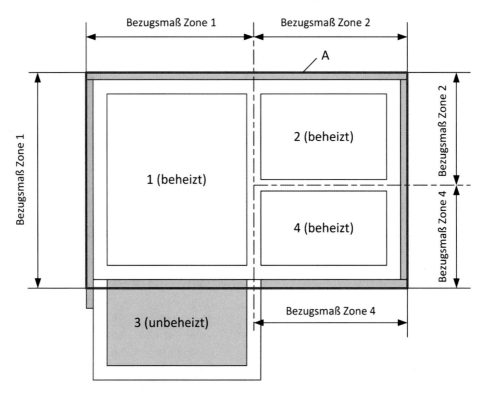

Abb. 3.15 Bezugsmaße im Grundriss; Zonen 1, 2 und 4: beheizt; Zone 3: nicht beheizt; N: Nachbargebäude (in Anlehnung an DIN V 18599-1:2018-09, Bild 7 [11])

- Bei Außenbauteilen die Außenmaße einschl. evtl. vorhandener außenliegender Wärmedämmung und Putzschichten.
- Bei Innenbauteilen zwischen einer temperierten Zone und einer nicht temperierten Zone das Außenmaß der temperierten Zone.
- Bei Innenbauteilen zwischen zwei (auch unterschiedlich) temperierten Zonen das Achsmaß.

Bezugsmaße im Aufriss

Als Bezugsmaße zur Bestimmung der wärmeübertragenden Umfassungsfläche A und des Bruttovolumens V_e im Aufriss (vertikale Richtung) gelten folgende Maße (Abb. 3.16):

- Bezugsmaß in allen Ebenen eines Gebäudes ist die Oberkante der Rohdecken, unabhängig von der Lage einer evtl. vorhandenen Dämmschicht. Dies gilt auch für den unteren Gebäudeabschluss, d. h. für die Bodenplatte und Kellerdecke.

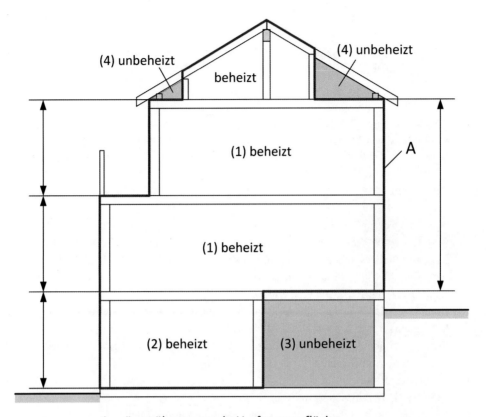

A: wärmeübertragende Umfassungsfläche
(1): Zone 1 beheizt
(2): Zone 2 beheizt
(3): Zone 3 unbeheizt
(4): Zone 4 unbeheizt

Abb. 3.16 Bezugsmaße im Aufriss; Zonen 1 und 2: beheizt; Zonen 3 und 4: nicht beheizt (in Anlehnung an DIN V 18599-1:2018-09, Bild 8 [11])

- Einzige Ausnahme ist der obere Gebäudeabschluss. Hier wird die Oberkante der obersten wärmetechnisch wirksamen Bauteilschicht als Bezugsmaß angesetzt (z. B. Außenkante Wärmedämmung).

Bruttovolumen
Das Bruttovolumen V_e (beheiztes Gebäudevolumen) befindet sich innerhalb der wärmeübertragenden Umfassungsfläche. Es enthält auch die Volumina der Bauteile.

3.5.3 Rechenablauf

Der prinzipielle Rechenablauf zur Ermittlung des Jahres-Primärenergiebedarfs nach DIN V 18599 [26] stellt sich wie folgt dar:

1. Festlegen der Nutzungsrandbedingungen nach DIN V 18599-10 [18].
2. Zonierung des Gebäudes (DIN V 18599-1 [11]).
3. Ermittlung der Geometrie (Abmessungen usw.) für jede Zone.
4. Berechnung der bauphysikalischen Kennwerte der Bauteile für jede Zone (U-Werte, g-Werte).
5. Berechnung des Nutz- und Endenergiebedarfs für Beleuchtung für jede Zone bei Nichtwohngebäuden (DIN V 18599-4 [20]).
6. Festlegung der Wärmequellen/-senken durch Lüftungssysteme für jede Zone.
7. Festlegung von Wärmequellen/-senken durch Personen, Geräte, Prozesse in der Zone.
8. Erste überschlägige Bilanzierung des Nutzwärme- bzw. Nutzkältebedarfs der Zone.
9. Aufteilung der überschlägig bilanzierten Nutzenergie auf die Versorgungssysteme der Zone (Heizung, RLT-Anlagen, Kühlung).
10. Ermittlung der Wärmequellen durch die Heizung (Verteilung, Speicherung, ggf. Erzeugung) in der Zone (DIN V 18599-2 [12]).
11. Ermittlung der Wärmequellen durch die Trinkwarmwasserbereitung (Verteilung, Speicherung, ggf. Erzeugung) in der Zone (DIN V 18599-8 [17]).
12. Endgültige Bilanzierung des Nutzwärme- bzw. Nutzkältebedarfs der Zone (DIN V 18599-1 [11] und DIN V 18599-2 [12]).
13. Ermittlung des Nutzenergiebedarfs für Luftaufbereitung (DIN V 18599-3 [16]).
14. Endgültige Aufteilung der bilanzierten Nutzenergie auf die Versorgungssysteme der Zone (Heizung, RLT-Anlagen, Kühlung).
15. Ermittlung der Verluste und Hilfsenergien für Heizung (Übergabe, Verteilung, Speicherung), RLT-Anlagen, Warmwasserbereitung und Kühlsysteme.
16. Aufteilung der Nutzwärmeabgabe / Nutzkälteabgabe aller Erzeuger auf die unterschiedlichen Erzeugungssysteme.
17. Zusammenstellung der erforderlichen Energieaufwände für Heizung, Kühlung, Lüftung, Warmwasserbereitung und Beleuchtung sowie Zuordnung zu den Energieträgern.
18. Aufsummierung der Energieaufwände über alle Zonen und Bilanzierung des Endenergiebedarfs (DIN V 18599-1 [11]).
19. Bilanzierung des Primärenergiebedarfs aus dem Endenergiebedarf unter Berücksichtigung der Primärenergiefaktoren (DIN V 18599-1 [11]).

Aufgrund der Komplexität der Berechnungsverfahren wird hierauf nicht weiter eingegangen. Für eine Berechnung des Jahres-Primärenergiebedarfs ist in der Regel eine geeignete Software erforderlich. Dies gilt sinngemäß auch für die beiden Tabellenverfahren (nach DIN/TS 18599-12:2021-04 [27] für Wohngebäude und DIN/TS 18599-13:2020-12 [28] für Nichtwohngebäude), mit denen eine tabellarische Berechnung des Jahres-Primärenergiebedarfs und weiterer Kenngrößen möglich ist. Bei den beiden genannten Tabellenverfahren wäre eine Handrechnung zwar prinzipiell möglich, ist allerdings aufgrund des großen Zeitaufwands und der Fehleranfälligkeit für die Anwendung in der Praxis nicht zu empfehlen. Hierfür müssten die Berechnungsalgorithmen in den Tabellenverfahren zumindest programmiert werden oder als Tabellenkalkulation vorliegen, was zurzeit allerdings nicht angeboten wird.

Literatur

1. Gesetz zur Einsparung von Energie und zur Nutzung erneuerbarer Energien zur Wärme- und Kälteerzeugung in Gebäuden (Gebäudeenergiegesetz – GEG) vom 8. August 2020 (BGBl. I S. 1728), das zuletzt durch Artikel 1 des Gesetzes vom 16. Oktober 2023 (BGBl. I Nr. 280) geändert worden ist
2. DIN 4108-2:2013-02: Wärmeschutz und Energie-Einsparung in Gebäuden – Teil 2: Mindestanforderungen an den Wärmeschutz
3. DIN 4108-3:2024-03: Wärmeschutz und Energie-Einsparung in Gebäuden – Teil 3: Klimabedingter Feuchteschutz – Anforderungen, Berechnungsverfahren und Hinweise für Planung und Ausführung
4. DIN 4108 Beiblatt 2:2019-06: Wärmeschutz und Energie-Einsparung in Gebäuden; Beiblatt 2: Wärmebrücken – Planungs- und Ausführungsbeispiele
5. DIN EN ISO 10211:2018-03: Wärmebrücken im Hochbau – Wärmeströme und Oberflächentemperaturen – detaillierte Berechnungen
6. DIN 4109-2:2018-01: Schallschutz im Hochbau - Teil 2: Rechnerische Nachweise der Erfüllung der Anforderungen
7. DIN 4108-7:2011-01: Wärmeschutz und Energie-Einsparung in Gebäuden – Teil 7: Luftdichtheit von Gebäuden – Anforderungen, Planungs- und Ausführungsempfehlungen sowie -beispiele
8. Musterbauordnung (MBO); Fassung November 2002 zuletzt geändert durch Beschluss der Bauministerkonferenz vom 22./23.09.2022
9. DIN EN 17037:2022-05: Tageslicht in Gebäuden
10. DIN 5034:2021-08: Tageslicht in Innenräumen; Teile 1 bis 3, 5 und 6
11. DIN V 18599-1:2018-09: Energetische Bewertung von Gebäuden – Berechnung des Nutz-, End- und Primärenergiebedarfs für Heizung, Kühlung, Lüftung, Trinkwarmwasser und Beleuchtung – Teil 1: Allgemeine Bilanzierungsverfahren, Begriffe, Zonierung und Bewertung der Energieträger
12. DIN V 18599-2:2018-09: Energetische Bewertung von Gebäuden – Berechnung des Nutz-, End- und Primärenergiebedarfs für Heizung, Kühlung, Lüftung, Trinkwarmwasser und Beleuchtung – Teil 2: Nutzenergiebedarf für Heizen und Kühlen von Gebäudezonen
13. DIN V 4108-6:2003-06: Wärmeschutz und Energie-Einsparung in Gebäuden – Teil 6: Berechnung des Jahresheizwärme- und des Jahresheizenergiebedarfs; Dokument ist zurückgezogen; Nachfolgedokument ist DIN V 18599
14. DIN V 4701-10:2003-08: Energetische Bewertung heiz- und raumlufttechnischer Anlagen – Teil 10: Heizung, Trinkwassererwärmung, Lüftung

15. DIN V 18599-5:2018-09: Energetische Bewertung von Gebäuden – Berechnung des Nutz-, End- und Primärenergiebedarfs für Heizung, Kühlung, Lüftung, Trinkwarmwasser und Beleuchtung – Teil 5: Endenergiebedarf von Heizsystemen
16. DIN V 18599-3: 2018-09: Energetische Bewertung von Gebäuden – Berechnung des Nutz-, End- und Primärenergiebedarfs für Heizung, Kühlung, Lüftung, Trinkwarmwasser und Beleuchtung – Teil 3: Nutzenergiebedarf für die energetische Luftaufbereitung
17. DIN V 18599-8: 2018-09: Energetische Bewertung von Gebäuden – Berechnung des Nutz-, End- und Primärenergiebedarfs für Heizung, Kühlung, Lüftung, Trinkwarmwasser und Beleuchtung – Teil 8: Nutz- und Endenergiebedarf von Warmwasserbereitungssystemen
18. DIN V 18599-10: 2018-09: Energetische Bewertung von Gebäuden – Berechnung des Nutz-, End- und Primärenergiebedarfs für Heizung, Kühlung, Lüftung, Trinkwarmwasser und Beleuchtung – Teil 10: Nutzungsrandbedingungen, Klimadaten
19. DIN V 18599-11:2018-09: Energetische Bewertung von Gebäuden – Berechnung des Nutz-, End- und Primärenergiebedarfs für Heizung, Kühlung, Lüftung, Trinkwarmwasser und Beleuchtung – Teil 11: Gebäudeautomation
20. DIN V 18599-4:2018-09: Energetische Bewertung von Gcbäuden – Berechnung des Nutz-, End- und Primärenergiebedarfs für Heizung, Kühlung, Lüftung, Trinkwarmwasser und Beleuchtung – Teil 4: Nutz- und Endenergiebedarf für Beleuchtung
21. DIN V 18599-7:2018-09: Energetische Bewertung von Gebäuden – Berechnung des Nutz-, End- und Primärenergiebedarfs für Heizung, Kühlung, Lüftung, Trinkwarmwasser und Beleuchtung – Teil 7: Endenergiebedarf von Raumlufttechnik- und Klimakältesystemen für den Nichtwohnungsbau
22. DIN EN 16798-3:2017-11: Energetische Bewertung von Gebäuden – Lüftung von Gebäuden – Teil 3: Lüftung von Nichtwohngebäuden – Leistungsanforderungen an Lüftungs- und Klimaanlagen und Raumkühlsysteme (Module M5-1, M5-4)
23. DIN EN 13053:2020-05: Lüftung von Gebäuden – Zentrale raumlufttechnische Geräte – Leistungskenndaten für Geräte, Komponenten und Baueinheiten
24. DIN 4108-4:2020-11: Wärmeschutz und Energie-Einsparung in Gebäuden – Teil 4: Wärme- und feuchteschutztechnische Bemessungswerte
25. DIN EN ISO 6946:2018-03: Bauteile – Wärmedurchlasswiderstand und Wärmedurchgangskoeffizient – Berechnungsverfahren
26. DIN V 18599:2018-09: Energetische Bewertung von Gebäuden – Berechnung des Nutz-, End- und Primärenergiebedarfs für Heizung, Kühlung, Lüftung, Trinkwarmwasser und Beleuchtung; Teile 1 bis 13; Beiblätter 1 bis 3
27. DIN/TS 18599-12:2021-04: Energetische Bewertung von Gebäuden – Berechnung des Nutz-, End- und Primärenergiebedarfs für Heizung, Kühlung, Lüftung, Trinkwarmwasser und Beleuchtung – Teil 12: Tabellenverfahren für Wohngebäude
28. DIN/TS 18599-13:2020-12: Energetische Bewertung von Gebäuden – Berechnung des Nutz-, End- und Primärenergiebedarfs für Heizung, Kühlung, Lüftung, Trinkwarmwasser und Beleuchtung – Teil 13: Tabellenverfahren für Nichtwohngebäude
29. DIN V 18599-9:2018-09: Energetische Bewertung von Gebäuden – Berechnung des Nutz-, End- und Primärenergiebedarfs für Heizung, Kühlung, Lüftung, Trinkwarmwasser und Beleuchtung – Teil 9: End- und Primärenergiebedarf von stromproduzierenden Anlagen
30. Kraft-Wärme-Kopplungsgesetz vom 21. Dezember 2015 (BGBl. I S. 2498), das zuletzt durch Artikel 266 der Verordnung vom 19. Juni 2020 (BGBl. I S. 1328) geändert worden ist
31. Gesetz für den Ausbau erneuerbarer Energie (Erneuerbare-Energien-Gesetz – EEG) in der geltenden Fassung vom 21. Juli 2014 (BGBl. I S. 1066), das zuletzt durch Artikel 1 des Gesetzes vom 8. Mai 2024 (BGBl. I Nr. 151) geändert worden ist

32. Hauser, Stiegel: Wärmebrückenatlas für den Mauerwerksbau, Bauverlag, 3. Aufl. 1996, Wiesbaden

33. DIN EN 12464-1:2021-11: Licht und Beleuchtung – Beleuchtung von Arbeitsstätten – Teil 1: Arbeitsstätten in Innenräumen

34. DIN EN ISO 9972:2018-12: Wärmetechnisches Verhalten von Gebäuden – Bestimmung der Luftdurchlässigkeit von Gebäuden – Differenzdruckverfahren

35. DIN 18040-2:2011-09: Barrierefreies Bauen – Planungsgrundlagen – Teil 2: Wohnungen

36. Verordnung (EU) Nr. 1253/2014 der Kommission vom 7. Juli 2014 zur Durchführung der Richtlinie 2009/125/EG des Europäischen Parlaments und des Rates hinsichtlich der Anforderungen an die umweltgerechte Gestaltung von Lüftungsanlagen; Amtsblatt der Europäischen Union, L 337/8ff

37. DIN EN ISO 13370:2018-03: Wärmetechnisches Verhalten von Gebäuden – Wärmetransfer über das Erdreich – Berechnungsverfahren

Anforderungen an bestehende Gebäude   4

4.1   Allgemeines

Anforderungen an bestehende Gebäude werden in Teil 3 des GEG geregelt (Abb. 4.1). Die Regeln umfassen Anforderungen an die Aufrechterhaltung der energetischen Qualität (§ 46) sowie die Nachrüstverpflichtung oberster Geschossdecken, die unbeheizte Dachräume gegen beheizte Räume abgrenzen (§ 47). Außerdem werden Höchstwerte der Wärmedurchgangskoeffizienten von Außenbauteilen festgelegt, wenn diese erneuert, ersetzt oder erstmalig eingebaut werden (§ 48 und Anlage 7). Regeln für die energetische Bewertung eines bestehenden Gebäudes sind in § 50 festgelegt. Schließlich werden Anforderungen an ein bestehendes Gebäude festgelegt, wenn dieses erweitert oder ausgebaut wird (§ 51).

Die bisherigen Paragrafen 52 bis 56 sind mit der Novellierung 2024 weggefallen. Diese enthielten Anforderungen und Regeln zur Anlagentechnik von bestehenden Gebäuden. Die Regelungen hierzu wurden im Zuge der Novellierung in Teil 4 des GEG (Anlagen der Heizungs-, Kühl- und Raumlufttechnik sowie der Warmwasserversorgung) eingefügt.

4.2   Aufrechterhaltung der energetischen Qualität

Als oberster Grundsatz ist zu beachten, dass Außenbauteile bei bestehenden Gebäuden energetisch nicht verschlechtert werden dürfen. Dadurch soll erreicht werden, dass mindestens der vorhandene energetische Bestand erhalten bleibt. Das bedeutet, dass beispielsweise der U-Wert eines Außenbauteils bei Sanierungsmaßnahmen nicht verringert werden darf, indem z. B. Dämmschichten entfernt werden oder andere energetisch sich ungünstig auswirkende Maßnahmen durchgeführt werden.

P. Schmidt, *Das novellierte Gebäudeenergiegesetz (GEG 2024)*, Detailwissen Bauphysik, https://doi.org/10.1007/978-3-658-44921-6_4

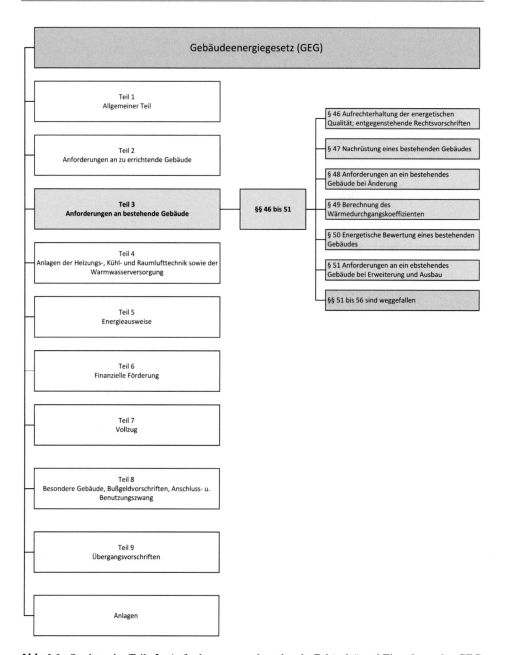

Abb. 4.1 Struktur des Teils 3 „Anforderungen an bestehende Gebäude" und Einordnung ins GEG

4.2.1 Bagatellregelung

Ausgenommen von dieser Regelung sind nur Fälle, bei denen die Fläche der geänderten Bauteile höchstens 10 % der Gesamtfläche der betroffenen Bauteilgruppe ausmacht (Bagatellregelung); siehe hierzu folgenden Auszug aus dem GEG.

"§ 46 Aufrechterhaltung der energetischen Qualität; entgegenstehende Rechtsvorschriften"

"(1) Außenbauteile eines bestehenden Gebäudes dürfen nicht in einer Weise verändert werden, dass die energetische Qualität des Gebäudes verschlechtert wird. Satz 1 ist nicht anzuwenden auf Änderungen von Außenbauteilen, wenn die Fläche der geänderten Bauteile nicht mehr als 10 % der gesamten Fläche der jeweiligen Bauteilgruppe nach Anlage 7 betrifft."

...

Die Bauteilgruppen ergeben sich nach GEG Anlage 7; siehe auch Abschn. 4.4 in diesem Buch. Im Einzelnen werden folgende Bauteilgruppen unterschieden:

- Außenwände
- Fenster, Fenstertüren, Dachflächenfenster, Glasdächer, Außentüren und Vorhangfassaden
- Dächer sowie Decken und Wände gegen unbeheizte Dachräume
- Wände gegen Erdreich oder unbeheizte Räume sowie Decken nach unten gegen Erdreich, Außenluft oder unbeheizte Räume

Mit der Bagatellregelung soll erreicht werden, dass energetische Anforderungen nur bei wesentlichen Änderungen an Außenbauteilen (z. B. bei Sanierungsmaßnahmen) eingehalten werden müssen, nicht jedoch bei der Reparatur oder Instandsetzung kleinerer Schäden.

Es ist zu beachten, dass die Fläche als Kriterium für die Überprüfung heranzuziehen ist, ob eine Bagatelle vorliegt oder nicht. Die Gesamtfläche der jeweiligen Bauteilgruppe bezieht sich auf das gesamte Gebäude. Dies gilt auch für Bauteilgruppen, bei denen die Anzahl ein mögliches Kriterium sein könnte. Dem ist allerdings nicht so. Einziges Kriterium für die Beurteilung, ob eine Bagatelle vorliegt oder nicht, ist die Fläche der Bauteilgruppe (Abb. 4.2).

Beispiel

Soll beispielsweise ein Fenster (Größe 1,26 m × 1,51 m) in einem bestehenden Gebäude ausgetauscht werden, das insgesamt 10 Fenster (Größe eines Fensters: 1,26 m × 1,51 m) sowie eine Außentür (1,26 × 2,01 m) besitzt, liegt eine Bagatelle

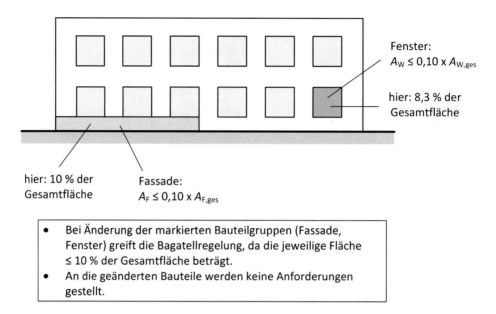

- Bei Änderung der markierten Bauteilgruppen (Fassade, Fenster) greift die Bagatellregelung, da die jeweilige Fläche ≤ 10 % der Gesamtfläche beträgt.
- An die geänderten Bauteile werden keine Anforderungen gestellt.

Abb. 4.2 Bagatellregelung bei der Änderung von Außenbauteilen bei bestehenden Gebäuden

vor. Die Fläche des auszutauschenden Fensters beträgt 1,90 m^2 (= 1,26 × 1,51). Die Gesamtfläche der zugehörigen Bauteilgruppe (Fenster und Außentür) einschließlich der Fläche des auszutauschenden Fensters beträgt 21,56 m^2 (= 10 × 1,26 × 1,51 + 1,26 × 2,01). Der Anteil der Fläche des auszutauschenden Fensters an der Gesamtfläche beträgt 1,90/21,56 = 8,8 % < 10 %. Es liegt somit eine Bagatelle vor. Die Anforderungen des GEG brauchen in diesem Fall nicht berücksichtigt zu werden.◄

Die Bagatellregelung darf aber nicht so ausgelegt werden, dass einzelne Bauteilflächen mit höchstens 10 % an der Gesamtfläche der zugehörigen Bauteilgruppe in zeitlichen Abständen nacheinander ausgetauscht oder saniert werden, um somit die Anforderungen des GEG zu umgehen.

4.2.2 Entgegenstehende Rechtsvorschriften

Regelungen zu entgegenstehenden Rechtsvorschriften sind in Absatz (2) angegeben; siehe folgenden Auszug aus dem GEG.

"(2) Die Anforderungen an ein bestehendes Gebäude nach diesem Teil sind nicht anzuwenden, soweit ihre Erfüllung anderen öffentlich-rechtlichen Vorschriften zur Standsicherheit, zum Brandschutz, zum Schallschutz, zum Arbeitsschutz oder zum Schutz der Gesundheit entgegensteht."

In § 46 Absatz (2) ist festgelegt, welche Rangfolge die Anforderungen an bestehende Gebäude nach GEG gegenüber anderen öffentlich-rechtlichen Vorschriften einnehmen. Danach gelten die Anforderungen des GEG für bestehende Gebäude nicht, wenn Regeln zur Standsicherheit, zum Schallschutz sowie zum Arbeitsschutz und zum Schutz der Gesundheit den Regeln des GEG entgegenstehen. Die Anforderungen an den Wärmeschutz und an die Energieeinsparung nach GEG sind somit nachrangig gegenüber Regelungen, die die Standsicherheit, den Schallschutz sowie den Arbeitsschutz und Gesundheitsschutz betreffen.

4.3 Nachrüstung eines bestehenden Gebäudes

Regelungen zur Nachrüstung eines bestehenden Gebäudes beziehen sich ausschließlich auf die Verpflichtung zur nachträglichen Dämmung oberster Geschossdecken, die unbeheizte Dachräume von beheizten Bereichen abgrenzen. Die Regelungen wurden aus der früheren Energieeinsparverordnung [1] übernommen. Die Forderungen befinden sich in GEG § 47; siehe folgenden Auszug.

"§ 47 Nachrüstung eines bestehenden Gebäudes"

"(1) Eigentümer eines Wohngebäudes sowie Eigentümer eines Nichtwohngebäudes, die nach ihrer Zweckbestimmung jährlich mindestens vier Monate auf Innentemperaturen von mindestens 19 Grad Celsius beheizt werden, müssen dafür sorgen, dass oberste Geschossdecken, die nicht den Anforderungen an den Mindestwärmeschutz nach DIN 4108-2: 2013-02 genügen, so gedämmt sind, dass der Wärmedurchgangskoeffizient der obersten Geschossdecke 0,24 Watt pro Quadratmeter und Kelvin nicht überschreitet. Die Pflicht nach Satz 1 gilt als erfüllt, wenn anstelle der obersten Geschossdecke das darüber liegende Dach entsprechend gedämmt ist oder den Anforderungen an den Mindestwärmeschutz nach DIN 4108-2:2013-02 genügt."

4.3.1 Anforderungen an die nachträgliche Dämmung oberster Geschossdecken

Danach müssen oberste Geschossdecken, die beheizte Bereiche von unbeheizten Dachräumen abgrenzen und bisher nicht gedämmt sind, so gedämmt werden, dass der Wärmedurchgangskoeffizient (U-Wert) nicht größer als 0,24 W/(m²K) ist (d. h. $U \leq 0,24$ W/(m²K)). Die Regelungen gelten für Wohngebäude und für Nichtwohngebäude mit Innentemperaturen von mindestens 19 °C, die jeweils mindestens vier Monate im Jahr genutzt (und somit beheizt) werden. Verantwortlich für die Durchführung der Maßnahmen ist der jeweilige Eigentümer.

Anstelle der obersten Geschossdecke darf auch das darüber befindliche Dach gedämmt werden. Als Anforderung gilt hier wahlweise die Einhaltung des Wärmedurchgangskoeffizienten ($U \leq 0,24$ W/(m²K)) oder die Einhaltung des. Mindestwärmeschutzes nach DIN 4108-2 [2] (Abb. 4.3).

Beispiel

Die oberste Geschossdecke eines Wohngebäudes soll nach den Anforderungen des GEG § 47 gedämmt werden.

Gegeben:

- Aufbau der Decke im Bestand (von innen nach außen):
  - (1) Gipsputz, $d = 1$ cm, $\lambda_B = 0,70$ W/(mK)
  - (2) Decke aus Stahlbeton, $d = 20$ cm, $\lambda_B = 2,3$ W/(mK)
- Für die Dämmschicht (3) soll Mineralfaserdämmstoff mit $\lambda_B = 0,035$ W/(mK) verwendet werden.
- Der Einfluss des unbeheizten Dachraums auf den Wärmedurchlasswiderstand soll vereinfachend (sichere Seite) vernachlässigt werden.

Gesucht: Dicke der Dämmschicht

Lösung:
Die Berechnung des Wärmedurchgangskoeffizienten (U-Wert) sowie der Wärmedurchlasswiderstände und des Wärmedurchgangswiderstandes erfolgt nach DIN EN ISO 6946 [3]; siehe auch Kap. 2 in diesem Buch.

Vorhandener Wärmedurchgangswiderstand $R_{\text{tot,vorh}}$:

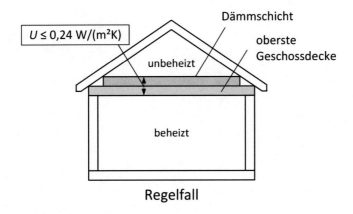

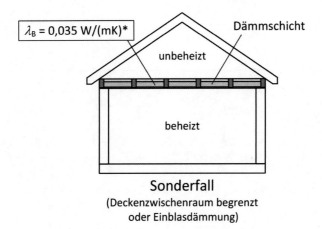

Abb. 4.3 Anforderungen an die Dämmung oberster Geschossdecken, die beheizte Räume von unbeheizten und bisher nicht gedämmten Dachräumen abgrenzen

Schicht-Nr	Dicke d [m]	Bemessungswert der Wärmeleitfähigkeit λ_B [W/(mK)]	Wärmedurchlasswiderstand Wärmeübergangswiderstände R bzw. R_{si}, R_{se} [m²K/W]
Wärmeübergang innen	–		0,10
(1)	0,01	0,70	0,014

(Fortsetzung)

(Fortsetzung)

Schicht-Nr	Dicke d [m]	Bemessungswert der Wärmeleitfähigkeit λ_B [W/(mK)]	Wärmedurchlasswiderstand Wärmeübergangswiderstände R bzw. R_{si}, R_{se} [m²K/W]
(2)	0,20	2,3	0,087
Wärmeübergang außen (Dachraum)	–	–	0,10
		$R_{tot,vorh} =$	0,301

Es gilt folgende Anforderung:

$$U = \frac{1}{R_{tot,neu}} \leq 0,24 \text{ W/(m}^2\text{K)}$$

Darin ist $R_{tot,neu}$ der Wärmedurchgangswiderstand der Decke mit Dämmung. Es gilt:

$$R_{tot,neu} = R_{tot,vorh} + \frac{d_{WD}}{\lambda_{B.WD}}$$

$$R_{tot,vorh} + \frac{d_{WD}}{\lambda_{B,WD}} \geq \frac{1}{0,24} = 4,17$$

Durch Umformen und Auflösen nach d_{WD} ergibt sich die gesuchte Dicke der erforderlichen Wärmedämmschicht (WD):

$$d_{WD} \geq \left(4,17 - R_{tot,vorh}\right) \cdot \lambda_{B,WD} = (4,17 - 0,301) \cdot 0,035 = 0,135 \text{ m}$$

gewählt: $d_{WD} = 14 \text{ cm}$

Kontrolle:

$$U_{vorh} = \frac{1}{0,301 + 0,14/0,035} = 0,232 < U_{max} = 0,24 \text{ W/(m}^2\text{K)}$$

Bei einer Dicke der Wärmedämmung auf der obersten Geschossdecke in Höhe von 14 cm (Bemessungswert der Wärmeleitfähigkeit $\lambda_B = 0,035$ W/(mK)) werden die Anforderungen nach GEG § 47 erfüllt.

Bei einer Wärmeleitfähigkeit von $\lambda_B = 0,040$ W/(mK) ergibt sich eine Dicke der Dämmschicht von:

$$d_{WD} \geq \left(4,17 - R_{tot,vorh}\right) \cdot \lambda_{B,WD} = (4,17 - 0,301) \cdot 0,040 = 0,155 \text{ m}$$

In diesem Fall müsste die Dämmschicht eine Dicke von z. B. 16 cm aufweisen, damit die Anforderungen des GEG erfüllt werden.◄

4.3.2 Sonderfälle: Deckenzwischenräume, Einblasdämmung und Dämmstoffe aus nachwachsenden Rohstoffen

Sofern die Dämmung in Deckenzwischenräumen eingebaut werden soll und die Dicke konstruktionsbedingt begrenzt ist, gelten die Anforderungen als erfüllt, wenn die maximale Dämmschichtdicke eingebaut wird. In diesem Fall darf der Bemessungswert der Wärmeleitfähigkeit des Dämmstoffs nicht größer $\lambda_B = 0{,}035$ W/(mK) sein. Bei der Verwendung von Dämmstoffen, die in Hohlräume eingeblasen werden (Einblasdämmung) und bei Dämmstoffen aus nachwachsenden Rohstoffen (nawaRo) wird lediglich ein Bemessungswert der Wärmeleitfähigkeit von $\lambda_B = 0{,}045$ W/(mK) gefordert. Der Hintergrund für diese Lockerung liegt darin, dass Einblasdämmstoffe (z. B. Zellulose, Holzfasern) und nawaRo-Dämmstoffe eine höhere Wärmeleitfähigkeit aufweisen als konventionelle Dämmstoffe und die zuvor genannte Forderung mit $\lambda_B = 0{,}035$ W/(mK)) nicht einhalten können. Die zuvor genannten Regeln gelten sinngemäß auch für die Ausführung der Dämmschicht als Zwischensparrendämmung, bei der die Dämmschichtdicke aufgrund einer raumseitigen Bekleidung und/oder der Balkenhöhe begrenzt ist. Siehe hierzu den folgenden Auszug aus dem GEG § 47.

"(2) Wird der Wärmeschutz nach Absatz 1 Satz 1 durch Dämmung in Deckenzwischenräumen ausgeführt und ist die Dämmschichtdicke im Rahmen dieser Maßnahmen aus technischen Gründen begrenzt, so gelten die Anforderungen als erfüllt, wenn die nach anerkannten Regeln der Technik höchstmögliche Dämmschichtdicke eingebaut wird, wobei ein Bemessungswert der Wärmeleitfähigkeit von 0,035 Watt pro Meter und Kelvin einzuhalten ist. Abweichend von Satz 1 ist ein Bemessungswert der Wärmeleitfähigkeit von 0,045 Watt pro Meter und Kelvin einzuhalten, soweit Dämmmaterialien in Hohlräume eingeblasen oder Dämmmaterialien aus nachwachsenden Rohstoffen verwendet werden. Wird der Wärmeschutz nach Absatz 1 Satz 2 als Zwischensparrendämmung ausgeführt und ist die Dämmschichtdicke wegen einer innenseitigen Bekleidung oder der Sparrenhöhe begrenzt, sind die Sätze 1 und 2 entsprechend anzuwenden."

Von der Verpflichtung der Dämmung oberster Geschossdecken sind Eigentümer von Wohngebäuden in folgenden Fällen ausgenommen (siehe auch folgenden Gesetzesauszug):

1. Bei Wohngebäuden mit nicht mehr als zwei Wohnungen (z. B. Doppelhaus), von denen der Eigentümer eine Wohnung am 1. Februar 2002 selbst bewohnt hat. In diesem Fall ist die Pflicht zur Dämmung der obersten Geschossdecke erst bei Eigentümerwechsel von dem neuen Eigentümer zu erfüllen. Die Frist für die Maßnahmen beträgt zwei Jahre nach Übergang des Eigentums.
2. Bei Wohngebäuden mit nicht mehr als zwei Wohnungen, von denen der Eigentümer eine Wohnung selbst bewohnt und die für die Maßnahmen erforderlichen

Investitionskosten nicht innerhalb einer angemessenen Frist erwirtschaftet werden können.

"(3) Bei einem Wohngebäude mit nicht mehr als zwei Wohnungen, von denen der Eigentümer eine Wohnung am 1. Februar 2002 selbst bewohnt hat, ist die Pflicht nach Absatz 1 erst im Fall eines Eigentümerwechsels nach dem 1. Februar 2002 von dem neuen Eigentümer zu erfüllen. Die Frist zur Pflichterfüllung beträgt zwei Jahre ab dem ersten Eigentumsübergang nach dem 1. Februar 2002."

"(4) Die Absätze 1 bis 3 sind bei Wohngebäuden mit nicht mehr als zwei Wohnungen, von denen der Eigentümer eine Wohnung selbst bewohnt, nicht anzuwenden, soweit die für eine Nachrüstung erforderlichen Aufwendungen durch die eintretenden Einsparungen nicht innerhalb angemessener Frist erwirtschaftet werden können."

Beispiel

Gegeben ist ein Wohngebäude mit zwei Wohnungen (Doppelhaus). Die oberste Geschossdecke zum unbeheizten Dachraum ist ungedämmt (Stand April 2024). Es sollen folgende Fälle beurteilt werden.

1. **Fall 1:** Beide Wohnungen sind vermietet, der Eigentümer bewohnt keine der beiden Wohnungen selbst und hat dies auch am 1. Februar 2002 nicht getan. In diesem Fall greift die Ausnahmeregelung nicht, da keine der beiden Wohnungen vom Eigentümer am 1. Februar 2002 selbst bewohnt wurde. Der Eigentümer hätte dafür Sorge tragen müssen, dass die oberste Geschossdecke mit einer Dämmschicht gemäß den Anforderungen versehen ist. Die ungedämmte oberste Geschossdecke ist nach GEG nicht zulässig.

2. **Fall 2:** Eine Wohnung ist vermietet, der Eigentümer bewohnt seit 2001 die andere Wohnung. Es hat kein Eigentümerwechsel stattgefunden. In diesem Fall greift die Ausnahmeregelung, da der Eigentümer eine Wohnung am 1. Februar 2002 selbst bewohnt hat. Das bedeutet, dass die oberste Geschossdecke nicht gedämmt zu werden braucht.

3. **Fall 3:** Eine Wohnung ist vermietet, der Eigentümer bewohnt seit 2001 die andere Wohnung. Er verkauft die Wohnung am 9. März 2024 an einen anderen Eigentümer. In diesem Fall muss der neue Eigentümer die oberste Geschossdecke dämmen. Er hat dafür allerdings zwei Jahre Zeit, d. h. spätestens am 10. März 2026 muss die oberste Geschossdecke gedämmt sein und den Anforderungen des GEG entsprechen◄

4.4   Anforderungen an bestehende Gebäude bei Änderungen

4.4.1   Allgemeines

Anforderungen an die Außenbauteile der wärmeübertragenden Umfassungsfläche von bestehenden Gebäuden sind nur einzuhalten, wenn relevante Änderungen an diesen Bauteilen durchgeführt werden. Für Bestandsgebäude, deren Außenbauteile nicht geändert werden, bestehen seitens des GEG auch keine energetischen Anforderungen an diese Bauteile.

Relevante Änderungen, die das Auslösekriterium für die Einhaltung von Anforderungen nach GEG darstellen, liegen vor, wenn Außenbauteile bei beheizten oder gekühlten Gebäuden erneuert, ersetzt oder erstmalig eingebaut werden. Sofern derartige Änderungen an Außenbauteilen durchgeführt werden, dürfen die geänderten Außenbauteile die Höchstwerte der Wärmedurchgangskoeffizienten (U-Werte) nach GEG Anlage 7 nicht überschreiten; siehe hierzu Abschn. 4.4.5.

Die entsprechenden Regeln befinden sich in § 48 des GEG; siehe folgenden Auszug.

"§ 48 Anforderungen an ein bestehendes Gebäude bei Änderung"

"Soweit bei beheizten oder gekühlten Räumen eines Gebäudes Außenbauteile im Sinne der Anlage 7 erneuert, ersetzt oder erstmalig eingebaut werden, sind diese Maßnahmen so auszuführen, dass die betroffenen Flächen des Außenbauteils die Wärmedurchgangskoeffizienten der Anlage 7 nicht überschreiten."

...

4.4.2   Auslöserelevante Änderungen

Zu den auslöserelevanten Änderungen an Außenbauteilen im Sinne des GEG, d. h. solche Änderungen, bei denen Anforderungen an den baulichen Wärmeschutz (U-Werte der Außenbauteile) eingehalten werden müssen, zählen beispielsweise:

- Die Erneuerung von Bauteilen, z. B. der Austausch von Fenstern und Außentüren,
- das Anbringen von Bekleidungen jeglicher Art (z. B. Anordnung einer Holzschalung),
- das Aufbringen eines Wärmedämmverbundsystems (WDVS) bei Außenwänden,
- das Abschlagen des Außenputzes und Erneuerung der Putzschicht,
- das Aufbringen einer Dämmschicht bei Flachdächern auf der Altabdichtung (Ausbildung als Umkehrdach),
- die Erneuerung des Dachaufbaus bei einem Flachdach (Entfernen der Altabdichtung, Neuaufbau aller Funktionsschichten einschließlich der Wärmedämmung),
- die Erneuerung der Dachdeckung bei geneigten Dächern.

Dagegen sind Instandhaltungsarbeiten und Verschönerungsarbeiten nicht auslöserelevant. Hierzu gehören beispielsweise die Erneuerung oder das erstmalige Aufbringen von Anstrichen und Beschichtungen sowie die Instandsetzung einer Dachabdichtung. Auch die partielle Ausbesserung des Außenputzes einschließlich etwaig ausgeführter Anstriche und Beschichtungen (z. B. bei Schäden) zählt nicht zu den auslöserelevanten Änderungen. Außerdem stellen Instandsetzungsmaßnahmen von geschädigten Betonoberflächen, die nach der Instandsetzungs-Richtlinie des Deutschen Ausschusses für Stahlbeton (DAfStb-Richtlinie „Schutz und Instandsetzung von Betonbauteilen" [4]) durchgeführt werden, keine Änderung im Sinne des GEG § 48 dar. Derartig instandgesetzte Betonbauteile einschließlich einer etwaig aufgebrachten Beschichtung brauchen daher nicht die Anforderungen an Außenbauteile (U-Werte) bei bestehenden Gebäuden zu erfüllen; siehe hierzu die Auslegungen zum GEG in [5].

Praxistipp
Putzerneuerungen im Sinne des GEG liegen nur vor, wenn der Außenputz vollständig abgeschlagen wird und eine neue Putzschicht aufgebracht wird. In diesem Fall sind die Anforderungen an Außenbauteile nach GEG einzuhalten. Dagegen zählt das Aufbringen von Anstrichen und Beschichtungen sowie das partielle Ausbessern beschädigter Stellen nicht zu den relevanten Änderungen. Anforderungen an die Wärmedurchgangskoeffizienten brauchen in diesem Fall nicht eingehalten zu werden.

4.4.3   Bagatellregelung und Sonderfälle

Bei Änderungen von Außenbauteilen von bestehenden Gebäuden greift – wie bei der Forderung der Aufrechterhaltung der energetischen Qualität (nach § 46 des GEG) – die Bagatellregelung. Siehe hierzu Satz 2 in § 48 GEG.

Auszug § 48

...

"Ausgenommen sind Änderungen von Außenbauteilen, die nicht mehr als 10 % der gesamten Fläche der jeweiligen Bauteilgruppe des Gebäudes betreffen."

...

Die Bagatellregelung besagt, dass die Anforderungen an geänderte Außenbauteile nicht gelten, wenn deren Fläche nicht mehr als 10 % an der Gesamtfläche der zugehörigen Bauteilgruppe beträgt. Hierbei ist zu beachten, dass immer nur die Flächen der jeweiligen Bauteilgruppe bei der Überprüfung, ob eine Bagatelle vorliegt oder nicht, heranzuziehen sind. Mit der Bagatellregelung soll vermieden werden, dass energetische Anforderungen auch bei kleinflächigen Reparaturen oder Instandsetzungen eingehalten werden müssen. Siehe hierzu auch die Erläuterungen in Abschn. 4.2.

Sonderfall Grenzbebauung
Bei einer Grenzbebauung, wie sie häufig in urbanen Gebieten existiert, brauchen die energetischen Anforderungen an Außenbauteile in der Regel nicht eingehalten zu werden, wenn dadurch das Nachbargrundstück überbaut werden müsste, z. B. bei Anbringung eines Wärmedämmverbundsystems (WDVS). Allerdings können Ausnahmen auf Grundlage des Nachbarrechtsgesetzes existieren, nach denen eine Überbauung durch den Nachbarn zu dulden ist. Im Einzelfall ist daher zu prüfen, ob derartige landesrechtliche Regelungen greifen.

Beispielsweise hat der Nachbar nach Nachbarrechtsgesetz des Landes Nordrhein-Westfalen (NachbG NRW) § 23a [6] den Überbau durch eine nachträgliche Wärmedämmung unter den im Gesetz genannten Voraussetzungen zu dulden. Von einer Beeinträchtigung wird nach NachbG NRW erst ausgegangen, wenn die Überbauung mehr als 25 cm beträgt. Dem Eigentümer des Nachbargrundstücks ist ein angemessener finanzieller Ausgleich zu leisten, wobei die Höhe des Bodenrichtwerts nicht überstiegen werden darf. Sofern der duldungspflichtige Nachbar zu einem späteren Zeitpunkt selbst an die Grenzwand anbauen will, ist er berechtigt, dass die Wärmedämmung (auf Kosten des anderen Nachbarn) beseitigt wird. Für weitere Regeln wird auf das NachbG NRW [6] verwiesen (Abb. 4.4).

4.4.4 Nachweisverfahren

Für den Nachweis der Anforderungen an bestehende Gebäude bei Änderungen von Außenbauteilen stehen grundsätzlich zwei Nachweisverfahren zur Verfügung (Abb. 4.5):

1. Nachweis der geänderten Außenbauteile durch Einhaltung von Höchstwerten der Wärmedurchgangskoeffizienten (U-Werte) für die jeweilige Bauteilgruppe (*Bauteilverfahren*); siehe Abschn. 4.4.5.
2. Nachweis des geänderten Gebäudes insgesamt durch eine energetische Bewertung nach GEG § 50. Hierbei sind Höchstwerte des Jahres-Primärenergiebedarfs einzuhalten. Außerdem ist der bauliche Wärmeschutz nachzuweisen, indem bei Wohngebäuden Höchstwerte des spezifischen, auf die wärmeübertragende Umfassungsfläche bezogenen Transmissionswärmeverlusts H'_T und bei Nichtwohngebäuden Höchstwerte des mittleren Wärmedurchgangskoeffizienten der wärmeübertragenden Umfassungsfläche einzuhalten sind (*Referenzgebäudeverfahren*); siehe Abschn. 4.5.

Abb. 4.4 Regelungen bei
Grenzbebauung

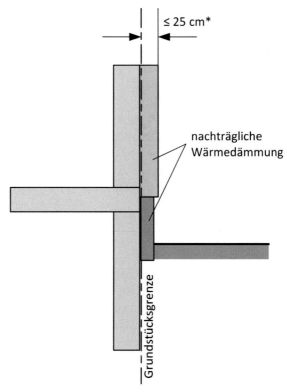

≤ 25 cm*

nachträgliche
Wärmedämmung

Grundstücksgrenze

*: nach Nachbarrechtsgesetz NRW

Änderungen im Sinne des GEG liegen vor, wenn das Außenbauteil erneuert, ersetzt
oder erstmalig eingebaut wird. Ein Nachweis ist nicht erforderlich, wenn die Fläche
des geänderten Außenbauteils nicht mehr als 10 % der Gesamtfläche der zugehörigen
Bauteilgruppe aufweist (sogenannte Bagatellregelung); siehe Abschn. 4.4.3.

Vor- und Nachteile der beiden Nachweisverfahren für bestehende Gebäude:
Der Vorteil des Bauteilverfahrens gegenüber dem Referenzgebäudeverfahren besteht
darin, dass lediglich ein Nachweis der geänderten Außenbauteile über die Wärmedurchgangskoeffizienten (U-Werte) erforderlich ist. Die U-Werte lassen sich relativ
einfach – auch per Handrechnung in wenigen Zeilen – und ohne großen Aufwand
ermitteln. Bei fehlenden Daten der bestehenden Konstruktion (Abmessungen, Wärmeleitfähigkeit der Schichten) können Erfahrungswerte angesetzt werden. Alternativ besteht
auch die Möglichkeit, die bestehenden Bauteilschichten bei der Berechnung des Wärmedurchgangskoeffizienten zu vernachlässigen. In diesem Fall ergeben sich (geringfügig)
höhere U-Werte für das geänderte Bauteil, was auf der sicheren Seite liegt. Der Nachteil des Bauteilverfahrens besteht darin, dass damit keine Aussagen über die Auswirkung

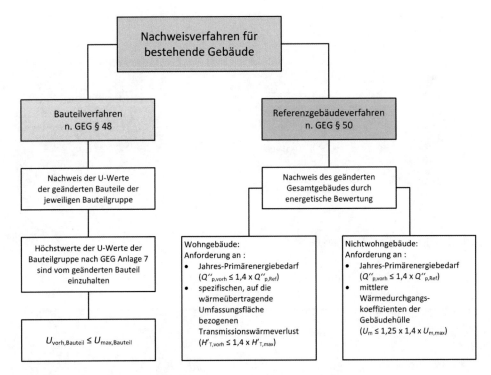

Abb. 4.5 Nachweisverfahren bei Änderungen von bestehenden Gebäuden

der Änderungen auf den Jahres-Primärenergiebedarf möglich sind. Beispielsweise kann mit den Wärmedurchgangskoeffizienten allein keine Berechnung des Primärenergiebedarfs vorgenommen werden, um beispielsweise einen neuen Energiebedarfsausweis nach einer energetischen Sanierung zu erstellen. Hierfür ist eine energetische Bewertung nach GEG § 50 (Referenzgebäudeverfahren) erforderlich.

Hierin liegt der Vorteil des Referenzgebäudeverfahrens. Mit den bei einer energetischen Bewertung ermittelten Daten kann problemlos ein Bedarfsausweis erstellt werden. Das Referenzgebäudeverfahren für bestehende Gebäude bietet sich demnach immer dann an, wenn umfangreiche energetische Sanierungen an einem bestehenden Gebäude durchgeführt und die energetische Qualität des geänderten Gebäudes dokumentiert werden soll. Sofern Änderungen an der Anlagentechnik vorgenommen werden, ist das Referenzgebäudeverfahren sogar die einzige Methode bei der Nachweisführung, da nur hiermit die Anlagentechnik bewertet werden kann. Der Nachteil des Referenzgebäudeverfahrens besteht darin, dass es sehr viel aufwändiger als das Bauteilverfahren ist. Dies liegt zum einen daran, dass die Datenerhebung deutlich komplexer ist, da sämtliche Außenbauteile sowie die komplette Anlagentechnik erfasst werden müssen. Zum anderen wird für die Berechnung der Kenngrößen (z. B. Jahres-Primärenergiebedarf) in der Regel eine geeignete und oft kostspielige Software benötigt.

Praxistipp

Für den Nachweis energetisch geänderter Außenbauteile sollte das Bauteilverfahren nach § 48 GEG verwendet werden.

Sofern ein Energiebedarfsausweis nach einer durchgeführten energetischen Sanierung benötigt wird oder Anlagenkomponenten ausgetauscht oder erneuert wurden, ist das Referenzgebäudeverfahren nach § 50 GEG für die energetische Bewertung des geänderten Gebäudes heranzuziehen.

4.4.5 Bauteilverfahren

Beim Bauteilverfahren wird der Nachweis der geänderten Außenbauteile durch die Einhaltung von Höchstwerten der Wärmedurchgangskoeffizienten (U-Werte) der zugehörigen Bauteilgruppe erbracht. Die Anforderungen sind in § 48 des GEG geregelt; siehe folgenden Auszug.

"§ 48 Anforderungen an ein bestehendes Gebäude bei Änderung"

"Soweit bei beheizten oder gekühlten Räumen eines Gebäudes Außenbauteile im Sinne der Anlage 7 erneuert, ersetzt oder erstmalig eingebaut werden, sind diese Maßnahmen so auszuführen, dass die betroffenen Flächen des Außenbauteils die Wärmedurchgangskoeffizienten der Anlage 7 nicht überschreiten. Ausgenommen sind Änderungen von Außenbauteilen, die nicht mehr als 10 % der gesamten Fläche der jeweiligen Bauteilgruppe des Gebäudes betreffen."

...

Höchstwerte der Wärmedurchgangskoeffizienten von geänderten Außenbauteilen
Nach GEG § 48 dürfen die Wärmedurchgangskoeffizienten der geänderten Außenbauteile festgelegte Höchstwerte nicht überschreiten. Als Änderungen an Außenbauteilen gelten Erneuerung, Ersatz oder erstmaliger Einbau. Die Anforderungen gelten sowohl für bestehende Wohn- als auch für Nichtwohngebäude. Die Höchstwerte der Wärmedurchgangskoeffizienten sind in Anlage 7 des GEG angegeben (Tab. 4.1).

Bei Wohngebäuden und Nichtwohngebäuden mit normalen Innentemperaturen (Raum-Solltemperatur ≥ 19 °C) sind die Anforderungen strenger, d. h. hier sind geringere U-Werte einzuhalten als bei Nichtwohngebäuden mit niedrigen Innentemperaturen (Raum-Solltemperatur ≥ 12 °C und ≤ 19 °C).

Tab. 4.1 Höchstwerte der Wärmedurchgangskoeffizienten von Außenbauteilen bei Änderung bestehender Gebäude (nach GEG Anlage 7)

Nummer	Erneuerung, Ersatz oder erstmaliger Einbau von Außenbauteilen	Höchstwerte der Wärmedurchgangskoeffizienten in [W/(m²K)]	
		Wohngebäude Zonen in Nichtwohngebäuden mit Raum-Solltemperatur $\geq 19\,°C$	Zonen in Nichtwohngebäuden mit Raum-Solltemperatur $\geq 12\,°C$ und $\leq 19\,°C$
Bauteilgruppe: Außenwände			
1a[1]	Außenwände: • Ersatz oder • Erstmaliger Einbau	$U = 0{,}24$	$U = 0{,}35$
1b[1],[2]	Außenwände: • Anbringen von Bekleidungen (Platten, plattenartige Bauteile), Verschalungen, Mauervorsatzschalen, Dämmschichten auf der Außenseite einer bestehenden Wand • Erneuerung des Außenputzes einer bestehenden Wand	$U = 0{,}24$	$U = 0{,}35$
Bauteilgruppe: Fenster, Fenstertüren, Dachflächenfenster, Glasdächer, Außentüren, Vorhangfassaden			
2a	Gegen Außenluft abgrenzende Fenster und Fenstertüren: • Ersatz oder erstmaliger Einbau des gesamten Bauteils • Einbau zusätzlicher Vor- oder Innenfenster	$U_\text{w} = 1{,}3$	$U_\text{w} = 1{,}9$
2b	Gegen Außenluft abgrenzende Dachflächenfenster: • Ersatz oder erstmaliger Einbau des gesamten Bauteils • Einbau zusätzlicher Vor- oder Innenfenster	$U_\text{w} = 1{,}4$	$U_\text{w} = 1{,}9$

(Fortsetzung)

Tab. 4.1 (Fortsetzung)

Nummer	Erneuerung, Ersatz oder erstmaliger Einbau von Außenbauteilen	Höchstwerte der Wärmedurchgangskoeffizienten in [W/(m²K)]	
		Wohngebäude Zonen in Nichtwohngebäuden mit Raum-Solltemperatur ≥ 19 °C	Zonen in Nichtwohngebäuden mit Raum-Solltemperatur ≥ 12 °C und ≤ 19 °C
2c[3]	Gegen Außenluft abgrenzende Fenster, Fenstertüren und Dachflächenfenster: • Ersatz der Verglasung oder verglaster Flügelrahmen	$U_g = 1,1$	keine Anforderung
3a	Gegen Außenluft abgrenzende Fenster, Fenstertüren und Dachflächenfenster mit Sonderverglasungen: • Ersatz oder erstmaliger Einbau des gesamten Bauteils oder • Einbau zusätzlicher Vor- oder Innenfenster	U_w bzw. $U_g = 2,0$	U_w bzw. $U_g = 2,8$
3b[4]	Gegen Außenluft abgrenzende Fenster, Fenstertüren und Dachflächenfenster mit Sonderverglasung: • Ersatz der Sonderverglasung oder verglaster Flügelrahmen	$U_g = 1,6$	Keine Anforderung
4	Einbau neuer Außentüren (ohne rahmenlose Türanlagen aus Glas, Karusselltüren und kraftbetätigte Türen)	$U = 1,8$ (Türfläche)	$U = 1,8$ (Türfläche)
Bauteilgruppe: Dachflächen sowie Decken und Wände gegen unbeheizte Dachräume			
5a[1]	Gegen Außenluft abgrenzende Dachflächen einschließlich Dachgauben sowie gegen unbeheizte Dachräume abgrenzende Decken (oberste Geschossdecken) und Wände (einschl. Abseitenwände): • Ersatz oder • Erstmaliger Einbau Nur anzuwenden auf opake Bauteile	$U = 0,24$	$U = 0,35$

(Fortsetzung)

Tab. 4.1 (Fortsetzung)

Nummer	Erneuerung, Ersatz oder erstmaliger Einbau von Außenbauteilen	Höchstwerte der Wärmedurchgangskoeffizienten in [W/(m²K)]	
		Wohngebäude Zonen in Nichtwohngebäuden mit Raum-Solltemperatur $\geq$ 19 °C	Zonen in Nichtwohngebäuden mit Raum-Solltemperatur $\geq$ 12 °C und $\leq$ 19 °C
5b[1],[5]	Gegen Außenluft abgrenzende Dachflächen einschließlich Dachgauben sowie gegen unbeheizte Dachräume abgrenzende Decken (oberste Geschossdecken) und Wände (einschl. Abseitenwände): • Ersatz oder Neuaufbau einer Dachdeckung einschließlich der darunter liegenden Lattungen und Verschalungen oder • Aufbringen oder Erneuerung von Bekleidungen oder Verschalungen oder Einbau von Dämmschichten auf der kalten Seite von Wänden oder • Aufbringen oder Erneuerung von Bekleidungen oder Verschalungen oder Einbau von Dämmschichten auf der kalten Seite von obersten Geschossdecken Nur anzuwenden auf opake Bauteile	$U = 0{,}24$	$U = 0{,}35$
5c[1],[5]	Gegen Außenluft abgrenzende Dachflächen mit Abdichtung: • Ersatz der Abdichtung	$U = 0{,}20$	$U = 0{,}35$
Bauteilgruppe: Wände gegen Erdreich oder unbeheizte Räume (mit Ausnahme von Dachräumen) sowie Decken nach unten gegen Erdreich, Außenluft oder unbeheizte Räume			
6a[1]	Wände, die an Erdreich oder an unbeheizte Räume grenzen (mit Ausnahme von Dachräumen) und Decken, die beheizte Räume nach unten zum Erdreich oder zu unbeheizten Räumen abgrenzen: • Ersatz oder • Erstmaliger Einbau	$U = 0{,}30$	Keine Anforderung

(Fortsetzung)

Tab. 4.1 (Fortsetzung)

Nummer	Erneuerung, Ersatz oder erstmaliger Einbau von Außenbauteilen	Höchstwerte der Wärmedurchgangskoeffizienten in [W/(m²K)]	
		Wohngebäude Zonen in Nichtwohngebäuden mit Raum-Solltemperatur ≥ 19 °C	Zonen in Nichtwohngebäuden mit Raum-Solltemperatur ≥ 12 °C und ≤ 19 °C
6b [1),5)]	Wände, die ans Erdreich oder an unbeheizte Räume (mit Ausnahme von Dachräumen) grenzen und Decken, die beheizte Räume nach unten zum Erdreich oder zum Erdreich abgrenzen: • Anbringen oder Erneuern von außenseitigen Bekleidungen oder Verschalungen, Feuchtigkeitssperre oder Drainagen oder • Anbringen von Deckenbekleidungen auf der Kaltseite	$U = 0{,}30$	Keine Anforderung
6c [1),5)]	Decken, die an beheizte Räume nach unten zum Erdreich, zur Außenluft oder zu unbeheizten Räumen abgrenzen: • Aufbau oder Erneuerung von Fußbodenaufbauten auf der beheizten Seite	$U = 0{,}50$	keine Anforderung
6d [1)]	Decken, die beheizte Räume nach unten zur Außenluft abgrenzen: Ersatz oder erstmaliger Einbau	$U = 0{,}24$	$U = 0{,}35$

(Fortsetzung)

Tab. 4.1 (Fortsetzung)

Nummer	Erneuerung, Ersatz oder erstmaliger Einbau von Außenbauteilen	Höchstwerte der Wärmedurchgangskoeffizienten in [W/(m²·K)]	
		Wohngebäude Zonen in Nichtwohngebäuden mit Raum-Solltemperatur ≥ 19 °C	Zonen in Nichtwohngebäuden mit Raum-Solltemperatur ≥ 12 °C und ≤ 19 °C
6e[1],[5]	Decken, die beheizte Räume nach unten gegen Außenluft abgrenzen: • Anbringen oder Erneuern von außenseitigen Bekleidungen oder Verschalungen, Feuchtigkeitssperren oder Drainagen oder • Anbringen von Deckenbekleidungen auf der Kaltseite	$U = 0{,}24$	$U = 0{,}35$

[1] Werden Maßnahmen nach den Nummern 1a, 1b, 5a, 5c, 6a oder 6e ausgeführt und ist die Dämmschichtdicke im Rahmen dieser Maßnahmen aus technischen Gründen begrenzt, so gelten die Anforderungen als erfüllt, wenn die nach anerkannten Regeln der Technik höchstmögliche Dämmschichtdicke eingebaut wird, wobei ein Bemessungswert der Wärmeleitfähigkeit von $\lambda = 0{,}035$ W/(m·K) einzuhalten ist. Abweichend von Satz 1 ist ein Bemessungswert der Wärmeleitfähigkeit von $\lambda = 0{,}045$ W/(m·K) einzuhalten, soweit Dämmmaterialien in Hohlräume eingeblasen oder Dämmmaterialien aus nachwachsenden Rohstoffen verwendet werden. Wird bei Maßnahmen nach Nummer 5b eine Dachdeckung einschließlich darunter liegender Lattungen und Verschalungen ersetzt oder neu aufgebaut, sind die Sätze 1 und 2 entsprechend anzuwenden, wenn der Wärmeschutz als Zwischensparrendämmung ausgeführt wird und die Dämmschichtdicke wegen einer innenseitigen Bekleidung oder der Sparrenhöhe begrenzt ist. Die Sätze 1 bis 3 sind bei Maßnahmen nach den Nummern 5a, 5b, und 5c nur auf opake Bauteile anzuwenden.

[2] Werden Maßnahmen nach Nummer 1b ausgeführt, müssen der dort genannten Anforderungen nicht eingehalten werden, wenn die Außenwand nach dem 31. Dezember 1983 unter Einhaltung energiesparrechtlicher Vorschriften errichtet oder erneuert worden ist.

[3] Bei Ersatz der Verglasung oder verglaster Flügelrahmen gelten die Anforderungen nach den Nummern 2c, 2e und 3c nicht, wenn der vorhandene Rahmen zur Aufnahme der vorgeschriebenen Verglasung ungeeignet ist. Werden bei Maßnahmen nach Nummer 2c oder bei Maßnahmen nach Nummer 2e Verglasungen oder verglaste Flügelrahmen ersetzt und ist die Glasdicke im Rahmen dieser Maßnahmen aus technischen Gründen begrenzt, so gelten die Anforderungen als erfüllt, wenn eine Verglasung mit einem Wärmedurchgangskoeffizienten von höchstens 1,3 W/(m²·K) eingebaut wird. Werden Maßnahmen nach Nummer 2c an Kasten- oder Verbundfenstern durchgeführt, so gelten die Anforderungen als erfüllt, wenn eine Glastafel mit einer infrarot-reflektierenden Beschichtung mit einer Emissivität $\varepsilon_n \leq 0{,}2$ eingebaut wird.

[4] Schallschutzverglasungen im Sinne der Nummern 3a, 3b und 3c sind
– Schallschutzverglasungen mit einem bewerteten Schalldämmmaß der Verglasung von $R_{w,R} \geq 40$ dB nach DIN EN ISO 717-1: 2013-06 oder einer vergleichbaren Anforderung,
– Isolierglas-Sonderaufbauten zur Durchschusshemmung, Durchbruchhemmung oder Sprengwirkungshemmung nach anerkannten Regeln der Technik oder
– Isolierglas-Sonderaufbauten als Brandschutzglas mit einer Einzelelementdicke von mindestens 18 mm nach DIN 4102-13:1990-05 oder einer vergleichbaren Anforderung.

[5] Werden Maßnahmen nach den Nummern 5b, 5c, 6b, 6c oder 6e ausgeführt, müssen die dort genannten Anforderungen nicht eingehalten werden, wenn die Bauteilfläche nach dem 31. Dezember 1983 unter Einhaltung energiesparrechtlicher Vorschriften errichtet oder erneuert worden ist.

Ausgenommen von dieser Regelung sind Änderungen von Außenbauteilen, deren Fläche nicht größer als 10 % der Gesamtfläche der zugehörigen Bauteilgruppe ist. Diese
brauchen die Anforderungen nicht zu erfüllen (Bagatellregelung; siehe Abschn. 4.4.3).

4.4.6 Berechnung des Wärmedurchgangskoeffizienten

Für die Berechnung des Wärmedurchgangskoeffizienten des geänderten Außenbauteils
nach Abschn. 4.4.2 gelten folgende Regeln:

1. **Allgemeines:** Der Wärmedurchgangskoeffizient des geänderten Außenbauteils wird
   unter Berücksichtigung der neuen und der vorhandenen Bauteilschichten berechnet.
2. **Bauteile ans Erdreich:** Berechnung der ans Erdreich grenzenden Bauteile (z. B.
   Bodenplatte, erdberührte Außenwände) nach DIN V 18599-2:2018-09 Abschn. 6.1.4.3
   [7] in Verbindung mit DIN EN ISO 6946 [3].
3. **Opake Bauteile:** Berechnung opaker Bauteile (z. B. Außenwände, Dächer) nach DIN
   4108-4 [8] in Verbindung mit DIN EN ISO 6946 [3].
4. **Transparente Bauteile und Vorhangfassaden:** Berechnung nach DIN 4108-4 [8].
5. **Flachdächer mit Gefälledämmung:** Bei Flachdächern mit Gefälledämmung (d. h.
   einer Anordnung von keilförmigen Dämmschichten zur Herstellung des Gefälles
   der Abdichtungsebene bei Warmdächern) ist der Wärmedurchgangskoeffizient nach
   Anhang C der DIN EN ISO 6946 [3] zu ermitteln. Dabei muss der Wärmedurchgangswiderstand R_{tot} am tiefsten Punkt der neu aufgebrachten Dämmschicht den
   Mindestwärmeschutz nach § 11 des GEG erfüllen, d. h. es gelten die Anforderungen
   nach DIN 4108-2 [2] (Abb. 4.6).

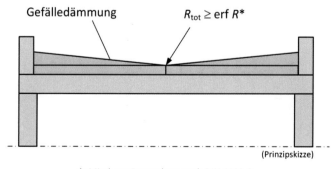

*: Mindestwärmeschutz nach DIN 4108-2

Abb. 4.6 Berechnung des Wärmedurchgangskoeffizienten bei Dächern mit keilförmiger Dämmschicht (Gefälledämmung); hier: Anforderungen

Tab. 4.2 Wärmedurchgangskoeffizienten in Abhängigkeit von der Dämmschichtdicke für verschiedene Bemessungswerte der Wärmeleitfähigkeit des Dämmstoffs (Berechnung ohne Berücksichtigung der Wärmeübergangswiderstände und Wärmedurchlasswiderstände anderer Bauteilschichten)

	Wärmedurchgangskoeffizient						
Dicke	Bemessungswert der Wärmeleitfähigkeit des Dämmstoffs						
d	λ_B						
cm	W/(mK)						
	0,035	0,036	0,037	0,038	0,039	0,040	0,045
6	0,58	0,60	0,62	0,63	065	0,67	0,75
8	0,44	0,45	0,46	0,48	0,49	**0,50**	0,56
10	0,35	0,36	0,37	0,38	0,39	0,40	0,45
12	0,29	0,30	0,31	0,32	0,33	0,33	0,38
14	0,25	0,26	0,26	0,27	0,28	**0,29**	0,32
16	0,22	0,23	0,23	0,24	0,24	**0,24**[1]	0,28
18	0,19	0,20	0,21	0,21	0,22	0,22	0,25
20	0,18	0,18	0,19	0,19	0,20	**0,20**	0,23
22	0,16	0,16	0,17	0,17	0,18	0,18	0,20
24	0,15	0,15	0,15	0,16	0,16	0,17	0,19

Anmerkung:
Fett markierte Werte kennzeichnen Anforderungen an geänderte Außenbauteile von bestehenden Wohngebäuden und Nichtwohngebäuden mit Raum-Solltemperaturen $\geq$ 19 °C nach GEG Anlage 7 (Außenwände, Dachflächen (allgemein): $U \leq 0,24$ W/(m^{2}K); Dachflächen mit Abdichtung: $U \leq 0,20$ W/(m^{2}K); Wände an Erdreich: $U \leq 0,30$ W/(m^{2}K)); Bodenplatten, Decken nach unten an Außenluft, jeweils bei Aufbau oder Erneuerung des Fußbodenaufbaus: $U \leq 0,50$ W/(m^{2}K).
[1] Berechnung unter Berücksichtigung der Wärmeübergangswiderstände für eine Außenwand (R_{si} = 0,13 m^{2}K/W, R_{se} = 0,04 m^{2}K/W).

Praxistipp
Für die Abschätzung bzw. Vorbemessung der erforderlichen Dämmschichtdicke bei energetischen Sanierungsmaßnahmen wird empfohlen, bei der Berechnung des Wärmedurchgangskoeffizienten (U-Wert) nur die neue Dämmschicht zu berücksichtigen und die anderen Bauteilschichten sowie die Wärmeübergangswiderstände zu vernachlässigen. Der sich hierdurch ergebende geringfügig größere U-Wert des Bauteils liegt für den Nachweis nach GEG § 48 auf der sicheren Seite.
Erreichbare Wärmedurchgangskoeffizienten sind in Abhängigkeit von der Dämmschichtdicke und für verschiedene Bemessungswerte der Wärmeleitfähigkeit des Dämmstoffs in Tab. 4.2 angegeben.

Die Außenwand eines bestehenden Wohngebäudes (Schichten (1) bis (3)) soll energetisch verbessert werden, indem auf der Außenseite ein Wärmedämmverbundsystem
(WDVS, Schichten (4) und (5)) aufgebracht wird (Abb. 4.7, Tab. 4.3).

a) Berechnen Sie für den **Zustand A (ohne WDVS)** die Wärmedurchlasswiderstände der Einzelschichten R_i, den Wärmedurchgangswiderstand R_T sowie den
Wärmedurchgangskoeffizienten U.

b) Ermitteln Sie die **erforderliche Dämmschichtdicke d_{WD}**, damit sich für den
Zustand B (mit WDVS) ein Wärmedurchgangskoeffizient von $U \leq 0{,}24$ **W/
(m²K)** (Anforderung nach Tab. 4.1, Nr. 1b) ergibt. Als Dämmschichtdicke ist das
nächstgelegene gerade Maß in Zentimeter (z. B. 12 cm) anzugeben.

c) Um wieviel Prozent verringert sich die Wärmestromdichte q durch die Außenwand
aufgrund der vorgenommenen energetischen Sanierung? Temperatur innen: $\theta_i = 20\ °C$; Temperatur außen: $\theta_e = -5\ °C$

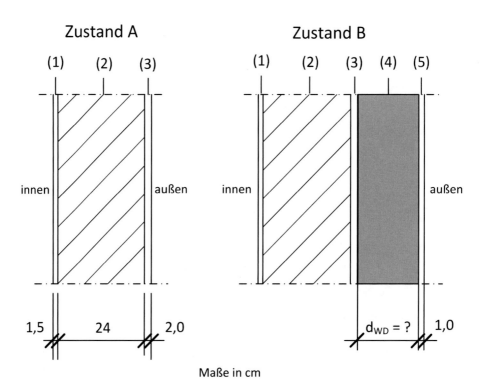

Maße in cm

Abb. 4.7 Beispiel – Energetische Sanierung einer Außenwand und Nachweis mittels Bauteilverfahren

Tab. 4.3 Beispiel – Tabelle mit wärmetechnischen Kennwerten zu Punkt a) und b); hier: gesuchte Werte sind bereits eingetragen und kursiv gedruckt

Schicht-Nr.	Bezeichnung	Dicke d	Bemessungswert der Wärmeleitfähigkeit λ_B	Wärmeübergangswiderstände R_{si}, R_{se} Wärmedurchlasswiderstand $R = d/\lambda_B$	
				Zustand A	Zustand B
		[m]	[W/(mK)]	[m^{2}K/W]	[m^{2}K/W]
R_{si}	Wärmeübergang innen	–	–	0,13	0,13
1	Gipsputz ohne Zuschlag	0,015	0,51	*0,029*	*0,029*
2	Mauerwerk aus Kalksandstein	0,240	0,70	*0,343*	*0,343*
3	Kalkzementputz	0,020	1,00	*0,020*	*0,020*
4	Wärmedämmschicht	?	0,035	–	*d_{WD}/0,035*
5	Kunstharzputz	0,010	0,70	–	*0,014*
R_{se}	Wärmeübergang außen	–	–	0,04	0,04
R_{tot} =				0,562	0,576 + d_{WD}/ 0,035

Tab. 4.4 Höchstwerte des spezifischen, auf die wärmeübertragende Umfassungsfläche bezogenen Transmissionswärmeverlusts H'_T bei Wohngebäuden (n. GEG § 50)

Wohngebäudetyp	$H'_{T,max}$ in W/(m^{2}K)	$1{,}4 \cdot H'_{T,max}$ in W/(m^{2}K)
Freistehend, $A_N \leq 350$ m^2	*0,40*	*0,56*
freistehend, $A_N > 350$ m^2	*0,50*	*0,70*
Einseitig angebaut	*0,45*	*0,63*
Alle anderen Wohngebäude	*0,65*	*0,91*

d) Ermitteln Sie die Oberflächentemperaturen für die Zustände A und B. Temperatur innen: $\theta_i = 20$ °C; Temperatur außen: $\theta_e = -5$ °C

Zu a): Wärmedurchgangskoeffizient Zustand A:

$$U = \frac{1}{R_{tot}} = \frac{1}{0,562} = 1{,}78 \, W/(m^2 K)$$

Zu b): Erforderliche Dämmschichtdicke:

Die erforderliche Dämmschichtdicke ergibt sich aus folgender Bedingung:

$$U = \frac{1}{R_{\text{tot}}} = \frac{1}{0{,}576 + d_{WD}/0{,}035} \leq 0{,}24$$

Umformen und Auflösen nach d_{WD}:

$$0{,}576 + d_{WD}/0{,}035 \geq \frac{1}{0{,}24}$$

$$\frac{d_{WD}}{0{,}035} \geq \frac{1}{0{,}24} - 0{,}576$$

$$d_{WD} \geq \left(\frac{1}{0{,}24} - 0{,}576 \right) 0{,}035 = 0{,}126\,\text{m}$$

gewählt : $d_{WD} = 14\,\text{cm}$

Bei einer Dämmschichtdicke mit 14 cm ergibt sich folgender U-Wert (Zustand B):

$$U = \frac{1}{R_{\text{tot}}} = \frac{1}{0{,}576 + d_{WD}/0{,}035} = \frac{1}{0{,}576 + 0{,}14/0{,}035} = 0{,}22\,\text{W/(m}^2\text{K)}$$

Überschlägige Ermittlung der Dämmschichtdicke:
Für die überschlägige Ermittlung der erforderlichen Dämmschichtdicke kann Tab. 4.2 verwendet werden.

Eingangsdaten:

- Bemessungswert der Wärmeleitfähigkeit des Dämmstoffs $\lambda_B = 0{,}035$ W/(mK)
- Einzuhaltender U-Wert: $U \leq 0{,}24$ W/m²K)

Aus Tab. 4.2 ergibt sich für die Dicke der Dämmstoffschicht:

$$d = 16\,\text{cm} \left(\text{mit}\, U = 0{,}22\, \text{W}/(\text{m}^2\text{K}) \right)$$

Dieser Wert ist etwas höher als der zuvor berechnete Wert (14 cm). Dies liegt daran, dass bei den Daten in der Tabelle die vorhandenen Bauteilschichten sowie die beiden Wärmeübergangswiderstände nicht berücksichtigt werden. Die mit der Tabelle ermittelte Dicke liegt somit auf der sicheren Seite.

Zu c): Wärmestromdichte:
Die Wärmestromdichte q berechnet sich mit folgender Gleichung (s. Abschn. 2.2.4):

$$q = U \cdot (\theta_i - \theta_e)$$

Zustand A:

$$q = U \cdot (\theta_i - \theta_e) = 1{,}78 \cdot (20 - (-5)) = 44{,}5\,\text{W/m}^2$$

Zustand B:

$$q = U \cdot (\theta_i - \theta_e) = 0{,}22 \cdot (20 - (-5)) = 5{,}5\,\text{W/m}^2$$

Die nachträgliche Anordnung einer Dämmschicht mit einer Dicke von 14 cm ergibt eine Verringerung der Wärmestromdichte in Höhe von:

$$100 - \frac{5{,}5}{44{,}5} \cdot 100 = 87{,}6\%$$

Zu d): Oberflächentemperaturen:
Die Oberflächentemperatur ermittelt sich mit folgender Gleichung:

$$\theta_{\text{si}} = \theta_{\text{i}} - R_{\text{si}} \cdot q$$

Zustand A:

$$\theta_{\text{si}} = \theta_{\text{i}} - R_{\text{si}} \cdot q = 20 - 0{,}13 \cdot 44{,}5 = 14{,}2\,^\circ\text{C}$$

Zustand B:

$$\theta_{\text{si}} = \theta_{\text{i}} - R_{\text{si}} \cdot q = 20 - 0{,}13 \cdot 5{,}5 = 19{,}3\,^\circ\text{C}$$

Die gedämmte Außenwand (Zustand B) weist eine deutlich höhere raumseitige Oberflächentemperatur auf. Die Behaglichkeit ist entsprechend besser zu bewerten. Feuchtetechnisch sind beide Konstruktionen zulässig, da die kritische Oberflächentemperatur von 12,6 °C (Kriterium zur Vermeidung von Schimmelpilzwachstum nach DIN 4108-3 [9]) nicht unterschritten wird.◄

4.4.7 Sonstige Regelungen

Sofern der Eigentümer eines Wohngebäudes mit zwei Wohnungen Änderungen an Außenbauteilen plant und der Nachweis über eine energetische Bewertung des gesamten geänderten Gebäudes nach GEG § 50 erbracht werden soll, ist er verpflichtet, ein Beratungsgespräch mit einer berechtigten Person nach GEG § 88 (Aussteller von Energieausweisen) zu führen. Das Gespräch muss durchgeführt werden, bevor Planungsleistungen in Auftrag gegeben werden.

Außerdem müssen Planende und Ausführende, die geschäftsmäßig energetisch relevante Änderungen an Gebäuden durchführen wollen, den Eigentümer bei Abgabe des

Angebots auf die Verpflichtung der Durchführung eines Beratungsgesprächs schriftlich hinweisen.

Mit diesen Regelungen wird beabsichtigt, dass eine optimale Lösung für die energetische Sanierung gefunden wird, indem ggfs. weitere Sanierungsmaßnahmen angesprochen und erläutert werden. Beispielsweise könnte in einem Beratungsgespräch mit einem Eigentümer, der lediglich den Austausch der Fenster plant, auf die Vorteile hingewiesen werden, wenn auch gleichzeitig die Außenwände mit saniert werden, indem z. B. ein WDVS aufgebracht wird. Hiermit würde erreicht, dass die Fassade insgesamt eine energetisch hochwertigere Qualität aufweist, da z. B. Wärmebrückeneinflüsse im Bereich der Fensteranschlüsse minimiert werden. Siehe hierzu auch den folgenden Gesetzesauszug.

Fortsetzung § 48

...

"Nimmt der Eigentümer eines Wohngebäudes mit nicht mehr als zwei Wohnungen Änderungen im Sinne der Sätze 1 und 2 an dem Gebäude vor und werden unter Anwendung des § 50 Absatz 1 und 2 für das gesamte Gebäude Berechnungen nach § 50 Absatz 3 durchgeführt, hat der Eigentümer vor Beauftragung der Planungsleistungen ein informatorisches Beratungsgespräch mit einer nach § 88 zur Ausstellung von Energieausweisen berechtigten Person zu führen, wenn ein solches Beratungsgespräch als einzelne Leistung unentgeltlich angeboten wird. Wer geschäftsmäßig an oder in einem Gebäude Arbeiten im Sinne des Satzes 3 für den Eigentümer durchführen will, hat bei Abgabe eines Angebots auf die Pflicht zur Führung eines Beratungsgesprächs schriftlich hinzuweisen."

4.5   Energetische Bewertung von bestehenden Gebäuden

4.5.1   Allgemeines

Die Anforderungen an bestehende Gebäude bei Änderungen können alternativ zum Bauteilverfahren auch mithilfe einer energetischen Bewertung erfolgen (Referenzgebäudeverfahren). Beim Referenzgebäudeverfahren wird – anders als beim Bauteilverfahren – nicht nur das geänderte Außenbauteil betrachtet, sondern das geänderte Gebäude insgesamt, d. h. einschließlich der bestehenden Anlagentechnik. Aus diesem Grund ist der Aufwand des Nachweises im Vergleich zum Bauteilverfahren erheblich größer. Außerdem müssen für die Berechnung der Anforderungsgrößen (insbesondere Jahres-Primärenergiebedarf) viele Daten bekannt sein wie z. B. Bauteilaufbauten, U-Werte, Kennwerte der Anlagentechnik. Insbesondere bei älteren Bestandsgebäuden liegen diese Daten nicht oder nur teilweise vor, so dass der Nachweis über das Referenzgebäudeverfahren in der Praxis auf Sonderfälle beschränkt bleibt, z. B. wenn Komplettsanierungen durchgeführt werden sollen.

Eine energetische Bewertung ist außerdem erforderlich, wenn für ein bestehendes Gebäude ein Energiebedarfsausweis erstellt werden soll. In diesem Fall werden die Kenngrößen (Jahres-Primärenergiebedarf, Endenergiebedarf usw.) auf Grundlage festgelegter und normierter Randbedingungen rechnerisch nach den im GEG festgelegten Verfahren (nach der Normenreihe DIN V 18599) ermittelt.

4.5.2 Anforderungen an Wohngebäude

Die Anforderungen an geänderte Außenbauteile (Ersatz, Erneuerung, erstmaliger Einbau) von bestehenden Wohngebäuden gelten als erfüllt, wenn für das geänderte Wohngebäude insgesamt folgende Bedingungen erfüllt sind:

1. **Jahres-Primärenergiebedarf:** Der auf die Gebäudenutzfläche bezogene Jahres-Primärenergiebedarf $Q''_{p,vorh,GNF}$ (in kWh/(m^{2}a)) für Heizung, Warmwasser, Lüftung und Kühlung (falls vorhanden) des geänderten Wohngebäudes insgesamt darf den auf die Gebäudenutzfläche bezogenen Jahres-Primärenergiebedarf $Q''_{p,Ref,GNF}$(in kWh/(m^{2}a)) eines Referenzgebäudes, das die gleiche Geometrie, Gebäudenutzfläche und Ausrichtung wie das geänderte Gebäude aufweist, um nicht mehr als 40 % überschreiten. Die technische Ausführung des Referenzgebäudes ist in GEG Anlage 1 angegeben. Es gilt:

$$Q''_{p,vorh,GNF} \leq 1{,}4 \cdot Q''_{p,Ref,GNF} \qquad (4.1)$$

2. **Transmissionswärmeverlust:** Der spezifische, auf die wärmeübertragende Umfassungsfläche bezogene Transmissionswärmeverlust $H'_{T,vorh}$ (in W/(m^{2}K)) des geänderten Wohngebäudes insgesamt darf den Höchstwert $H'_{T,max}$ (in W/(m^{2}K)) eines Neubaus um nicht mehr als 40 % überschreiten. Die Maximalwerte (1,4 $H'_{T,max}$) sind in Tab. 4.3 bereits fertig berechnet. Es gilt:

$$H'_{T,vorh} \leq 1{,}4 \cdot H'_{T,max} \qquad (4.2)$$

In den Gl. (4.1) und (4.2) bedeuten:

$Q''_{p,vorh,GNF}$	auf die Gebäudenutzfläche bezogener Jahres-Primärenergiebedarf des geänderten Wohngebäudes, in kWh/(m^{2}a)
$Q''_{p,Ref,GNF}$	auf die Gebäudenutzfläche bezogener Jahres-Primärenergiebedarf des zugehörigen Referenzgebäudes, in kWh/(m^{2}a)
$H'_{T,vorh}$	spezifischer, auf die wärmeübertragende Umfassungsfläche bezogener Transmissionswärmeverlust des geänderten Wohngebäudes, in W/(m^{2}K)
$H'_{T,max}$	Höchstwert des spezifischen, auf die wärmeübertragende bezogener Transmissionswärmeverlust (Tab. 4.4), in W/(m^{2}K)

Beispiel

Für ein bestehendes Wohngebäude soll der spezifische, auf die wärmeübertragende Umfassungsfläche bezogene Transmissionswärmeverlust H'_T ermittelt werden. Außerdem ist zu prüfen, ob der Höchstwert des spezifischen, auf die wärmeübertragende Umfassungsfläche bezogene Transmissionswärmeverlust nach GEG § 50 eingehalten ist.

Randbedingungen:

- Der Baukörper ist ein Quader, freistehend
- Abmessungen (Außenmaße): Grundfläche 8,0 m × 12,0 m, Höhe 5,5 m (Außenmaße)
- Geschosshöhe 2,75 m; 2 Vollgeschosse
- Fensterfläche: 25 % der gesamten Fassadenfläche
- Außentür: 1,26 m × 2,01 m
- Temperaturkorrekturfaktoren:
  - Bodenplatte: $F_x = 0,6$ (vereinfachende Annahme; die genaue Berechnung ist nach DIN V 18599-2:2018-09, Tab. 6 [11] durchzuführen
  - alle anderen Bauteile: $F_x = 1,0$
- Wärmedurchgangskoeffizienten (U-Werte):
  - Bodenplatte: $U = 0,50$ W/(m²K)
  - Außenwände: $U = 0,25$ W/(m²K)
  - Fenster: $U_W = 1,30$ W/(m²K)
  - Außentür: $U_D = 1,80$ W/(m²K)
  - Dach: $U = 0,20$ W/(m²K)
- Wärmeverluste durch Wärmebrücken sollen pauschal durch einen Wärmebrückenzuschlag berücksichtigt werden. Es werden Wärmebrücken der Kategorie A nach DIN 4108 Beiblatt 2 [10] ausgeführt.

Lösung:

Der spezifische Transmissionswärmeverlust H_T in [W/K] (bzw. der Wärmetransferkoeffizient) berechnet sich mit folgender Gleichung (s. DIN/TS 18599-12:2021-4, Tab. A.4 [12]):

$$H_T = \sum F_{x,i} \cdot U_i \cdot A_i + \Delta U_{WB} \cdot A$$

Darin bedeuten:

$F_{x,i}$	Temperaturkorrekturfaktor, dimensionslos
U_i	Wärmedurchgangskoeffizient des Bauteils, in W/(m²K)
A_i	Fläche des Bauteils i, in m²

ΔU_{WB} Wärmebrückenzuschlag, in W/(m²K)
A wärmeübertragende Umfassungsfläche, in m²

Die Berechnung erfolgt zweckmäßigerweise tabellarisch (Tab. 4.5).
Insgesamt ergibt sich folgender spezifischer Transmissionswärmeverlust (Wärmetransferkoeffizient):

$$H_T = \sum F_x \cdot U_i \cdot A_i + \Delta U_{WB} \cdot A = 164{,}7 + 0{,}05 \cdot 412{,}0 = 185{,}3 \text{W/K}$$

mit:

$$\Delta U_{WB} = 0{,}05 \text{ W/(m}^2\text{K)} \text{ für Wärmebrücken der Kategorie A nach DIN 4108 Beiblatt 2}$$

$$A = 412{,}0 \text{ m}^2 \text{(wärmeübertragende Umfassungsfläche)}$$

Spezifischer, auf die wärmeübertragende Umfassungsfläche bezogener Transmissionswärmeverlust:

$$H'_T = \frac{H_T}{A} = \frac{185{,}3}{412{,}0} = 0{,}45 \text{ W/(m}^2\text{K)}$$

Gebäudenutzfläche:
Für Geschosshöhen zwischen 2,5 m und 3,0 m berechnet sich die Gebäudenutzfläche mit folgender Gleichung (Tab. 1.5):

$$A_N = 0{,}32 \cdot V_e = 0{,}32 \cdot (8{,}0 \cdot 12{,}0 \cdot 5{,}5) = 0{,}32 \cdot 528 = 169{,}0 \text{ m}^2$$

Tab. 4.5 Beispiel – Berechnung des spezifischen Transmissionswärmeverlusts

Bauteil	Temperaturkorrekturfaktor F_x [-]	U-Wert U [W/(m²K)]	Fläche A [m²]	spez. Transmissionswärmeverlust H_T [W/K]
Bodenplatte	0,6	0,50	8,0 × 12,0 = 96,0	28,8
Dach	1,0	0,20	8,0 × 12,0 = 96,0	19,2
Außenwände	1,0	0,25	2 × 8,0 × 5,5 + 2 × 12,0 × 5,5–55,0–2,53 = 162,47	40,6
Fenster	1,0	1,30	0,25 × (2 × 8,0 × 5,5 + 2 × 12,0 × 5,5) = 55,0	71,5
Außentür	1,0	1,80	1,26 × 2,01 = 2,53	4,6
		Summe	$A = 412{,}0$ m²	164,7

Tab. 4.6 Höchstwerte der mittleren Wärmedurchgangskoeffizienten $U_{m,max}$ der wärmeübertragenden Umfassungsfläche bei Nichtwohngebäuden; Klammerwerte geben den bei bestehenden Nichtwohngebäuden maßgebenden Maximalwert (1,75 $U_{m,max}$) nach Gl. (4.7) an (nach GEG Anlage 3)

Nr.	Bauteil	Höchstwerte der mittleren Wärmedurchgangskoeffizienten $U_{m,max}$ ($1,25 \cdot 1,40 \cdot U_{m,max}$) in W/(m²K)	
		Zonen mit Raum-Solltemperaturen im Heizfall $\geq$ 19 °C	Zonen mit Raum-Solltemperaturen im Heizfall von 12 °C bis < 19 °C
1	Opake Außenbauteile, soweit diese nicht in Nr. 3 und Nr. 4 enthalten sind	0,28 (= $1,25 \cdot 1,4 \cdot 0,28 =$ 0,49)	0,50 (0,875)
2	Transparente Außenbauteile, soweit diese nicht in Nr. 3 und Nr. 4 enthalten sind	1,50 (2,625)	2,80 (4,90)
3	Vorhangfassaden	1,50 (2,625)	3,00 (5,25)
4	Glasdächer, Lichtbänder, Lichtkuppeln	2,50 (4,375)	3,10 (5,425)

Anmerkungen:
1. Die Berechnung des mittleren Wärmedurchgangskoeffizienten des jeweiligen Bauteils erfolgt in Abhängigkeit des Flächenanteils der einzelnen Bauteile.
2. Die Wärmedurchgangskoeffizienten von Bauteilen gegen unbeheizte Räume oder Erdreich sind mit dem Faktor 0,5 zu multiplizieren. Ausgenommen sind Bauteile gegen Dachräume.
3. Bei der Ermittlung des Wärmedurchgangskoeffizienten von Bodenplatten sind Flächen, die weiter als 5 m vom äußeren Rand des Gebäudes entfernt sind, nicht zu berücksichtigen.
4. Bei mehreren Zonen mit unterschiedlichen Raum-Solltemperaturen im Heizfall ist die Berechnung für jede Zone getrennt durchzuführen.
5. Die Berechnung der Wärmedurchgangskoeffizienten erfolgt nach folgenden Normen: Erdberührte Bauteile nach DIN V 18599-2 [7], opake Bauteile nach DIN 4108-4 [8] in Verbindung mit DIN EN ISO 6946 [3], transparente Bauteile nach DIN 4108-4 [8].

Nachweis:

$$H'_{T,vorh} = 0,45 \leq 1,4 \cdot H'_{T,max} = 1,4 \cdot 0,40 = 0,56 \text{ W/(m}^2\text{K)}$$

Darin ist $H'_{T,max} = 0,40$ W/(m²K) der Höchstwert des spezifischen, auf die wärmeübertragende Umfassungsfläche bezogene Transmissionswärmeverlust für freistehende Wohngebäude mit einer Gebäudenutzfläche von $A_N \leq 350$ m² (hier: vorh $A_N = 169,0$ m²); siehe Tab. 4.3.

Der Nachweis ist erbracht. ◄

4.5.3 Anforderungen an Nichtwohngebäude

Die Anforderungen an geänderte Außenbauteile von bestehenden Nichtwohngebäuden (bei Ersatz, Erneuerung, erstmaligem Einbau) gelten als erfüllt, wenn für das geänderte Nichtwohngebäude insgesamt folgende Bedingungen erfüllt sind:

1. **Jahres-Primärenergiebedarf:** Der auf die Nettogrundfläche bezogene Jahres-Primärenergiebedarf $Q''_{p,vorh,NGF}$ (in kWh/(m²a)) für Heizung, Warmwasser, Lüftung, Kühlung und Beleuchtung des geänderten Nichtwohngebäudes insgesamt darf den auf die Nettogrundfläche bezogenen Jahres-Primärenergiebedarf $Q''_{p,Ref,NGF}$(in kWh/(m²a)) eines Referenzgebäudes, das die gleiche Geometrie, Nettogrundfläche, Ausrichtung und Nutzung wie das geänderte Gebäude aufweist, um nicht mehr als 40 % überschreiten. Die technische Ausführung des Referenzgebäudes ist in GEG Anlage 2 festgelegt. Es gilt:

$$Q''_{p,vorh,NGF} \leq 1,4 \cdot Q''_{p,Ref,NGF} \qquad (4.3)$$

2. **Mittlerer Wärmedurchgangskoeffizient:** Das auf eine Nachkommastelle gerundete 1,25fache der Höchstwerte der mittleren Wärmedurchgangskoeffizienten der wärmeübertragenden Umfassungsfläche nach GEG Anlage 3 (für Neubauten) darf um nicht mehr als 40 % überschritten werden.Das bedeutet, dass die in GEG Anlage 3 für Neubauten festgelegten Werte für den mittleren Wärmedurchgangskoeffizient bei bestehenden Nichtwohngebäuden mit dem Faktor $(1,25 \times 1,4 =)$ 1,75 zu multiplizieren sind, um den Höchstwert für den Nachweis im Bestand zu erhalten. Es gilt daher:

$$U_{m,vorh} \leq 1,75 \cdot U_{m,max} \qquad (4.4)$$

In den Gl. (4.3) und (4.4) bedeuten:

$Q''_{p,vorh,NGF}$	auf die Nettogrundfläche bezogener Jahres-Primärenergiebedarf des geänderten Nichtwohngebäudes, in kWh/(m²a)
$Q''_{p,Ref,NGF}$	auf die Nettogrundfläche bezogener Jahres-Primärenergiebedarf des zugehörigen Referenzgebäudes, in kWh/(m²a)
$U_{m,vorh}$	mittlerer Wärmedurchgangskoeffizient des betrachteten Bauteils, in W/(m²K)
$U_{m,max}$	Höchstwert des mittleren Wärmedurchgangskoeffizienten für das betrachtete Bauteil nach Tab. 4.6, in W/(m²K)

Der mittlere Wärmedurchgangskoeffizient der betrachteten Bauteilgruppe (opake Außen-bauteile, transparente Außenbauteile, Vorhangfassaden und Glasdächer, Lichtbänder und -kuppeln) ist unter Berücksichtigung der Flächenanteile der jeweiligen Bauteile zu berechnen. Es gilt folgende Gleichung:

$$U_\mathrm{m} = \frac{\sum U_\mathrm{i} \cdot A_\mathrm{i}}{A_\mathrm{ges}} \tag{4.5}$$

Darin bedeuten:

U_m mittlerer Wärmedurchgangskoeffizient, in W/(m^{2}K)
U_i Wärmedurchgangskoeffizient des Bauteils i, in W/(m^{2}K)
A_i Fläche des Bauteils i, in m^2
A_ges Gesamtfläche, in m^2

Die Gesamtfläche A_ges berechnet sich mit folgender Gleichung:

$$A_\mathrm{ges} = A_1 + A_2 + \cdots + A_\mathrm{n} \tag{4.6}$$

Darin sind:
$A_1, A_2, \ldots, A_\mathrm{n}$ Flächen der einzelnen Bauteile, in m^2
Bei der Berechnung des Wärmedurchgangskoeffizienten von Bodenplatten ist zu beach-ten, dass Flächen, die weiter als 5,0 m vom Rand entfernt sind, nicht zu berücksichtigen sind. Das bedeutet, dass für die Ermittlung des U-Werts nur ein 5,0 m breiter Streifen entlang der Ränder der Bodenplatte angesetzt werden muss (Abb. 4.8).
Bei großflächigen Bodenplatten mit Abmessungen von mehr als 10 m × 10 m verringert sich der Wärmedurchgangskoeffizient der Bodenplatte durch diese Regelung. Dies soll an folgendem Beispiel verdeutlicht werden.

Beispiel

Für eine Lagerhalle im Bestand (Nichtwohngebäude mit Raum-Solltemperaturen ≥ 19 °C) sind der mittlere Wärmedurchgangskoeffizient der Außenbauteilflächen zu berechnen sowie die Nachweise zu führen (Abb. 4.9).

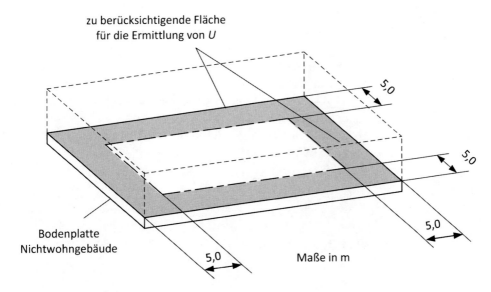

Abb. 4.8 Berücksichtigung der Randflächen mit 5,0 m Breite bei einer Bodenplatte für die Ermittlung des mittleren Wärmedurchgangskoeffizienten

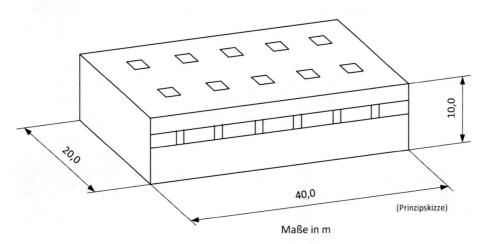

Abb. 4.9 Beispiel – Berechnung des mittleren Wärmedurchgangskoeffizienten der Außenbauteile einer Halle

Randbedingungen:

- Abmessungen: Breite 20,0 m, Tiefe 40,0 m, Höhe 10,0 m
- Wärmedurchgangskoeffizienten und Flächen:
  - Dach: $U = 0,25$ W/(m^{2}K) (opak)
  - Außenwände: $U = 0,40$ W/(m^{2}K) (opak), 80 % der Fassadenfläche
  - Bodenplatte: $U = 0,90$ W/(m^{2}K) (opak)
  - Transparente Bauteile (Fenster): $U_W = 1,3$ W/(m^{2}K), 20 % der Fassadenfläche
  - Lichtbänder: $U = 2,5$ W/(m^{2}K), 15 % der Dachfläche

Lösung:
Berechnung der Flächen:
Dach:

$$A_1 = 20,0 \cdot 40,0 - 0,15 \cdot (20 \cdot 40,0) = 800,0 - 120,0 = 680,0 \text{ m}^2$$

Außenwände:

$$A_2 = 0,80 \cdot (2 \cdot 20,0 \cdot 10,0 + 2 \cdot 40,0 \cdot 10,0) = 0,80 \cdot 1200,0 = 960,0 \text{ m}^2$$

Transparente Bauteile (Fenster):

$$A_3 = 0,20 \cdot 1200,0 = 240,0 \text{ m}^2$$

Davon sind:
Lichtbänder:

$$A_4 = 0,15 \cdot (20,0 \cdot 40,0) = 120,0 \text{ m}^2$$

Bodenplatte:
Es dürfen nur die jeweils 5,0 m breiten Streifen entlang der Ränder der Bodenplatte angesetzt werden.

$$A_5 = 20,0 \cdot 40,0 - (20,0 - 2 \cdot 5,0) \cdot (40,0 - 2 \cdot 5,0) = 800,0 - 10,0 \cdot 30,0 = 500 \text{m}^2$$

Gesamtflächen:
Opake Bauteile insgesamt:
  Für die Berechnung der Gesamtfläche werden alle Bauteile mit ihrer vollen Fläche angesetzt, d. h. die Bodenplatte wird mit $(20,0 \times 40,0 =)$ 800 m^2 berücksichtigt.

$$A_{\text{opak}} = 680,0 + 960,0 + 500,0 = 2140 \text{m}^2$$

Transparente Bauteile (Fenster):

$$A_{\text{transparent}} = 240,0 \text{ m}^2$$

Lichtbänder:

$$A_{\text{Lichtbänder}} = 120{,}0 \ \text{m}^2$$

Kontrolle:

$$A_{\text{ges}} = 2140 + 240 + 120 = 2500 \text{m}^2$$

$$= 2 \cdot 20 \cdot 40 + 2 \cdot 20 \cdot 10 + 2 \cdot 40 \cdot 10 - 10 \cdot 30 = 2500 \text{m}^2$$

Mittlere Wärmedurchgangskoeffizienten und Nachweis:
Opake Bauteile:

$$U_{\text{m}} = \frac{\sum U_{\text{i}} \cdot A_{\text{i}}}{A_{\text{ges}}} = \frac{680{,}0 \cdot 0{,}25 + 960{,}0 \cdot 0{,}40 + 500{,}0 \cdot 0{,}90}{2140} = 0{,}47 \ \text{W/(m}^2\text{K)}$$

$$< 1{,}75 \cdot 0{,}28 = 0{,}49 \ \text{W/(m}^2\text{K)}$$

Lichtbänder:

$$U_m = U = 2{,}5 \le 2{,}5 \ \text{W/(m}^2\text{K)}$$

Transparente Flächen:

$$U_m = U = 1{,}3 \le 1{,}5 \ \text{W/(m}^2\text{K)}$$

◀

4.5.4   Vorgehensweise bei fehlenden Angaben

Bei fehlenden Angaben können folgende Vereinfachungen vorgenommen werden:

- **Fehlende geometrische Daten (Abmessungen):** Fehlende geometrische Daten können durch ein vereinfachtes Aufmaß ermittelt werden.
- **Fehlende energetische Kennwerte für Bauteile und Anlagenkomponenten:** Liegen energetische Kennwerte für Bauteile und Anlagenkomponenten nicht vor, dürfen gesicherte Erfahrungswerte für Bauteile und Anlagenkomponenten vergleichbarer Altersklassen verwendet werden.

Für die Ermittlung fehlender geometrischer Daten und energetischer Kennwerte dürfen die Angaben in den " Bekanntmachungen zu Vereinfachungen für die Datenaufnahme

und die Ermittlung der energetischen Eigenschaften" verwendet werden. Die Bekanntmachungen werden gemeinsam vom Bundesministerium für Wirtschaft und Klimaschutz
und vom Bundesministerium für Wohnen, Stadtentwicklung und Bauwesen herausgegeben und sind im Bundesanzeiger veröffentlicht. Für den Wohngebäudebestand siehe [13],
für den Nichtwohngebäudebestand siehe [14].

Die Bekanntmachungen enthalten:

- Regeln zu Vereinfachungen beim geometrischen Aufmaß
- Angaben zur vereinfachten Ermittlung der energetischen Qualität bestehender Bauteile
- Angaben zur vereinfachten Ermittlung der energetischen Qualität der Anlagentechnik
- Angaben zum Anforderungsniveau der Wärmeschutzverordnung 1977
- Regeln zur Berechnung des Wärmedurchgangskoeffizienten

Nachfolgend soll kurz auf wesentliche Punkte am Beispiel der Bekanntmachungen für
den Wohngebäudebestand eingegangen werden. Für den Nichtwohngebäudebestand wird
auf den entsprechenden Text der Bekanntmachung verwiesen [14].

Vereinfachtes Aufmaß
Beim Aufmaß können Vereinfachungen ausgenutzt werden. Diese betreffen das Aufmaß
von Fenstern, Außentüren und Rollladenkästen, Vor- und Rücksprünge in der Fassade,
Aufzugsunterfahrten und ähnliche Bauteile, die über die Bodenplatte nach unten überste-
hen, Treppen, Aufzugsschächte, Flächen von Heizkörpernischen, Lüftungsschächte sowie
die Neigung von Flächen (z. B. bei geneigten Dächern). Siehe hierzu Tab. 4.7.

Vereinfachte Ermittlung der energetischen Qualität bestehender Bauteile
Für die vereinfachte Ermittlung der energetischen Qualität bestehender Bauteile werden
Pauschalwerte für den Wärmedurchgangskoeffizienten in Abhängigkeit von der Baualters-
klasse angegeben. Die Werte gelten für opake Bauteile, die nicht nachträglich gedämmt
wurden (Tab. 4.8). Pauschalwerte für Wärmedurchgangskoeffizienten von transparenten
Bauteilen sind in Tab. 4.9 angegeben.

Wärmedurchgangskoeffizienten von nachträglich gedämmten Bauteilen
Der pauschale Wärmedurchgangskoeffizient für ein nachträglich gedämmtes opakes
Bauteil berechnet sich mit folgender Gleichung:

$$U_{neu} = \frac{1}{\frac{1}{U_0} + \frac{d_1}{\lambda_1} + \frac{d_2}{\lambda_1} + \cdots + \frac{d_i}{\lambda_i}} \tag{4.7}$$

Darin bedeuten:

U_{neu} pauschaler Wärmedurchgangskoeffizient für das nachträglich gedämmte Bauteil,
in W/(m²K)

Tab. 4.7 Vereinfachungen beim geometrischen Aufmaß (nach Bekanntmachung der Regeln zur Datenaufnahme und Datenverwendung im Wohngebäudebestand; dort Tab. 1)

Nr	Bauteil	Vereinfachung
1a	Fenster	Fensterbreite: Die Fensterbreite bei Lochfassaden darf mit 55 % der Raumbreite angenommen werden. Fensterhöhe: Lichte Raumhöhe minus 1,50 m
1b	Außentüren	Nicht zu berücksichtigen, sofern Zeile 1a angewendet wird. Flächen von Außentüren sind in dem Pauschalwert für die Fensterfläche bereits enthalten.
1c	Rollladenkästen	10 % der Fensterfläche
2	Vor- und Rücksprünge in opaken Fassaden bis 0,5 m Brandriegel	Dürfen übermessen werden.
3a	Aufzugsunterfahrten, Pumpensümpfe o.ä. Bauteile, die nach unten ins Erdreich über die Bodenplatte hinausstehen	Dürfen übermessen werden.
3b	Treppenabgänge, Aufzugsschächte, Leitungsschächte, die aus dem beheizten Gebäudevolumen nach unten in einen unbeheizten Bereich führen	Dürfen übermessen werden. Ausnahme: Regelung gilt nicht, wenn die Innentemperatur im unbeheizten Bereich in der Heizperiode infolge starker Belüftung nur unwesentlich über der Außentemperatur liegt (z. B. Tiefgaragen).

(Fortsetzung)

Tab. 4.7 (Fortsetzung)

Nr	Bauteil	Vereinfachung
3c	Treppenaufgänge Aufzugsschächte, Leitungsschächte, die ohne wirksamen thermischen Abschluss aus dem beheizten Gebäudevolumen nach oben in einen unbeheizten Bereich führen	Für • Treppenaufgänge ≤ 25 m^2 Grundfläche und • Schächte ≤ 12 m^2 Grundfläche gilt: Es darf eine Ersatzfläche in der Ebene der obersten Geschossdecke horizontal angenommen werden, die die gleiche Fläche aufweist wie der Treppenraum bzw. Schacht, für die in Abhängigkeit von der Baualtersklasse folgender Ersatz-U-Wert anzusetzen ist: Treppenaufgänge: • bis 1918: $U = 6{,}8$ W/(m^{2}K) • 1919 bis 1957: $U = 5{,}7$ W/(m^{2}K) • 1958 bis 1978: $U = 3{,}6$ W/(m^{2}K) • ab 1979: $U = 1{,}3$ W/(m^{2}K) Aufzugs- und sonstige Schächte bis 5 m^2 Grundfläche: • bis 1978: $U = 13{,}0$ W/(m^{2}K) • ab 1979: $U = 8{,}0$ W/(m^{2}K) Aufzugs- und sonstige Schächte über 5 m^2 Grundfläche: • bis 1978: $U = 10{,}0$ W/(m^{2}K) • ab 1979: $U = 6{,}0$ W/(m^{2}K)
4	Flächen von Heizkörpernischen	50 % der Fläche des darüberliegenden Fensters
5	Lüftungsschächte	Dürfen übermessen werden.
6	Sonstige opake Bauteile der Hüllfläche mit einer Fläche von weniger als 1,0 m^2	Dürfen übermessen werden.
7	Neigung	Rundung von geneigten Flächen auf folgende Werte: 0°, 30°, 45°, 60° oder 90°

U_0	pauschaler Wärmedurchgangskoeffizient für das Bauteil im ursprünglichen Zustand nach Tab. 4.8, in W/(m^{2}K)
d_1	Dicke der nachträglich angeordneten Dämmstoff Nummer 1, in m
λ_1	Wärmeleitfähigkeit der nachträglich angeordneten Dämmschicht Nummer 1, in W/(mK)
d_2	Dicke der nachträglich angeordneten Dämmstoff Nummer 2, in m
λ_2	Wärmeleitfähigkeit der nachträglich angeordneten Dämmschicht Nummer 2, in W/(mK)
d_i	Dicke der nachträglich angeordneten Dämmstoff Nummer i, in m
λ_i	Wärmeleitfähigkeit der nachträglich angeordneten Dämmschicht Nummer i, in W/(mK)

Tab. 4.8   Pauschalwerte für den Wärmedurchgangskoeffizienten (in $W/(m^2 K)$) von nicht nachträglich gedämmten opaken Bauteilen im Wohngebäudebestand (nach Bekanntmachung der Regeln zur Datenaufnahme und Datenverwendung im Wohngebäudebestand, Tab. 2; Auszug)

Bauteil	Konstruktion	Baualtersklasse								
		bis 1918	1919 bis 1948	1949 bis 1957	1958 bis 1968	1969 bis 1978	1979 bis 1983	1984 bis 1994	1995 bis 2001	ab 2002
Dach (auch Wände zwischen beheiztem und unbeheiztem Dachgeschoss)	Massive Konstruktion	2,1	2,1	2,1	1,3	1,3	0,60	0,40	0,30	0,20
	Holzkonstruktion	2,6	1,4	1,4	1,4	0,80	0,70	0,50	0,30	0,20
Oberste Geschossdecke	Massivdecke	2,1	2,1	2,1	2,1	0,60	0,60	0,30	0,30	0,20
	Holzbalkendecke	1,0	1,0	0,80	0,70	0,60	0,40	0,30	0,30	0,20
Außenwand massiv	zweischalig ohne Dämmung	1,3	1,3	1,3	1,4	1,0	0,80	0,60	0,50	0,40
	Vollziegel, Kalksandsteine, Bimsbetonvollsteine o.Ä	1,8	1,8	1,8	k.A	k.A	k.A	k.A	k.A	k.A
	Hochlochziegel, Bimsbeton-Hohlsteine o.Ä	1,4	1,4	1,4	1,4	1,0	0,80	0,60	0,50	0,40
Außenwand in Holzbauweise	Massivholzwand (z. B. Blockhaus), Holzrahmen oder Holztafelwand mit Dämmung	0,50	0,50	0,50	0,50	0,50	0,50	0,40	0,40	0,30
	Fachwerkwand mit Lehm- oder Lehmziegel-Ausfachung	2,0	2,0	2,0	k.A	k.A	k.A	k.A	k.A	k.A
Bauteile gegen Erdreich, zu unbeheizten Räumen	Kellerdecke aus Stahlbeton, massiv	1,6	1,6	2,3	1,0	1,0	0,80	0,60	0,60	0,50
	Bodenplatte gegen Erdreich, massiv	1,6	1,6	2,3	1,2	1,2	0,80	0,60	0,60	0,50
Außentüren	aus Metall	4,0								
	aus Holz, Holzwerkstoffen, Kunststoff	2,9								

Baualtersklasse: Maßgebend für die Einordnung ist das Jahr der Fertigstellung des Gebäudes oder Gebäudeteils, zu dem das Bauteil gehört. Die Baualtersklasse 1984 bis 1995 gilt für Gebäude, die nach der Wärmeschutzverordnung vom 24. Februar 192 (Inkrafttreten am 1. Januar 1984) errichtet wurden

Sofern die Wärmeleitfähigkeit der nachträglich eingebauten Dämmschicht nicht bekannt ist, können vereinfachend folgende Werte angenommen werden:

- Mineralfaser und Kunststoffschäume: $\lambda = 0{,}04$ W/(mK)
- Dämmstoffe aus nachwachsenden Rohstoffen, Einblasdämmung: $\lambda = 0{,}05$ W/(mK)

Tab. 4.9 Pauschalwerte für den Wärmedurchgangskoeffizienten (in $W/(m^2 K)$) von transparenten Bauteilen (nach Bekanntmachung der Regeln zur Datenaufnahme und Datenverwendung im Wohngebäudebestand; dort Tab. 3; Auszug)

Bauteil	Konstruktion	Kennwert	Baualtersklasse				
			Bis 1978	1979 bis 1983	1984 bis 1994	1995 bis 2001	ab 2002
Fenster, Fenstertüren	Holzfenster, einfach verglast	U_W	5,0	k.A	k.A	k.A	k.A
		Verglasung	einfach	k.A	k.A	k.A	k.A
		U_g	5,8	k.A	k.A	k.A	k.A
	Holzfenster, zwei Scheiben	U_W	2,7	2,7	2,7	1,6	1,5
		Verglasung	zweifach	zweifach	zweifach	MSIV 2	MSIV 2
		U_g	2,9	2,9	2,9	1,4	1,2
	Kunststofffenster, Isolierverglasung	U_W	3,0	3,0	3,0	1,9	1,5
		Verglasung	zweifach	zweifach	zweifach	MSIV 2	MSIV 2
		U_g	2,9	2,9	2,9	1,4	1,2
	Aluminimum- oder Stahlfenster, Isolierverglasung	U_W	4,3	4,3	3,2	1,9	1,5
		Verglasung	zweifach	zweifach	zweifach	MSIV 2	MSIV 2
		U_g	2,9	2,9	2,9	1,4	1,2

Baualtersklasse: Maßgebend für die Einordnung ist das Jahr der Fertigstellung des Gebäudes oder Gebäudeteils, zu dem das Bauteil gehört. Die Baualtersklasse 1984 bis 1995 gilt für Gebäude, die nach der Wärmeschutzverordnung vom 24. Februar 192 (Inkrafttreten am 1. Januar 1984) errichtet wurden

Beispiel

Für eine massive Außenwand aus Kalksandstein-Mauerwerk ist der pauschale Wärmedurchgangskoeffizient zu ermitteln. Die Wand wurde mit einer Dämmschicht aus Polystyrol (Kunststoffschaum) verbessert, Dicke 8 cm. Baujahr des Gebäudes: 1955.

Lösung:

Aus Tab. 4.8 ergibt sich der pauschale Wärmedurchgangskoeffizient für die Wand im ursprünglichen Zustand (Baualtersklasse 1949 bis 1957) zu:

$$U_0 = 1,8 \ W/(m^2 K)$$

Der pauschale Wärmedurchgangskoeffizient für die nachträglich gedämmte Außenwand ergibt sich zu:

$$U_{neu} = \frac{1}{\frac{1}{U_0} + \frac{d_1}{\lambda_1} + \frac{d_2}{\lambda_1} + \cdots + \frac{d_i}{\lambda_i}} = \frac{1}{\frac{1}{1,8} + \frac{0,08}{0,04}} = 0,39 \text{ W/(m}^2\text{K)}$$

mit: $\lambda = 0,04$ W/(mK) für Dämmstoffe aus Kunststoffschäumen

Der pauschale Wärmedurchgangskoeffizient der nachträglich gedämmten Außenwand beträgt $U_{neu} = 0,39$ W/(m²K).◄

Vereinfachte Ermittlung der energetischen Qualität der Anlagentechnik
In den Bekanntmachungen sind Angaben für die vereinfachte Ermittlung der energetischen Qualität der Analgentechnik enthalten.

Die Pauschalwerte gelten allerdings nur, wenn für die Berechnung des Jahres-Primärenergiebedarfs das Verfahren nach DIN V 4701-10 Nr. 4 [15] in Verbindung mit DIN V 4108-6 [16] verwendet wird. Sofern der Jahres-Primärenergiebedarf nach der Normenreihe DIN V 18599 [17] berechnet werden soll, können die Pauschalwerte in den Bekanntmachungen nicht angewendet werden. In diesem Fall müssen die energetischen Eigenschaften von Anlagenkomponenten bestehender Anlagen unmittelbar aus den entsprechenden Teilen der DIN V 18599 entnommen werden. Für weitere Informationen wird auf die Bekanntmachungen sowie auf die genannten Normen verwiesen.

4.6 Anforderungen an ein bestehendes Gebäude bei Erweiterung und Ausbau

Bei der Erweiterung (z. B. Anbau, Aufstockung) oder dem Ausbau (z. B. Ausbau des Dachgeschosses) eines bestehenden Gebäudes sind Anforderungen der neu hinzugekommenen Außenbauteilen einzuhalten. Die Anforderungen ergeben sich aus § 51 des GEG; siehe folgenden Auszug.

"§ 51 Anforderungen an ein bestehendes Gebäude bei Erweiterung und Ausbau"

"(1) Bei der Erweiterung und dem Ausbau eines Gebäudes um beheizte oder gekühlte Räume darf
1. bei Wohngebäuden der spezifische, auf die wärmeübertragende Umfassungsfläche bezogene Transmissionswärmeverlust der Außenbauteile der neu hinzukommenden beheizten oder gekühlten Räume das 1,2fache des entsprechenden Wertes des Referenzgebäudes gemäß der Anlage 1 nicht überschreiten oder
2. bei Nichtwohngebäuden die mittleren Wärmedurchgangskoeffizienten der wärmeübertragenden Umfassungsfläche der Außenbauteile der neu hinzukommenden beheizten oder gekühlten Räume das auf eine Nachkommastelle gerundete 1,25fache der Höchstwerte gemäß der Anlage 3 nicht überschreiten."

4.6.1 Anforderungen an Wohngebäude

Bei Wohngebäuden wird als Anforderungsgröße der spezifische, auf die wärmeübertragende Umfassungsfläche bezogene Transmissionswärmeverlust H'_T verwendet. Für Außenbauteile der neu hinzugekommenen Räume (beheizt oder gekühlt) darf dieser nicht größer als das 1,2fache des entsprechenden Wertes des zugehörigen Referenzgebäudes nach GEG Anlage 1 sein. Es gilt:

$$H'_{T,vorh} \leq 1,2 \cdot H'_{T,Ref} \tag{4.8}$$

Darin bedeuten:

$H'_{T,vorh}$ spezifischer, auf die wärmeübertragende Umfassungsfläche bezogener Transmissionswärmeverlust der Außenbauteile der neu hinzugekommenen Räume, in $W/(m^2 K)$

$H'_{T,Ref}$ spezifischer, auf die wärmeübertragende Umfassungsfläche bezogener Transmissionswärmeverlust des zugehörigen Referenzgebäudes, in $W/(m^2 K)$

Für die Ermittlung des spezifischen, auf die wärmeübertragende Umfassungsfläche bezogenen Transmissionswärmeverlustes des Referenzgebäudes werden die Wärmedurchgangskoeffizienten der Außenbauteile des Referenzgebäudes benötigt; siehe hierzu Tab. 4.10. Der Wärmebrückenzuschlag des Referenzgebäudes wird mit $\Delta U_{WB} = 0,05$ W/$(m^2 K)$ angenommen.

Spezifischer Transmissionswärmeverlust
Der spezifische Transmissionswärmeverlust H_T berechnet sich mit folgender Gleichung:

$$H_T = \sum F_{x,i} \cdot U_i \cdot A_i + \Delta U_{WB} \cdot A \tag{4.9}$$

Durch Division von H_T durch die wärmeübertragende Umfassungsfläche A ergibt sich der spezifische, auf die wärmeübertragende Umfassungsfläche bezogene Transmissionswärmeverlust H'_T. Es gilt:

$$H'_T = \frac{H_T}{A} \tag{4.10}$$

In den Gl. (4.9) und (4.10) bedeuten:

H_T spezifischer Transmissionswärmeverlust, in W/K

H'_T spezifischer, auf die wärmeübertragende Umfassungsfläche bezogener Transmissionswärmeverlust, in $W/(m^2 K)$

$F_{x,i}$ Temperaturkorrekturfaktor für das Bauteil mit der Nummer i; abhängig von der Lage des Bauteile, dimensionslos (für Bauteile an Außenluft ist $F_x = 1,0$, für

Tab. 4.10 Wärmedurchgangskoeffizienten der Außenbauteile des Referenzgebäudes für Wohngebäude (nach GEG Anlage 1)

Bauteil	Wärmedurchgangskoeffizient [W/(m²K)]
Außenwände (einschließlich Einbauten wie Rollladenkasten) Geschossdecke gegen Außenluft	$U = 0{,}28$
Außenwände gegen Erdreich Bodenplatte Wände und Decken zu unbeheizten Räumen	$U = 0{,}35$
Dach oberste Geschossdecke Wände zu Abseiten	$U = 0{,}20$
Fenster, Fenstertüren	$U_{\mathrm{w}} = 1{,}3$
Dachflächenfenster Glasdächer Lichtbänder	$U_{\mathrm{w}} = 1{,}4$
Lichtkuppeln	$U_{\mathrm{w}} = 2{,}7$
Außentüren Türen zu unbeheizten Räumen	$U_{\mathrm{D}} = 1{,}8$
Wärmebrückenzuschlag	$\Delta U_{\mathrm{WB}} = 0{,}05$ W/(m²K)

Bauteile an unbeheizte Räume und ans Erdreich ist $F_{\mathrm{x}} < 1{,}0$; Berechnung siehe DIN V 18599-2)

U_{i} Wärmedurchgangskoeffizient für das Bauteil mit der Nummer i, in W/(m²K)

A_{i} Fläche des Bauteils mit der Nummer i, in m²

ΔU_{WB} Wärmebrückenzuschlag nach DIN 4108 Beiblatt 2, in W/(m²K)

A wärmeübertragende Umfassungsfläche, in m²

Beispiel

Ein bestehendes zweigeschossiges Wohngebäude soll durch eine Aufstockung als Staffelgeschoss erweitert werden. Die Konstruktion wird in Holzbauweise ausgeführt. Es ist der Nachweis der Transmissionswärmeverluste nach GEG § 51 zu führen. Auf den Nachweis des sommerlichen Wärmeschutzes soll im Rahmen dieser Aufgabe verzichtet werden (Abb. 4.10).

Randbedingungen:

- Abmessungen: 11,0 m × 8,0 m × 2,75 m (quaderförmig)
- Dach (neu): $U = 0{,}15$ W/(m²K)

Tab. 4.11 Höchstwerte der mittleren Wärmedurchgangskoeffizienten $U_{m,max}$ der wärmeübertragenden Umfassungsfläche bei Nichtwohngebäuden; Klammerwerte geben den maßgebenden Maximalwert bei Ausbau und Erweiterung an (= 1,25 $U_{m,max}$) (nach GEG Anlage 3)

Nr.	Bauteil	Höchstwerte der mittleren Wärmedurchgangskoeffizienten $U_{m,max}$ (1,25 $U_{m,max}$) in W/(m²K)	
		Zonen mit Raum-Solltemperaturen im Heizfall $\geq$ 19 °C	Zonen mit Raum-Solltemperaturen im Heizfall von 12 °C bis < 19 °C
1	Opake Außenbauteile, soweit diese nicht in Nr. 3 und Nr. 4 enthalten sind	0,28 (= 1,25 · = 0,35)	0,50 (0,625)
2	Transparente Außenbauteile, soweit diese nicht in Nr. 3 und Nr. 4 enthalten sind	1,50 (1,875)	2,80 (3,50)
3	Vorhangfassaden	1,50 (1,875)	3,00 (3,75)
4	Glasdächer, Lichtbänder, Lichtkuppeln	2,50 (3,125)	3,10 (3,875)

Anmerkungen:
1. Die Berechnung des mittleren Wärmedurchgangskoeffizienten des jeweiligen Bauteils erfolgt in Abhängigkeit des Flächenanteils der einzelnen Bauteile.
2. Die Wärmedurchgangskoeffizienten von Bauteilen gegen unbeheizte Räume oder Erdreich sind mit dem Faktor 0,5 zu multiplizieren. Ausgenommen sind Bauteile gegen Dachräume.
3. Bei der Ermittlung des Wärmedurchgangskoeffizienten von Bodenplatten sind Flächen, die weiter als 5 m vom äußeren Rand des Gebäudes entfernt sind, nicht zu berücksichtigen.
4. Bei mehreren Zonen mit unterschiedlichen Raum-Solltemperaturen im Heizfall ist die Berechnung für jede Zone getrennt durchzuführen.
5. Die Berechnung der Wärmedurchgangskoeffizienten erfolgt nach folgenden Normen: Erdberührte Bauteile nach DIN V 18599-2 [7], opake Bauteile nach DIN 4108-4 [8] in Verbindung mit DIN EN ISO 6946 [3], transparente Bauteile nach DIN 4108-4 [8].

- Außenwände (neu): $U = 0,20$ W/(m²K); 80 % der gesamten Fassadenfläche
- Fenster, Fenstertüren (neu): $U_w = 0,9$ W/(m²K); 20 % der gesamten Fassadenfläche
- Boden: grenzt auf der gesamten Grundfläche an den beheizten Bestandsbaukörper
- Wärmebrücken: Kategorie B nach DIN 4108 Beiblatt 2 [10]

Transmissionswärmeverlust der Erweiterung:
Transmissionswärmeverlust über die Regelbauteile:
Die Berechnung erfolgt tabellarisch.

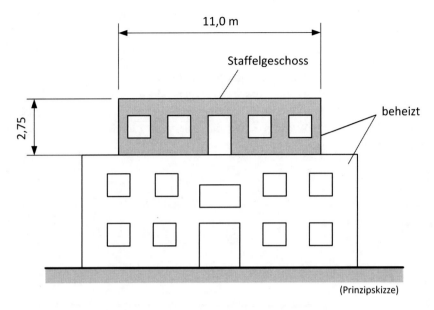

Abb. 4.10 Beispiel – Erweiterung eines bestehenden Wohngebäudes

Bauteil	$F_{x,i}$	U_i [W/ (m²K)]	A_i [m²]	H_T [W/K]
Dach	1,0	0,15	$11,0 \times 8,0 = 88,0$	13,20
Außenwände	1,0	0,20	$0,8 \times [(2 \times 11,0 \times 2,75) + (2 \times 8,0 \times 2,75)] = 83,6$	16,72
Fenster	1,0	0,90	$0,2 \times 104,6 = 20,9$	18,83
Boden	wird nicht angesetzt, da an beheizte Zone (Bestandsgebäude) grenzend	–	–	–
		Summe =	192,5	48,75

Wärmebrücken:

Wärmebrückenzuschlag: $\Delta U_{WB} = 0,03$ W/$(m^2 K)$ für Wärmebrücken der Kategorie B

Wärmeverluste über Wärmebrücken: $\Delta U_{WB} \times A = 0,03 \times 192,5 = 5,78$ W/K

Gesamt:

$$H_T = 48,73 + 5,78 = 54,51 \text{ W/K}$$

Bezogen auf die wärmeübertragende Umfassungsfläche:

$$H'_T = H_T/A = 54{,}51/192{,}5 = 0{,}28 \text{ W}/(\text{m}^2\text{K})$$

Transmissionswärmeverlust des Referenzgebäudes:
Der Transmissionswärmeverlust des Referenzgebäudes berechnet sich analog zu dem der Erweiterung. Für die Wärmedurchgangskoeffizienten und den Wärmebrückenzuschlag ($\Delta U_{WB} = 0{,}05$ W/(m²K)) sind die Werte des Referenzgebäudes anzusetzen. Die Berechnung erfolgt tabellarisch.

Bauteil	$F_{x,i}$	$U_{i,Ref}$ [W/(m²K)]	A_i [m²]	H_T [W/K]
Dach	1,0	0,20	88,0	13,20
Außenwände	1,0	0,28	83,6	23,41
Fenster	1,0	1,30	20,9	27,17
Boden	wird nicht angesetzt	–	–	–
		Summe =	192,5	63,78

Wärmebrücken: $\Delta U_{WB} \times A = 0{,}05 \times 192{,}5 = 9{,}63$ W/K
Gesamt: $H_{T,Ref} = 68{,}18 + 9{,}63 = 77{,}81$ W/K
Bezogen auf die wärmeübertragende Umfassungsfläche:

$$H'_{T,Ref} = H_{T,Ref}/A = 77{,}81/192{,}5 = 0{,}40 \text{ W}/(\text{m}^2\text{K})$$

Nachweis:

$$H'_T = 0{,}28 < 1{,}2 H_{T,Ref} = 1{,}2 \cdot 0{,}40 = 0{,}48 \text{ W}/(\text{m}^2\text{K})$$

Der Nachweis ist erfüllt.
    Da die hinzugekommene Grundfläche der Erweiterung mit 88,0 m² größer als 50 m² ist, ist ein Nachweis des sommerlichen Wärmeschutzes erforderlich. Dieser wird hier nicht gezeigt; es wird auf DIN 4108-2 [2] verwiesen.◄

4.6.2 Anforderungen an Nichtwohngebäude

Bei Nichtwohngebäuden werden als Anforderungsgröße die mittleren Wärmedurchgangskoeffizienten $U_{m,neu}$ der wärmeübertragenden Umfassungsfläche der Außenbauteile der neu hinzugekommenen beheizten oder gekühlten Räume verwendet. Dieser darf das auf eine Nachkommastelle gerundete 1,25fache der Höchstwerte $U_{m,max}$ (Tab. 4.11) nach GEG Anlage 3 nicht überschreiten. Es gilt:

$$U_{m,neu} \leq 1{,}25 \cdot U_{m,max} \tag{4.11}$$

Darin bedeuten:

$U_{m,neu}$ mittlerer Wärmedurchgangskoeffizient der Außenbauteile der wärmeübertragenden Umfassungsfläche der neu hinzugekommen beheizten oder gekühlten Räume für die jeweilige Bauteilgruppe, in $W/(m^2 K)$

$U_{m,max}$ Höchstwert nach GEG Anlage 3, in $W/(m^2 K)$; siehe Tab. 4.11

Anforderungen bei umfangreichen Ausbauten oder Erweiterungen
Abweichend von den zuvor genannten Anforderungen gelten bei umfangreichen Ausbaumaßnahmen und Erweiterungen schärfere Anforderungen. Konkret ist dies der Fall, wenn die hinzukommende zusammenhängende Gebäudenutzfläche mehr als 100 % des bisherigen bestehenden Nichtwohngebäudes beträgt. In diesem Fall muss der Ausbau bzw. die Erweiterung die gleichen Anforderungen erfüllen, die auch für zu errichtende Nichtwohngebäude gelten. Es sind daher die Anforderungen nach § 18 (Gesamtenergiebedarf) und § 19 (Baulicher Wärmeschutz) einzuhalten.

4.6.3 Nachweis des sommerlichen Wärmeschutzes

Sofern die hinzukommende zusammenhängende Nutzfläche mehr als 50 m² beträgt, ist außerdem der Nachweis des sommerlichen Wärmeschutzes erforderlich; siehe hierzu § 14 des GEG.

Die eigentlichen Nachweisverfahren sind in DIN 4108-2 Abschn. 8 [2] geregelt. Sofern bestimmte Voraussetzungen eingehalten werden (u. a. Begrenzung des grundflächenbezogenen Fensterflächenanteils) darf das vereinfachte Nachweisverfahren über Sonneneintragskennwerte angewendet werden. Sind die in DIN 4108-2 angegebenen Voraussetzungen nicht gegeben oder soll eine genauere Untersuchung durchgeführt werden, ist der Nachweis mittels einer thermisch-dynamischen Simulation über Einhaltung der Übertemperatur-Gradstunden zu führen. Es wird auf die Norm verwiesen; siehe auch Kap. 2 in diesem Buch.

Literatur

1. Verordnung über energiesparenden Wärmeschutz und energiesparende Anlagentechnik bei Gebäuden (Energieeinsparverordnung – EnEV)
2. DIN 4108-2:2013-02: Wärmeschutz und Energie-Einsparung in Gebäuden – Teil 2: Mindestanforderungen an den Wärmeschutz
3. DIN EN ISO 6946: Bauteile – Wärmedurchlasswiderstand und Wärmedurchgangskoeffizient – Berechnungsverfahren

4. DAfStb-Richtlinie Schutz und Instandsetzung von Betonbauteilen (Instandsetzungs-Richtlinie –
    Teil 1: Allgemeine Regelungen und Planungsgrundsätze; Teil 2: Bauprodukte und Anwendung;
    Teil 3: Anforderungen an die Betriebe und Überwachung der Ausführung Teil 4: Prüfverfahren
5. Auslegung zu § 48 GEG; hrsg. v. Bundesinstitut für Bau-, Stadt- und Raumplanung, 2023
6. Nachbarrechtsgesetz des Landes Nordrhein-Westfalen (NachbG NRW) § 23a [5]
7. DIN V 18599-2:2018-09: Energetische Bewertung von Gebäuden – Berechnung des Nutz-
    , End- und Primärenergiebedarfs für Heizung, Kühlung, Lüftung, Trinkwarmwasser und
    Beleuchtung – Teil 2: Nutzenergiebedarf für Heizen und Kühlen von Gebäudezonen
8. DIN 4108-4:2020-11: Wärmeschutz und Energie-Einsparung in Gebäuden – Teil 4: Wärme- und
    feuchteschutztechnische Bemessungswerte
9. DIN 4108-3:2024-03: Wärmeschutz und Energie-Einsparung in Gebäuden – Teil 3: Klimabe-
    dingter Feuchteschutz – Anforderungen, Berechnungsverfahren und Hinweise für Planung und
    Ausführung
10. DIN 4108 Beiblatt 2:2019-06: Wärmeschutz und Energie-Einsparung in Gebäuden – Beiblatt
    2: Wärmebrücken – Planungs- und Ausführungsbeispiele
11. DIN V 18599-2:2018-09: Energetische Bewertung von Gebäuden – Berechnung des Nutz-
    , End- und Primärenergiebedarfs für Heizung, Kühlung. Lüftung, Trinkwarmwasser und
    Beleuchtung – Teil 2: Nutzenergiebedarf für Heizen und Kühlen von Gebäudezonen
12. DIN/TS V 18599-12:2021-04: Energetische Bewertung von Gebäuden – Berechnung des
    Nutz-, End- und Primärenergiebedarfs für Heizung, Kühlung. Lüftung, Trinkwarmwasser und
    Beleuchtung – Teil 12: Tabellenverfahren für Wohngebäude
13. Bekanntmachung der Regeln zur Datenaufnahme und Datenverwendung im Wohngebäudebe-
    stand; vom 8. Oktober 2020; hrsg. vom Bundesministerium für Wirtschaft und Energie und
    Bundesministerium des Innern, für Bau und Heimat
14. Bekanntmachung der Regeln zur Datenaufnahme und Datenverwendung im Nichtwohngebäu-
    debestand; vom 8. Oktober 2020; hrsg. vom Bundesministerium für Wirtschaft und Energie und
    Bundesministerium des Innern, für Bau und Heimat
15. DIN V 4701-10:2003-08: Energetische Bewertung heiz- und raumlufttechnischer Anlagen –
    Teil 10: Heizung, Trinkwassererwärmung. Lüftung; Hinweis. Dokument ist zurückgezogen
16. DIN V 4108-6:2003-06: Wärmeschutz und Energie-Einsparung in Gebäuden – Teil 6: Berech-
    nung des Jahresheizwärme- und des Jahresheizenergiebedarfs; Hinweis: Dokument ist zurück-
    gezogen
17. DIN V 18599: Energetische Bewertung von Gebäuden – Berechnung des Nutz-, End- und Pri-
    märenergiebedarfs für Heizung, Kühlung. Lüftung, Trinkwarmwasser und Beleuchtung – Teile
    1 bis 13, Beiblätter 1 bis 3; verschiedene Ausgabedaten

Anforderungen an Anlagen der Heizungs-, Kühl- und Raumlufttechnik sowie der Warmwasserversorgung

5

5.1 Allgemeines

Anforderungen an Anlagen der Heizungs-, Kühl- und Raumlufttechnik sowie der Warmwasserversorgung sowie zugehörige Regelungen befinden sich in Teil 4 des Gebäudeenergiegesetzes (GEG) [1]. Der Teil 4 gliedert sich in drei Abschnitte.

Abschn. 1 enthält Regelungen zur Aufrechterhaltung der energetischen Qualität bestehender Anlagen. Abschn. 2 regelt den Einbau und Ersatz von Anlagen. Im Einzelnen werden hier Anforderungen an Verteilungseinrichtungen und Warmwasseranlagen (Unterabschnitt 1) sowie Klimaanlagen und sonstige Anlagen der Raumlufttechnik (Unterabschnitt 2) geregelt. Außerdem enthält Abschn. 2 Anforderungen an die Wärmedämmung von Rohrleitungen und Armaturen (Unterabschnitt 3). Den größten Teil umfassen Anforderungen an Heizungsanlagen sowie Regeln zum Betriebsverbot für Heizkessel (Unterabschnitt 4). Im letzten Abschn. 3 sind Anforderungen an die energetische Inspektion von Klimaanlagen enthalten. Insgesamt umfasst der in diesem Kapitel behandelte Teil 4 des GEG die §§ 57 bis 78. Siehe hierzu auch die schematische Darstellung der Struktur des GEG in Abb. 5.1.

5.2 Aufrechterhaltung der energetischen Qualität bestehender Anlagen

5.2.1 Allgemeines

Regeln zur Aufrechterhaltung der energetischen Qualität bestehender Anlagen befinden sich in Teil 4 Abschn. 1 des GEG. Diese umfassen Regeln zum Veränderungsverbot bestehender Anlagen und bestimmte Betreiberpflichten. Ziel dieser Regeln ist es

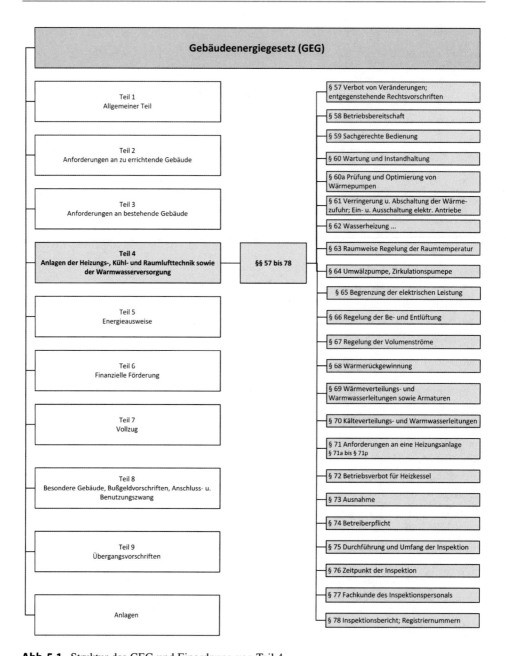

Abb. 5.1 Struktur des GEG und Einordnung von Teil 4

einerseits sicherzustellen, dass die Veränderung bestehender Anlagen nicht zu einer Verschlechterung der energetischen Qualität des gesamten Gebäudes führt. Andererseits soll durch bestimmte Betreiberpflichten (Betriebsbereitschaft, sachgerechte Bedienung, Wartung und Instandhaltung) gewährleistet werden, dass Heizungsanlagen, Lüftungs- und Klimaanlagen sowie Anlagen der Warmwasserversorgung effizient betrieben werden.

5.2.2 Veränderungsverbot

Das Veränderungsverbot in § 57 GEG [1] besagt, dass Anlagen und Einrichtungen der Heizungs-, Kühl- und Raumlufttechnik oder der Warmwasserversorgung nicht so verändert werden dürfen, dass sich die energetische Qualität des Gebäudes verschlechtert; siehe hierzu den folgenden Auszug aus dem GEG.

Beispielsweise ist es nicht zulässig, eingebaute Thermostatventile gegen nicht regelbare Ventile auszutauschen, da hierdurch keine temperaturgeführte Regelung mehr möglich ist und daraus ein größerer Heizenergieverbrauch resultiert. Auch der Austausch einer bedarfsgeführten Umwälzpumpe im Heizkreislauf gegen eine einfachere Pumpe, die nicht regelbar ist, ist unzulässig.

Ausgenommen vom Veränderungsverbot sind entgegenstehende Rechtsvorschriften zur Standsicherheit, zum Brandschutz und Schallschutz sowie zum Arbeits- und Gesundheitsschutz, wenn die Erfüllung dieser Anforderungen im Widerspruch stehen.

Das bedeutet, dass beispielsweise Anforderungen an die Standsicherheit oder an den Brandschutz Vorrang vor dem Veränderungsverbot an bestehenden Anlagen nach Gebäudeenergiegesetz haben. Gleiches gilt für die anderen genannten Disziplinen wie Schallschutz sowie Arbeits- und Gesundheitsschutz.

Auszug GEG [1]

„§ 57 Verbot von Veränderungen; entgegenstehende Rechtsvorschriften"

„(1) Eine Anlage und Einrichtung der Heizungs-, Kühl- oder Raumlufttechnik oder der Warmwasserversorgung darf, soweit sie zum Nachweis der Anforderungen energieeinsparrechtlicher Vorschriften des Bundes zu berücksichtigen war, nicht in einer Weise verändert werden, dass die energetische Qualität des Gebäudes verschlechtert wird.

(2) Die Anforderungen an Anlagen und Einrichtungen nach diesem Teil sind nicht anzuwenden, soweit ihre Erfüllung anderen öffentlich-rechtlichen Vorschriften zur Standsicherheit, zum Brandschutz, zum Schallschutz, zum Arbeitsschutz oder zum Schutz der Gesundheit entgegensteht."

5.2.3 Betreiberpflichten

Regeln zu verschiedenen Betreiberpflichten sind in den §§ 58 bis 60a des GEG [1] enthalten. Diese umfassen Anforderungen zur Sicherstellung der Betriebsbereitschaft von energiebedarfssenkenden Anlagenkomponenten sowie die Pflicht zur sachgerechten Bedienung und Regeln zur Wartung und Instandhaltung.

Zu § 58 Betriebsbereitschaft
Nach § 58 Absatz 1 müssen Einrichtungen in Anlagen der Heizungs-, Kühl- und Raumlufttechnik sowie der Warmwasserversorgung, die zur Senkung des Energiebedarfs beitragen, vom Betreiber stets betriebsbereit gehalten und ihrer Bestimmung nach genutzt werden; siehe Auszug aus dem GEG.

Das bedeutet beispielsweise, dass die Nachtabsenkung einer Heizungsanlage auch regelmäßig zu nutzen ist, wenn diese vorhanden ist. Auch eine Außenlufttemperaturgeführte Regelung der Heizungsanlage sowie eine zeitgeführte Warmwasserzirkulation müssen genutzt werden.

Alternativ kann die vorgenannte Pflicht zur Nutzung energiebedarfssenkender Einrichtungen auch erfüllt werden, wenn andere geeignete anlagentechnische oder bauliche Maßnahmen durchgeführt werden. Diese müssen den Einfluss der ursprünglich vorgesehenen energiebedarfssenkenden Einrichtungen auf den Jahres-Primärenergiebedarf kompensieren.

Beispiele hierfür sind Maßnahmen zur energetischen Verbesserung von Bauteilen der thermischen Gebäudehülle (z. B. Austausch der Fenster, Dämmung der Außenwände) oder Änderungen an der Anlagentechnik (z. B. Einbau einer effizienteren Umwälzpumpe).

Auszug GEG [1]

„§ 58 Betriebsbereitschaft"
„(1) Energiebedarfssenkende Einrichtungen in Anlagen und Einrichtungen der Heizungs-, Kühl- und Raumlufttechnik sowie der Warmwasserversorgung sind vom Betreiber betriebsbereit zu erhalten und bestimmungsgemäß zu nutzen."

Zu § 59 Sachgerechte Bedienung
In § 59 wird gefordert, dass eine Anlage und Einrichtung der Heizungs-, Kühl- und Raumlufttechnik sowie der Warmwasserversorgung sachgerecht zu bedienen ist. Verantwortlich hierfür ist der Betreiber (d. h. Eigentümer, Vermieter, Mieter, Pächter); siehe hierzu den folgenden Gesetzeauszug.

Mit dieser Forderung soll sichergestellt werden, dass Anlagen effizient arbeiten und nur so viel Energie benötigen, wie es für die Aufrechterhaltung der geforderten Bedingungen (z. B. Raum-Solltemperatur, Warmwasser) erforderlich ist.

Beispielsweise sollten Thermostatventile nicht über längere Zeit auf die höchste Stufe gestellt werden. Auch die Vorlauftemperatur des Heizkreislaufs sollte entsprechend der Herstellerangaben eingestellt werden.

Auszug GEG [1]

„§ 59 Sachgerechte Bedienung"

„Eine Anlage und Einrichtung der Heizungs-, Kühl- oder Raumlufttechnik oder der Warmwasserversorgung ist vom Betreiber sachgerecht zu bedienen."

Zu § 60 Wartung und Instandhaltung
Regeln zu Wartung und Instandhaltung befinden sich in § 60 des GEG [1]; siehe hierzu den folgenden Auszug aus dem GEG. Danach müssen Komponenten, die den Wirkungsgrad der Anlage wesentlich beeinflussen, regelmäßig vom Betreiber gewartet und instandgehalten werden.

Auszug GEG [1]

„§ 60 Wartung und Instandhaltung"

„(1) Komponenten, die einen wesentlichen Einfluss auf den Wirkungsgrad von Anlagen und Einrichtungen der Heizungs-, Kühl- und Raumlufttechnik sowie der Warmwasserversorgung haben, sind vom Betreiber regelmäßig zu warten und instand zu halten."

Die Forderung nach einer regelmäßigen Wartung und Instandhaltung der Anlage soll sicherstellen, dass diese effizient arbeitet und möglichst wenig Energie benötigt. Im GEG ist allerdings nicht festgelegt, in welchen Zeitabständen eine Wartung durchzuführen ist. Es wird daher empfohlen, die Heizungswartung einmal im Jahr – möglichst vor Beginn der Heizperiode im Herbst – durchführen zu lassen.

Weiterhin wird gefordert, dass Wartung und Instandhaltung von Heizungs-, Kühl- und Lüftungsanlagen sowie Anlagen der Warmwasserversorgung entsprechende Fachkunde erfordern. Dies wird im Gesetzestext noch konkretisiert. Danach gelten diejenigen als fachkundig, die die zur Wartung und Instandhaltung notwendigen Fachkenntnisse aufweisen und die entsprechenden Fertigkeiten besitzen; siehe folgenden Auszug aus dem GEG.

Auszug GEG [1]

„§ 60 Wartung und Instandhaltung"
„(2) Für die Wartung und Instandhaltung ist Fachkunde erforderlich. Fachkundig ist, wer die zur Wartung und Instandhaltung notwendigen Fachkenntnisse und Fertigkeiten besitzt. Die Handwerksordnung bleibt unberührt."

Mit der Forderung, dass die Wartung und Instandhaltung von Anlagen nur von fachkundigen Personen durchgeführt werden dürfen, soll gewährleistet werden, dass die Anlage
und ihre Komponenten nach dem Stand der Technik und unter Einhaltung der jeweiligen
Vorschriften (z. B. die des Gebäudeenergiegesetzes) gewartet und instandgehalten werden. Wartung und Instandhaltung dürfen daher in der Regel nur von Fachbetrieben mit
entsprechend qualifiziertem Personal durchgeführt werden (z. B. von Fachbetrieben für
Heizungs-, Klima– und Raumlufttechnik).

Zu § 60a Prüfung und Optimierung von Wärmepumpen

Regeln zur Prüfung und Optimierung von Wärmepumpen befinden sich in § 60a des
GEG [1]. Dieser Paragraf wurde neu in das Gesetz aufgenommen und umfasst detaillierte
Angaben zu Erfordernis, Häufigkeit und Umfang der Betriebsprüfung von Wärme-
pumpen. Außerdem wird festgelegt, von welchen Personen eine Betriebsprüfung von
Wärmepumpen durchgeführt werden darf und welche Qualifikationen diese aufweisen
müssen.

Eine Betriebsprüfung von Wärmepumpen wird gefordert, wenn diese als Heizungsanlage in einem Gebäude mit mindestens 6 Wohnungen oder Nutzungseinheiten eingebaut
oder aufgestellt werden. Die Betriebsprüfung ist nach Ablauf der Heizperiode (nach Einbau) durchzuführen, spätestens nach zwei Jahren nach Inbetriebnahme. Sie muss nach
spätestens 5 Jahren wiederholt werden.

Die Betriebsprüfung umfasst u. a. die Überprüfung der verschiedenen Regel-
größen (Heizkurve, Abschalt- und Absenkzeiten, Heizgrenztemperatur, Einstellparame-
ter für Warmwasserbereitung, Betriebsweise bei einer Wärmepumpen-Hybridheizung),
die messtechnische Auswertung der Jahresarbeitszahl, die Überprüfung der Vor-/
Rücklauftemperaturen sowie die Überprüfung weiterer Größen (z. B. Füllstand des
Kältemittelkreislaufs in der Wärmepumpe).

Die Betriebsprüfung darf nur von fachkundigen Personen durchgeführt werden.
Hierzu zählen beispielsweise Schornsteinfeger und Installateure sowie Heizungsbauer.
Das Ergebnis der Betriebsprüfung einschließlich ggfs. erforderlicher Maßnahmen zur
Optimierung sind zu dokumentieren und den verantwortlichen Stellen vorzulegen. Auf
Verlangen sind das Ergebnis der Prüfung sowie ein Nachweis über durchgeführte Nach-
besserungsarbeiten auch dem Mieter vorzulegen. Die Frist für die Durchführung von
Nachbesserungsmaßnahmen beträgt ein Jahr. Für weitere Angaben wird auf das GEG
verwiesen.

Die regelmäßige Prüfung und Optimierung von Wärmepumpen soll einen effizienten
Betrieb der Heizungsanlage sicherstellen. Darüber hinaus dient die Betriebsprüfung primär dem Zweck festzustellen, ob die Anforderungen des GEG an eine Heizungsanlage
(Erzeugung der Wärme zu mindestens 65 % aus erneuerbaren Energien; siehe § 71 Absatz
1 des GEG [1]) eingehalten werden.

5.3 Einbau und Ersatz von Anlagen und Anlagenkomponenten

5.3.1 Allgemeines

Anforderungen und Regeln zu Einbau und Ersatz von Anlagen und Anlagenkomponenten befinden sich in Abschn. 2 des hier behandelten Teils 4 des GEG [1]. Der Abschn. 2 wiederum gliedert sich in vier Unterabschnitte:

1. Verteilungseinrichtungen und Warmwasseranlagen.
2. Klimaanlagen und sonstige Anlagen der Raumlufttechnik.
3. Wärmedämmung von Rohrleitungen und Armaturen.
4. Anforderungen an Heizungsanlagen und Betriebsverbot für Heizkessel.

5.3.2 Verteilungseinrichtungen und Warmwasseranlagen

Regeln zu Verteilungseinrichtungen und Warmwasseranlagen befinden sich in Teil 4, Abschn. 2, Unterabschnitt 1 des GEG [1]. Zu den Verteilungseinrichtungen einer Heizungsanlage gehören alle Komponenten der Wärmeverteilung, d. h. Komponenten im Heizkreislauf (Regeleinrichtungen, Umwälz- und Zirkulationspumpen, Ventile an Heizkörpern usw.). Warmwasseranlagen sind Anlagen, die der Versorgung mit Warmwasser dienen.

Im Einzelnen sind bei Verteilungseinrichtungen und Warmwasseranlagen Anforderungen und Regeln zu folgenden Punkten zu beachten:

- Verringerung und Abschaltung der Wärmezufuhr sowie Ein- und Ausschaltung elektrischer Antriebe (§ 61)
- Wasserheizung, die ohne Wärmeüberträger an eine Nah- oder Fernwärmeversorgung angeschlossen ist (§ 62)
- Raumweise Regelung der Raumtemperatur (§ 63)
- Umwälzpumpen, Zirkulationspumpen (§ 63)

Nachfolgend werden die Regeln zu den §§ 61, 63 und 64 näher erläutert. Für § 62 wird auf das GEG verwiesen.

Zu § 61 Verringerung und Abschaltung der Wärmezufuhr sowie Ein- und Ausschaltung elektrischer Antriebe
In § 61 wird festgelegt, dass Zentralheizungen mit zentralen und selbsttätig wirkenden Regeleinrichtungen ausgestattet sein müssen, mit denen die Wärmezufuhr verringert oder abgeschaltet werden kann und mit denen elektrische Antriebe (z. B. Umwälzpumpen) ein- und ausgeschaltet werden können. Die Regelung der Wärmezufuhr sowie die

Steuerung der elektrischen Antriebe (Ein- und Ausschalten) muss dabei in Abhängigkeit von der Außenlufttemperatur oder einer anderen geeigneten Führungsgröße, sowie in Abhängigkeit von der Zeit erfolgen. Mit der Außenlufttemperatur-geführten Regelung soll sichergestellt werden, dass die Heizungsanlage bei höheren Außenlufttemperaturen heruntergefahren oder abgestellt wird, um unnötige Wärmeerzeugung zu vermeiden. Mit der Zeit-geführten Steuerung soll ermöglicht werden, dass die Heizung in Zeiten mit geringerem Wärmebedarf abgesenkt wird (Nachtabsenkung).

Die Anforderungen gelten für Anlagen in zu errichtenden und in bestehenden Gebäuden. Bei Zentralheizungen in bestehenden Gebäuden besteht eine Nachrüstpflicht, falls diese nicht mit den genannten Regeleinrichtungen ausgestattet sind. Die Frist für die Nachrüstung ist mittlerweile abgelaufen (30. September 2021). Das bedeutet, dass Zentralheizungen ohne Regeleinrichtung in bestehenden Gebäuden nicht mehr zulässig sind und unverzüglich nachzurüsten sind.

Zu § 63 Raumweise Regelung der Raumtemperatur

Paragraf 63 enthält Anforderungen an Heizungsanlagen, in denen Wasser als Wärmeträgermedium verwendet wird; dies ist der Regelfall bei den meisten Heizungsanlagen in Deutschland. Für derartige Heizungsanlagen wird gefordert, dass diese mit Einrichtungen zur raumweisen Regelung der Raumlufttemperatur ausgestattet ist. Siehe hierzu folgenden Gesetzesauszug.

Auszug GEG [1]

„§ 63 Raumweise Regelung der Raumtemperatur"

„(1) Wird eine heizungstechnische Anlage mit Wasser als Wärmeträger in ein Gebäude eingebaut, hat der Bauherr oder der Eigentümer dafür Sorge zu tragen, dass die heizungstechnische Anlage mit einer selbsttätig wirkenden Einrichtung zur raumweisen Regelung der Raumtemperatur ausgestattet ist."

Technisch wird diese Forderung umgesetzt, indem die Heizkörper bzw. die Fußbodenheizung mit Thermostatventilen ausgestattet werden (Abb. 5.2). Diese regeln die Wärmezufuhr in Abhängigkeit von der eingestellten Raumlufttemperatur. Dadurch wird dem Raum nur so viel Wärme zugeführt, wie auch benötigt wird.

Ausgenommen von der Forderung sind Räume mit weniger als 6 Quadratmeter Nutzfläche, wenn diese durch eine Fußbodenheizung beheizt werden. Auch für Einzelheizgeräte, die mit festen oder flüssigen Brennstoffen betrieben werden, gilt die Regelung nicht.

Eine Gruppenregelung für Raumgruppen gleicher Art und Nutzung ist nur in Nichtwohngebäuden zulässig. In Wohngebäuden muss dagegen jeder Raum mit einer Regeleinrichtung zur Steuerung der Raumlufttemperatur ausgestattet sein (Thermostatventil).

Abb. 5.2 Thermostatventil an
einem Heizkörper zur
raumweisen Regelung der
Raumlufttemperatur

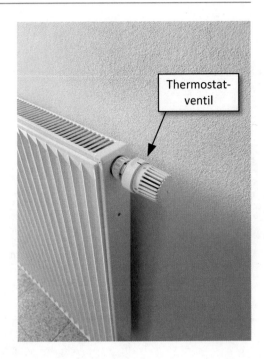

Thermostat-
ventil

Zu § 64 Umwälzpumpen, Zirkulationspumpen
Die Regelungen in § 64 beziehen sich auf die Steuerung der Zirkulationspumpe in
einer Warmwasseranlage. Die Zirkulationspumpe dient dazu, das Warmwasser in der
Warmwasserleitung und der parallel bis kurz vor die Zapfstelle geführten Zirkulations-
leitung zirkulieren zu lassen. Dadurch steht Warmwasser bereits kurz nach Öffnen der
Auslaufarmatur (Wasserhahn) zu Verfügung (Abb. 5.3).

Die Zirkulation des Warmwassers benötigt zum einen Energie für den Antrieb der
Zirkulationspumpe und führt zum anderen zu zusätzlichen Wärmeverlusten. Aus diesem
Grund wird im GEG § 64 [1] gefordert, dass eine Zirkulationspumpe in einer Warmwasseranlage mit einer selbsttätig wirkenden Ein- und Abschalteinrichtung ausgestattet sein
muss.

5.3.3 Klimaanlagen und Anlagen der Raumlufttechnik

Anforderungen und Regeln zu Klimaanlagen und Anlagen der Raumlufttechnik befinden sich in Teil 4, Abschn. 2, Unterabschnitt 2 des GEG [1]. Eine Klimaanlage ist
eine gebäudetechnische Anlage zur Behandlung und Temperierung der Raumluft. In der
Regel dienen Klimaanlagen zur Kühlung der Raumluft und besitzen meist eine Heizfunktion zur Erwärmung der Raumluft. Eine Anlage der Raumlufttechnik ist dagegen eine
gebäudetechnische Anlage, mit der eine ventilatorgestützte Lüftung der Räume erfolgt

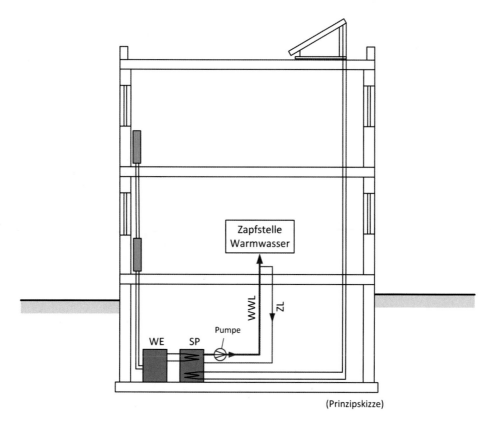

WWL: Warmwasserleitung
ZL: Zirkulationsleitung
WE: Wärmeerzeuger
SP: Speicher

Abb. 5.3 Funktionsprinzip der Warmwasserzirkulation

(Lüftungsanlage). Die den Räumen zugeführte Luft (Zuluft) wird bei einer Lüftungsanlage im Gegensatz zur Klimaanlage nicht beheizt oder gekühlt. Eine Erwärmung der
Zuluft durch Wärmerückgewinnung ist bei Lüftungsanlagen aber möglich.

Die Regelungen zu Klimaanlagen und Lüftungsanlagen umfassen die Begrenzung der
elektrischen Leistung (§ 65), Regelungen zur Be- und Entfeuchtung (§ 66), Vorschriften
zur Regelung der Volumenströme (§ 67) und Regeln zur Wärmerückgewinnung (§ 68).

Von den Regelungen sind nur Klimaanlagen mit einer Nennleistung für den Kältebedarf
von mehr als 12 kW und Lüftungsanlagen mit einem Luftvolumenstrom der Zuluft von
mehr als 4000 m^3 betroffen. Derartige Anlagen müssen so ausgeführt werden, dass der
Grenzwert für die spezifische Ventilatorleistung nach DIN EN 16798 [2] nach Kategorie
4 bei Auslegungsluftvolumenstrom nicht überschritten wird.

Außerdem wird vorgeschrieben, dass Klimaanlagen mit Regelungseinrichtungen für die Be- und Entfeuchtung der Raumluft ausgestattet sein müssen. Klimaanlagen mit der o. g. Nennleistung für den Kältebedarf (> 12 kW) sowie Lüftungsanlagen mit einem Zuluftvolumenstrom von > 4000 m³ müssen außerdem mit einer Einrichtung zur Wärmerückgewinnung ausgestattet sein.

Für weitere Regeln wird auf das GEG [1] verwiesen.

5.3.4   Wärmedämmung von Rohrleitungen und Armaturen

Anforderungen an die Dämmung von Rohrleitungen und Armaturen sind in Unterabschnitt 3 des Teils 4 des GEG [1] geregelt. Der Unterabschnitt 3 umfasst die §§ 69 „Wärmeverteilungs- und Warmwasserleitungen sowie Armaturen" und 70 „Kälteverteilungs- und Kaltwasserleitungen sowie Armaturen".

Zu § 69 Wärmeverteilungs- und Warmwasserleitungen sowie Armaturen
In § 69 wird gefordert, dass Wärmeverteilungs- und Warmwasserleitungen sowie Armaturen in unbeheizten Bereichen gedämmt werden müssen, wenn sie erstmalig eingebaut oder ersetzt werden (Abb. 5.4). Die Maßnahmen richten sich nach Anlage 8 des GEG [1]. Danach ist die Dämmstärke abhängig vom Innendurchmesser der Rohre (Tab. 5.1). Durch diese Maßnahme soll eine unnötige Wärmeabgabe an unbeheizte Räume vermieden werden.

Abb. 5.4 Dämmung von Rohrleitungen in einem unbeheizten Keller

Tab. 5.1 Wärmedämmung von Wärmeverteilungs- und Warmwasserleitungen (nach GEG Anlage 8 [1])

Nr.	Innendurchmesser in [mm]	Mindestdicke der Dämmschicht in [mm]	Wärmeleitfähigkeit des Dämmstoffs in [W/(mK)]
1	Bis 22	20	0,035
2	Mehr als 22 und bis 35	30	0,035
3	Mehr als 35 und bis 100	Gleich Innendurchmesser	0,035
4	Mehr als 100	100	0,035
5	Leitungen und Armaturen nach Nr. 1 bis 4, die sich in Wand- und Deckendurchbrüchen, im Kreuzungsbereich von Leitungen, an Leitungsverbindungsstellen oder bei zentralen Leitungsnetzverteilern befinden.	Jeweils die Hälfte des Werts nach Nr. 1 bis 4	0,035
6	Wärmeverteilungsleitungen nach Nr. 1 bis 4, die nach dem 31. Januar 2002 in Bauteilen verschiedener Nutzer verlegt werden,	Jeweils die Hälfte des Werts nach Nr. 1 bis 4	0,035
7	Leitungen und Armaturen nach Nr. 1 bis 4, die sich in einem Fußbodenaufbau befinden,	6	0,035
8	Wärmeverteilungs- und Warmwasserleitungen, die an Außenluft grenzen.	Das Doppelte des Werts nach Nr. 1 bis 4	0,035

Die Wärmeleitfähigkeit des Dämmstoffs bezieht sich auf eine Mitteltemperatur von 40 °C.

Wärmeverteilungsleitungen in beheizten Räumen oder in Bauteilen zwischen beheizten Räumen brauchen dagegen nicht gedämmt zu werden, da die Wärme an die Räume abgegeben und dort genutzt wird.

Warmwasserleitungen, die einen Wasserinhalt von bis zu drei Litern aufweisen und die weder in den Zirkulationskreislauf eingebunden noch mit einer elektrischen Begleitheizung ausgestattet sind und in beheizten Räumen verlaufen, brauchen ebenfalls nicht gedämmt zu werden.

Zu § 70 Kälteverteilungs- und Kaltwasserleitungen sowie Armaturen

In § 70 wird für Kälteverteilungs- und Kaltwasserleitungen sowie für Armaturen von Klimaanlagen und raumlufttechnischen Anlagen gefordert, dass diese gedämmt werden müssen, um die Wärmeaufnahme zu begrenzen. Die Forderung gilt für den erstmaligen Einbau sowie für den Ersatz bei bestehenden Anlagen. Die Anforderungen sind in Anlage 8 des GEG [1] festgelegt (Tab. 5.2).

Tab. 5.2 Mindestdicke der Dämmschicht bei Kälteverteilungs- und Kaltwasserleitungen sowie Armaturen von Klimaanlagen und Raumlufttechnik- und Kältesystemen (nach Anlage 8 GEG [1])

Innendurchmesser in [mm]	Mindestdicke der Dämmschicht in [mm]	Wärmeleitfähigkeit des Dämmstoffs in [W/(mK)]
Bis 22	9	0,035
Mehr als 22	19	0,035

Die Wärmeleitfähigkeit des Dämmstoffs bezieht sich auf eine Mitteltemperatur von 10 °C.

Verwendung von Dämmstoffen mit anderen Wärmeleitfähigkeiten

Sofern Dämmstoffe mit einer anderen Wärmeleitfähigkeit als 0,035 W/(mK) verwendet werden, sind die Dämmschichtdicken nach den anerkannten Regeln der Technik umzurechnen. Regeln hierzu befinden sich in DIN EN ISO 6946 [3] in Verbindung mit DIN 4108-4 [4].

Begrenzung der Wärmeabgabe bzw. -aufnahme

Eine Verminderung der Dämmschichtdicken nach Tab. 5.1 und 5.2 darf vorgenommen werden, wenn eine gleichwertige Begrenzung der Wärmeabgabe (bei Wärmeverteilungs- und Warmwasserleitungen) bzw. Wärmeaufnahme (bei Kälteverteilungs- und Kaltwasserleitungen) durch andere Dämmstoffanordnungen sichergestellt ist. Hierbei darf auch die Dämmwirkung der Leitungswände angesetzt werden, z. B. bei Kunststoffrohren.

5.3.5 Anforderungen an Heizungsanlagen

Anforderungen an Heizungsanlagen sind in § 71 des GEG [1] geregelt. Dieser Paragraf regelt die allgemeinen Anforderungen an Heizungsanlagen und verweist für spezielle, anlagenspezifische Anforderungen auf weitere Paragrafen (§§ 71a bis 71h). Nachfolgend werden die wichtigsten Anforderungen und Regeln erläutert. Für spezielle Regeln und Sonderfälle wird auf das GEG [1] verwiesen.

5.3.5.1 Zu § 71 – Anforderungen an eine Heizungsanlage

Die Kernforderung an Heizungsanlagen enthält der Absatz (1). Danach dürfen Heizungsanlagen nur eingebaut und aufgestellt werden, wenn mindestens 65 % der erzeugten Wärme aus erneuerbaren Energien oder unvermeidbarer Abwärme stammt. Die Forderung gilt auch für Heizungsanlagen, die Wärme in ein Gebäudenetz (z. B. Nahwärme, Fernwärme) einspeisen. Siehe hierzu folgenden Auszug aus dem Gesetzestext.

„§ 71 Anforderungen an eine Heizungsanlage"

„(1) Eine Heizungsanlage darf zum Zweck der Inbetriebnahme in einem Gebäude nur eingebaut oder aufgestellt werden, wenn sie mindestens 65 % der mit der Anlage bereitgestellten Wärme mit erneuerbaren Energien oder unvermeidbarer Abwärme nach Maßgabe der Absätze 4 bis 6 sowie der §§ 71b bis 71h erzeugt. Satz 1 ist entsprechend für eine Heizungsanlage anzuwenden, die in ein Gebäudenetz einspeist."

„Heizungsgesetz"

Diese Forderung war im Jahr 2023, nach Bekanntwerden eines ersten Entwurfs der GEG 2024-Novelle, Gegenstand kontroverser Diskussionen, insbesondere in der Politik und in der allgemeinen Öffentlichkeit. Fachliche Diskussionen wurden dagegen kaum geführt. Schließlich bedeutet die Forderung, mindestens 65 % der Wärme aus erneuerbaren Energien zu erzeugen, de facto das Aus für konventionelle Heizungsanlagen, die allein mit fossilen Brennstoffen betrieben werden. Aufgrund der geplanten umfangreichen Änderungen zu den Anforderungen an Heizungsanlagen wurde die GEG-Novelle 2024 von Presse und Öffentlichkeit als „Heizungsgesetz" bezeichnet. Erst nach langen Diskussionen und Intervention verschiedenster Gruppen einschließlich der Opposition im Deutschen Bundestag wurde der ursprüngliche Entwurf zur GEG-Novelle 2024 entschärft und im Oktober 2023 von Bundestag und Bundesrat beschlossen.

5.3.5.2 Freie Wahl der Anlage

Nach § 71 Absatz (2) kann der Eigentümer frei wählen, mit welcher Heizungsanlage die Anforderungen erfüllt werden. Allerdings ist ein entsprechender Nachweis vor Inbetriebnahme zu erbringen, der auf Grundlage von Berechnungen nach der Normenreihe DIN V 18599 [5] beruhen muss und von einer berechtigten Person aufzustellen ist. Der Nachweis muss mindestens 10 Jahre nach Ausstellung aufbewahrt werden und ist der zuständigen Behörde sowie dem Bezirksschornsteinfeger vorzulegen, wenn diese eine Vorlage verlangen.

Ohne rechnerischen Nachweis nach DIN V 18599 erfüllen die nachfolgend genannten Heizungsanlagen einzeln oder in Kombination miteinander die Anforderungen nach § 71 Absatz (1) [1] (65 %-Anforderung erneuerbarer Energien), sofern der Wärmebedarf des Gebäudes damit vollständig gedeckt wird:

1. Hausübergabestation zum Anschluss an ein Wärmenetz unter Beachtung des § 71b [1]. Hier sind unterschiedliche Anforderungen für neue und bestehende Wärmenetze zu beachten.
2. Elektrisch angetriebene Wärmepumpe unter Beachtung des § 71c [1].
3. Stromdirektheizung unter Beachtung des § 71d [1]. Bei einer Stromdirektheizung gelten erhöhte Anforderungen an den baulichen Wärmeschutz
4. Solarthermieanlage unter Beachtung des § 71e [1].

5. Heizungsanlage zur Nutzung von gasförmiger oder flüssiger Biomasse (Biomethan oder Bioflüssiggas) oder zur Nutzung von grünem oder blauem Wasserstoff unter Beachtung des § 71f [1].
6. Heizungsanlage zur Nutzung von fester Biomasse (z. B. Holzpellets) unter Beachtung des § 71g [1].
7. Wärmepumpen-Hybridheizung, die aus einer elektrisch angetriebenen Wärmepumpe in Kombination mit einer Gas-, Biomasse- oder Flüssigbrennstofffeuerung besteht, unter Beachtung des § 71h Absatz (1) [1].
8. Solarthermie-Hybridheizung, die aus einer Solarthermieanlage in Kombination mit einer Gas-, Biomasse- oder Flüssigbrennstofffeuerung besteht, unter Beachtung des § 71h Absatz (2) und (4) [1].

Ein rechnerischer Nachweis ist ebenfalls nicht erforderlich, wenn eine bestehende Heizungsanlage durch eine neue Heizungsanlage ergänzt wird und die neue Anlage eine der o. g. Anforderungen erfüllt.

Wie aus der Auflistung hervorgeht, kann die Kernforderung an Heizungsanlagen, mindestens 65 % der Wärme aus erneuerbaren Energien zu erzeugen (oder aus unvermeidbarer Abwärme) von konventionellen Gas- und Ölheizungen, die fossile Brennstoffe nutzen, nicht erfüllt werden. Wärmeerzeuger für gasförmige oder flüssige Brennstoffe sind nur in Kombination mit einer Wärmepumpe oder Solarthermieanlage zulässig. Dabei sind die Anforderungen an die eingesetzten Brennstoffe zu beachten (siehe Abschn. 5.3.12).

5.3.5.3 Pflicht zur Erfüllung der Anforderungen
Die Erfüllung der Anforderungen an eine Heizungsanlage (Wärme aus mindestens 65 % erneuerbarer Energien) gilt im Sinne des GEG als Pflicht. Diese Pflicht ist in folgenden Fällen anzuwenden:

1. Bei einer Heizungsanlage, die Raumwärme und Warmwasser gemeinsam erzeugt: Die Anforderungen müssen von der gesamten Anlage (Gesamtsystem) erfüllt werden.
2. Bei einer Heizungsanlage, die Raumwärme und Warmwasser getrennt erzeugt: Die Anforderungen müssen jeweils nur von dem Einzelsystem erfüllt werden, welches neu eingebaut oder aufgestellt wird.
3. Bei mehreren Heizungsanlagen in einem Gebäude oder bei Heizungsanlagen in einem Quartier: Die Anforderungen können wahlweise von einer einzelnen Heizungsanlage, die neu eingebaut oder aufgestellt wird, oder von der Gesamtheit aller installierten Heizungsanlagen erfüllt werden.

Dezentrale Warmwasserbereitung
Bei einer dezentralen Warmwasserbereitung, die unabhängig von der Erzeugung von Raumwärme ist, sind die Anforderungen nach § 71 Absatz (1) GEG [1] erfüllt, wenn das Warmwasser elektrisch erzeugt wird. Bei Verwendung von elektrischen Durchlauferhitzern müssen diese elektronisch geregelt sein.

Anrechnung von unvermeidbarer Abwärme

Unvermeidbare Abwärme darf beim Nachweis der Pflichterfüllung nach § 71 Absatz (1) GEG [1] nur angerechnet werden, wenn sie mithilfe eines technischen Gerätes nutzbar gemacht werden kann und für die Deckung des Wärmebedarfs im Gebäude verwendet wird.

Ausnahmen

Ausgenommen von der Pflicht zur Nutzung von mindestens 65 % erneuerbarer Energien bei der Wärmeerzeugung (oder der Nutzung unvermeidbarer Abwärme) sind Gebäude, die der Landes- und Bündnisverteidigung dienen, wie z. B. Kasernengebäude der Bundeswehr.

5.3.5.4 Übergangsfristen für bestehende Gebäude

In § 71 Absatz (8) GEG [1] sind Übergangsfristen für den Austausch einer Heizungsanlage in bestehenden Gebäuden geregelt. Die Fristen richten sich nach der Größe der Gemeinde. Es gelten folgende Regeln:

- *Gemeinden mit mehr als 100.000 Einwohnern:*
  In Gemeinden mit mehr als 100.00 Einwohnern (Stichtag 1. Januar 2024) darf eine Heizungsanlage in einem bestehenden Gebäude bis zum 30. Juni 2026 (Ablauf des Tages) ausgetauscht und betrieben werden, die nicht die Anforderungen nach § 71 Absatz (1) des GEG [1] erfüllt.
- *Gemeinden mit 100.000 Einwohnern oder weniger:*
  In Gemeinden mit bis zu 100.000 Einwohnern (Stichtag 1. Januar 2024) verlängert sich die Frist bis zum 30. Juni 2028. Bis zu diesem Tag dürfen Heizungsanlagen in bestehenden Gebäuden gegen eine Anlage ausgetauscht und betrieben werden, die nicht die Anforderungen an Heizungsanlagen nach § 71 Absatz (1) GEG 1 erfüllt.

Es ist allerdings zu beachten, dass die Fristen nur gelten, wenn noch keine Wärmeplanung für das betroffene Gebiet vorliegt bzw. bekannt gemacht wurde. Außerdem müssen Heizungsanlagen, die innerhalb der o. g. Fristen eingebaut werden und mit einem gasförmigen oder flüssigen Brennstoff betrieben werden, in Zukunft in der Lage sein, einen bestimmten Anteil der bereitgestellten Wärme aus Biomasse oder grünem oder blauem Wasserstoff zu erzeugen; siehe Abschn. 5.3.5.6.

5.3.5.5 Auswirkungen der Wärmeplanung

Die o. g. Übergangsfristen gelten unter dem Vorbehalt, dass noch keine Entscheidung über die Ausweisung des betroffenen Gebiets, in dem das Gebäude steht, zum Neu- oder Ausbau eines Wärmenetzes oder eines Wasserstoffausbaugebietes (Wärmeplanung) getroffen wurde. Sofern das Gebäude in einem solchen Gebiet liegt, gelten die 65 %-Anforderungen zur Nutzung erneuerbarer Energien einen Monat nach Bekanntgabe der Entscheidung. In

Gemeinden, in denen nach Ablauf der o. g. Fristen (d. h. 30. Juni 2026 in Gemeinden mit mehr als 100.000 Einwohnern bzw. 30. Juni 2028 in Gemeinden mit bis zu 100.000 Einwohnern) keine Wärmeplanung vorliegt, ist anzunehmen, als läge eine Wärmeplanung vor.

Beispiel

Ein Gebäude liegt in einer Gemeinde mit 50.000 Einwohnern. Der bestehende Gasbrennwertkessel (Betrieb mit Erdgas) muss aufgrund eines irreparablen Schadens ausgetauscht werden. Es liegt noch keine Wärmeplanung für die Gemeinde bzw. das betroffene Gebiet vor. Angenommenes Datum des geplanten Einbaus der Anlage: 2. Juli 2026.

In diesem Fall darf ein Gasbrennwertkessel noch eingebaut werden, da alle Voraussetzungen vorliegen:

- Der geplante Austausch liegt innerhalb der Frist (Ablauf am 30. Juni 2028 in Gemeinden mit bis zu 100.000 Einwohnern).
- Es liegt noch keine Wärmeplanung für das betroffene Gebiet vor.

Würde sich das Gebäude dagegen in einer Gemeinde mit mehr als 100.000 Einwohnern befinden, wäre ein Einbau nicht mehr möglich, da die Frist überschritten ist. Der geplante Einbau am 2. Juli 2026 liegt nach dem 30. Juni 2026.

Für den Fall, dass ein Wärmeplan für das betroffene Gebiet bekannt gemacht wird, müssten die 65 %-Anforderungen zur Nutzung erneuerbarer Energien – unabhängig von den o. g. Fristen – einen Monat nach Bekanntgabe eingehalten werden. Würde beispielsweise ein Wärmeplan am 31. Mai 2026 bekannt gemacht, könnte der Gasbrennwertkessel am 2. Juli 2026 nicht mehr eingebaut werden, da das geplante Einbaudatum mehr als ein Monat nach Bekanntgabe der Wärmeplanung liegt. In diesem Fall greifen die 65 %-Anforderungen und es könnte nur eine Heizungsanlage eingebaut werden, die diese Anforderungen erfüllt.◄

5.3.5.6 Anforderungen an Heizungsanlagen für gasförmigen oder flüssigen Brennstoff

Heizungsanlagen, die mit einem gasförmigen oder flüssigen Brennstoff betrieben werden, und innerhalb der o. g. Fristen eingebaut werden sollen und nicht die 65 %-Anforderung nach § 71 Absatz (1) [1] erfüllen, müssen in Zukunft einen Teil der bereitgestellten Wärme aus Biomasse oder grünen oder blauen Wasserstoff erzeugen. Die Anforderungen sind zeitlich gestaffelt und verschärfen sich in festgelegten Zeitabständen. Der Anteil der erzeugten Wärme aus Biomasse, grünen oder blauen Wasserstoff ist wie folgt festgelegt (§ 71 Absatz (9) GEG [1]):

- ab dem 1. Januar 2029: mindestens 15 % Wärme aus Biomasse, grünen oder blauen Wasserstoff
- ab dem 1. Januar 2035: mindestens 30 % Wärme aus Biomasse, grünen oder blauen Wasserstoff
- ab dem 1. Januar 2040: mindestens 60 % Wärme aus Biomasse, grünen oder blauen Wasserstoff

5.3.5.7 Anforderungen bei zu errichtenden Gebäuden

Die zuvor genannten Übergangsfristen einschließlich der Fristen für eine Wärmeplanung sowie die Anforderungen an Heizungsanlagen, die innerhalb der Fristen eingebaut werden und nicht die Anforderungen nach § 71 Absatz (1) erfüllen (65 %-Anforderung der Nutzung erneuerbarer Energien) gelten auch für zu errichtende Gebäude in Baulücken (§ 71 Absatz (10) GEG [1]).

5.3.5.8 Beratungsgespräch

Sofern eine Heizungsanlage eingebaut werden soll, die mit einem festen, flüssigen oder gasförmigen Brennstoff betrieben wird, ist ein Beratungsgespräch durchzuführen. Das Beratungsgespräch dient dem Zweck, auf eine mögliche Unwirtschaftlichkeit derartiger Heizungsanlagen infolge zu erwartender ansteigender Energiepreise für fossile Brennstoffe infolge der vorgesehenen CO_2-Bepreisung hinzuweisen. Außerdem soll mit dem Beratungsgespräch auf mögliche Auswirkungen der Wärmeplanung hingewiesen werden. Das Beratungsgespräch ist von einer fachkundigen Person (Qualifikation nach § 60b Absatz 3 Satz 2 oder § 88 Absatz 1 [1]) durchzuführen.

5.3.6 Anforderungen bei Anschluss an ein Wärmenetz

Bei Anschluss eines Gebäudes an ein Wärmenetz sind die 65 %-Anforderungen zur Nutzung erneuerbarer Energien nach § 71 Absatz (1) ohne rechnerischen Nachweis erfüllt, wenn der Wärmebedarf vollständig mit Wärme aus dem Wärmenetz gedeckt wird. Dies gilt auch für den Fall, dass der Wärmenetzanschluss eine bestehende Heizungsanlage ergänzt.

Für die Erfüllung der Anforderungen ist der zuständige Wärmenetzbetreiber verantwortlich. Er muss u. a. sicherstellen, dass die jeweils geltenden rechtlichen Anforderungen zum Zeitpunkt des Netzanschlusses bei einem bestehenden Wärmenetz bzw. zum Zeitpunkt der Beauftragung bei einem geplanten (neuen) Wärmenetz eingehalten werden. Die Anforderungen ergeben sich aus § 71b GEG [1]; für weitere Regeln wird auf das GEG verwiesen.

5.3.7 Anforderungen an die Nutzung einer Wärmepumpe

Bei Nutzung einer elektrisch angetriebenen Wärmepumpe gelten die 65 %-Anforderungen nach § 71 Absatz (1) als erfüllt, wenn der Wärmebedarf des Gebäudes von der Wärmepumpe vollständig gedeckt wird. Ein rechnerischer Nachweis nach DIN V 18599 [5] ist nicht erforderlich. Siehe hierzu § 71c GEG [1].

5.3.8 Anforderungen bei Nutzung einer Stromdirektheizung

Bei Nutzung einer Stromdirektheizung zur Wärmeerzeugung müssen erhöhte Anforderungen an den baulichen Wärmeschutz erfüllt werden. Die Anforderungen richten sich danach, ob die Stromdirektheizung in einem zu errichtenden oder in einem bestehenden Gebäude eingebaut wird. Es gelten folgende Regeln (§ 71d GEG [1]) (Abb. 5.5).

5.3.8.1 Stromdirektheizung in einem zu errichtenden Gebäude
In ein zu errichtendes Gebäude darf eine Stromdirektheizung nur eingebaut oder aufgestellt werden, wenn der bauliche Wärmeschutz des Gebäudes die Anforderungen um mindestens 45 % unterschreitet. Diese Regelung gilt gleichermaßen für Wohn- und Nichtwohngebäude.

Bei Wohngebäuden wird für den Nachweis des baulichen Wärmeschutzes der spezifische, auf die wärmeübertragende Umfassungsfläche bezogene Transmissionswärmeverlust verwendet. Bei Nichtwohngebäuden wird der bauliche Wärmschutz mithilfe des mittleren Wärmedurchgangskoeffizienten der Bauteile der thermischen Gebäudehülle nachgewiesen.

Abb. 5.5 Anforderungen an den baulichen Wärmeschutz bei Stromdirektheizungen

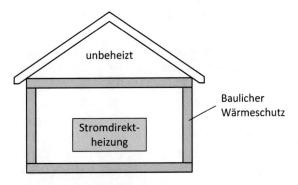

Unterschreitung der Anforderungen:
- zu errichtende Gebäude: mind. 45 %
- bestehende Gebäude: mind. 30 % (45 %)*
*: Heizungsanlagen mit Wasser als Wärmeträger

5.3.8.2 Stromdirektheizung in einem bestehenden Gebäude

Bei bestehenden Gebäuden sind folgende Anforderungen an den baulichen Wärmeschutz einzuhalten:

- Allgemein: Unterschreitung der Anforderungen an den baulichen Wärmeschutz um mindestens 30 %.
- Bei einer Heizungsanlage mit Wasser als Wärmeträger: Unterschreitung der Anforderungen an den baulichen Wärmeschutz um mindestes 45 %.

Die zuvor genannten Anforderungen gelten nicht, wenn ein einzelnes Einzelraum-Stromdirektheizungsgerät ausgetauscht wird.

5.3.8.3 Ausnahmen

Die Regeln in den Abschn. 5.3.8.1 und 5.3.8.2 gelten in folgenden Fällen nicht:

1. Bei einer Stromdirektheizung in einem Gebäude mit einem dezentralen Heizungssystem zur Beheizung von Räumen mit mehr als 4 m Raumhöhe.
2. In einem Wohngebäude mit höchstens zwei Wohnungen, von denen eine Wohnung vom Eigentümer selbst bewohnt wird.

5.3.9 Anforderungen an eine Solarthermieanlage

Mit einer Solarthermieanlage, die den Wärmebedarf des Gebäudes vollständig deckt, werden die Anforderungen zur Nutzung von mindestens 65 % erneuerbarer Energien bei der Wärmeerzeugung nach § 71 Absatz (1) GEG [1] ohne rechnerischen Nachweis erfüllt. Dies gilt sinngemäß auch, wenn die Solarthermieanlage eine bestehende Heizungsanlage ergänzt.

Bei einer Solarthermieanlage, in der Flüssigkeiten als Wärmeträgermedium verwendet werden, müssen die Solarkollektoren mit dem europäischen Prüfzeichen „Solar Keymark" zertifiziert sein (§ 71e GEG [1]).

Eine vollständige Deckung des Wärmebedarfs durch eine Solarthermieanlage ist in Deutschland, aufgrund der geographischen Lage und des damit verbundenen geringen Solarertrags im Winter, kaum bis nicht möglich. Insofern ist Regelung im GEG, Solarthermieanlagen für die Erfüllung der 65 %-Anforderung nach § 71 Absatz (1) zuzulassen, rein theoretischer Natur und bezieht sich auf Sonderfälle.

5.3.10   Anforderungen an Heizungsanlagen für Biomasse und Wasserstoff

Heizungsanlagen, die mindestens mit 65 % gasförmiger oder flüssiger Biomasse (z. B. Biomethan, Pflanzenöl) sowie mit grünem oder blauem Wasserstoff betrieben werden, erfüllen die 65 % Anforderung zur Nutzung erneuerbarer Energien nach § 71 Absatz (1) GEG [1] ohne weiteren rechnerischen Nachweis.

Begriffe

- Grüner Wasserstoff: Wasserstoff, der aus mit erneuerbaren Energien erzeugtem Strom produziert wird.
- Blauer Wasserstoff: Wasserstoff, der durch Dampfreformierung erzeugt wird, wobei das entstehende CO_2 unterirdisch gelagert wird.

Anforderungen

Verantwortlich für die Einhaltung der Anforderungen, dass mindestens 65 % der mit der Heizungsanlage erzeugten Wärme aus Biomasse oder grünem oder blauen Wasserstoff erzeugt werden, ist der Betreiber der Anlage (§ 71f GEG [1]). Außerdem hat der Betreiber sicherzustellen, dass die Biomasse den Nachhaltigkeitskriterien nach der Biomassestrom-Nachhaltigkeitsverordnung [6] erfüllt und der für die Erzeugung von gasförmiger Biomasse verwendete Anteil an Mais und Getreide den Höchstwert von 40 Masse-% Anteil nicht überschreitet. Es wird daher dringend empfohlen, sich vom Lieferanten die Einhaltung der Anforderungen schriftlich bestätigen zu lassen, z. B. auf der Rechnung.

5.3.11   Anforderungen an Heizungsanlagen für feste Biomasse

Heizungsanlagen, die Wärme aus fester Biomasse (z. B. Holzpellets) erzeugen, erfüllen die 65 % Anforderung zur Nutzung erneuerbarer Energien nach § 71 Absatz (1) GEG [1] ohne weiteren rechnerischen Nachweis.

Anforderungen ergeben sich aus § 71g GEG [1]. Danach darf für die Verbrennung der festen Biomasse nur ein automatisch beschickter Biomasseofen mit Wasser als Wärmeträgermedium eingesetzt werden. Außerdem darf ausschließlich Biomasse verwendet werden, die die Anforderungen nach der Verordnung über kleine und mittlere Feuerungsanlagen [7] erfüllt. Zusätzlich sind die Vorgaben der Verordnung (EU) 2023/1115 [8] (endwaldungsfreie Lieferketten) einzuhalten.

Es wird dringend empfohlen, sich vom Lieferanten der festen Biomasse die Einhaltung der o. g. Anforderungen bestätigen zu lassen.

Da die Heizungsanlage mit einem festen Brennstoff (feste Biomasse) betrieben wird, muss vor dem Einbau oder der Aufstellung eine Beratung durchgeführt werden (§ 71 Absatz (11) GEG [1]).

5.3.12 Anforderungen an eine Wärmepumpen- oder Solarthermie-Hybridheizung

5.3.12.1 Wärmepumpen-Hybridheizung

Mit einer Wärmepumpen-Hybridheizung werden die Anforderungen nach § 71 Absatz (1) GEG [1], bei der Wärmeerzeugung mindestens 65 % erneuerbare Energien zu nutzen, ohne weiteren rechnerischen Nachweis erfüllt, wenn zusätzlich die Vorgaben nach § 71h Absatz (1) GEG [1] eingehalten werden. Die Vorgaben enthalten Anforderungen an die Anlage sowie an die Betriebsweise.

Anforderungen an die Anlage

Eine Wärmepumpen-Hybridheizung besteht aus einer elektrisch angetriebenen Wärmepumpe, die mit einer Gas-, Biomasse- oder Flüssigbrennstofffeuerung (Spitzenlasterzeuger) kombiniert wird. Die Wärmepumpe dient zur Abdeckung der Grundlast. Der Spitzenlasterzeuger dient zur Abdeckung von Lastspitzen (z. B. bei niedrigen Außenlufttemperaturen, Erzeugung von Warmwasscr).

Die Anlage muss folgende Anforderungen erfüllen (§ 71h Absatz (1) GEG [1]):

1. Die Erzeugung von Raumwärme erfolgt vorrangig durch die Wärmepumpe. Die Gas-, Biomasse- oder Flüssigbrennstofffeuerung dient nur zur Abdeckung von Spitzenlasten (Spitzenlasterzeuger). Die Betriebsweise kann bivalent parallel oder bivalent teilparallel sein (Erläuterung der Betriebsweisen siehe unten).
2. Die einzelnen Wärmeerzeuger müssen mit einer gemeinsamen, fernansprechbaren Steuerung ausgestattet sein.
3. Der Spitzenlasterzeuger muss bei gasförmigen oder flüssigen Brennstoffen ein Brennwertkessel sein.

Anforderungen an die Betriebsweise

Weiterhin enthält § 71h Absatz (1) Regelungen zur Betriebsweise, um sicherzustellen, dass die Wärmepumpe den größten Anteil am Wärmebedarf liefert. Es werden verschiedene Betriebsweisen unterschieden (Abb. 5.6):

- **Bivalent parallele Betriebsweise:** Hierbei arbeitet nur die Wärmepumpe, wenn eine bestimmte Außenlufttemperatur nicht unterschritten wird (Bivalenzpunkt). Bei Unterschreiten der festgelegten Außenlufttemperatur sind sowohl Wärmepumpe als auch der Spitzenlasterzeuger in Betrieb und erzeugen Wärme.

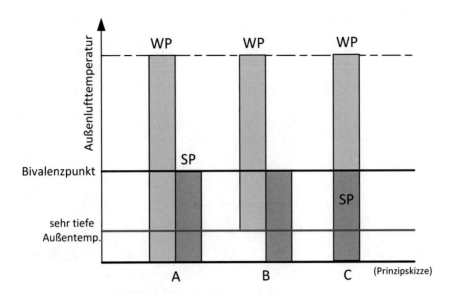

A: Bivalent parallele Betriebsweise
B: Bivalent teilparallele Betriebsweise
C: Bivalent alternative Betriebsweise

WP: Wärmepumpe
SP: Spitzenlasterzeuger

Abb. 5.6   Betriebsweisen bei einer Wärmepumpen-Hybridheizung (schematische Darstellung)

- **Bivalent teilparallele Betriebsweise:** Hierbei arbeitet oberhalb des Bivalenzpunktes nur die Wärmepumpe. Unterhalb des Bivalenzpunktes arbeiten Wärmepumpe und Spitzenlasterzeuger gemeinsam. Bei sehr niedrigen Außenlufttemperaturen schaltet die Wärmepumpe ab und nur der Spitzenlasterzeuger erzeugt Wärme.
- **Bivalent alternative Betriebsweise:** Hierbei arbeitet die Wärmepumpe oberhalb des Bivalenzpunktes (der festgelegten Außenlufttemperatur) alleine. Unterhalb des Bivalenzpunktes arbeitet nur der Spitzenlasterzeuger.

Bei bivalent parallelem Betrieb oder bivalent teilparallelem Betrieb muss die thermische Leistung der Wärmepumpe mindestens 30 % der Heizlast des Gebäudes betragen. Bei bivalent alternativem Betrieb wird gefordert, dass die thermische Leistung der Wärmepumpe mindestens 40 % der Heizlast übernehmen muss.

Das bedeutet, dass eine Wärmepumpe für bivalent alternativem Betrieb stärker dimensioniert werden muss als bei den beiden anderen Betriebsweisen.

5.3.12.2 Solarthermie-Hybridheizung

Eine Solarthermie-Hybridheizung besteht aus einer elektrisch angetriebenen Wärme-
pumpe, die mit einer Gas-, Biomasse- oder Flüssigbrennstofffeuerung kombiniert wird.
Mit einer Solarthermie-Hybridheizung werden die Anforderungen nach § 71 Absatz (1)
GEG [1], bei der Wärmeerzeugung mindestens 65 % erneuerbare Energien zu nutzen,
ohne weiteren rechnerischen Nachweis erfüllt, wenn zusätzlich die Vorgaben nach § 71h
Absatz (2) GEG [1] eingehalten werden. Die Vorgaben enthalten Anforderungen an die
Aperturfläche sowie an die eingesetzten Brennstoffe.

Anforderungen an die Aperturfläche

Die Aperturfläche ist die Lichteintrittsfläche des Kollektors (Abb. 5.7). Nach § 71h Absatz
(2) GEG [1] werden Anforderungen an die Aperturfläche gestellt. Es gelten folgende
Regeln:

- Wohngebäude mit höchstens zwei Wohnungen (Wohneinheiten): Aperturfläche mindestens 0,07 m^2 je m^2 Nutzfläche.
- Wohngebäude mit mehr als zwei Wohneinheiten und Nichtwohngebäude: Aperturfläche mindestens 0,06 m^2 je m^2 Nutzfläche.

Sofern Vakuumröhrenkollektoren verwendet werden, verringert sich die Mindestfläche um
20 %.

Anforderungen an die eingesetzten Brennstoffe

Sofern die zuvor genannten Mindestwerte für die Aperturflächen nicht unterschritten werden, müssen mindestens 60 % der vom Heizkessel bereitgestellten Wärme aus Biomasse
oder grünem oder blauem Wasserstoff, d. h. aus CO_2-neutralen Brennstoffen, erzeugt
werden. Bei kleineren Aperturflächen erhöht sich der Anteil der Wärmeerzeugung durch
CO_2-neutrale Brennstoffe auf bis zu 65 %.

Abb. 5.7 Aperturfläche eines
Kollektors bei einer
Solarthermieanlage

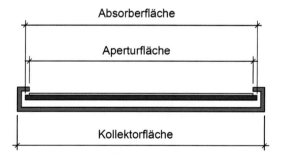

5.3.13 Betriebsverbot für Heizkessel

Regelungen und Fristen für Heizkessel sind in § 72 des GEG [1] angegeben. Für Heizkessel, die mit gasförmigen oder flüssigen Brennstoffen betrieben werden (d. h. Erdgas, Heizöl), gelten folgende Fristen:

- Heizkessel, die vor dem 1. Januar 1991 eingebaut oder aufgestellt wurden, dürfen nicht mehr betrieben werden.
- Heizkessel, die ab dem 1. Januar 1991 eingebaut oder aufgestellt wurden, dürfen nach Ablauf von 30 Jahren nicht mehr betrieben werden.

Davon ausgenommen sind:

- Niedertemperaturkessel und Brennwertkessel.
- Heizungsanlagen mit einer Nennleistung von weniger als 4 kW oder mehr als 400 kW.
- Heizungsanlagen mit einer Gas-, Biomasse- oder Flüssigbrennstofffeuerung in Kombination mit einer Wärmepumpe (Wärmepumpen-Hybridheizung) oder einer Solarthermieanlage (Solarthermie-Hybridheizung), sofern keine fossilen Brennstoffe genutzt werden.

Weiterhin ist festgelegt, dass Heizkessel längstens bis zum 31. Dezember 2044 mit fossilen Brennstoffen betrieben werden dürfen.

Ausnahme für Wohngebäude mit höchstens zwei Wohnungen
Für Wohngebäude mit höchstens zwei Wohnungen, von denen eine Wohnung vom Eigentümer am 1. Februar 2002 bewohnt wurde, besteht eine Ausnahmeregelung vom Betriebsverbot für Heizkessel. Nach § 73 GEG [1] sind Eigentümer von der o. g. Pflicht, Heizkessel nach Ablauf von 30 Jahren nicht mehr zu betreiben, ausgenommen. Die Pflicht ist erst im Falle eines Eigentümerwechsels vom neuen Eigentümer zu erfüllen. Die Frist zur Erfüllung der Pflicht beträgt zwei Jahre nach dem ersten Eigentumsübergang.

5.3.14 Übergangsfristen

Übergangsfristen sind in den §§ 71i bis 71m des GEG [1] geregelt und betreffen neben allgemeinen Fristen auch Sonderfälle. Darüber hinaus sind die Fristen im Zusammenhang mit der Wärmeplanung zu beachten (§ 71 Absatz (8) GEG [1], siehe Abschn. 5.3.5.4). Nachfolgend wird nur kurz auf die allgemeinen Übergangsfristen eingegangen; für weitere Angaben wird auf das GEG verwiesen.

Regeln zur allgemeinen Übergangsfrist befinden sich in § 71i GEG [1]. Danach darf nach den in Abschn. 5.3.5.4 genannten Zeitpunkten, d. h. nach dem 30. Juni

2026 in Gemeinden mit mehr als 100.000 Einwohnern sowie nach dem 30. Juni 2028 in Gemeinden mit bis zu 100.000 Einwohnern oder ein Monat nach Bekanntmachung eines Wärmeplans, für einen Zeitraum von höchstens 5 Jahren eine alte Heizungsanlage gegen eine Heizungsanlage ausgetauscht werden, die nicht die Anforderungen nach § 71 Absatz (1) erfüllt. Hiermit soll ein Heizungsaustausch im Falle eines Defektes an einer bestehenden alten Heizungsanlage ermöglicht werden.

Die genannten Regeln gelten nicht für eine Etagenheizung, für eine Einzelraum-Feuerungsanlage und für eine Hallenheizung; siehe hierzu § 71l und § 71m GEG [1].

5.3.15 Sonstige Vorschriften

Sonstige Vorschriften im Zusammenhang mit Anforderungen an eine Heizungsanlage beziehen sich auf Regelungen zum Schutz von Mietern (§ 71o GEG [1]) und regeln das Verfahren für Wohnungseigentümergemeinschaften (§ 71n GEG [1]); es wird auf das GEG verwiesen.

5.4   Energetische Inspektion von Klimaanlagen

Vorschriften und Regelungen zur Inspektion von Klimaanlagen befinden sich in Abschn. 3 des hier behandelten Teils 4 des GEG. Der Abschn. 3 umfasst folgende Paragrafen:

- § 74 Betreiberpflicht
- § 75 Durchführung und Umfang der Inspektion
- § 76 Zeitpunkt der Inspektion
- § 77 Fachkunde des Inspektionspersonals
- § 78 Inspektionsbericht; Registriernummer

Der Betreiber einer Klimaanlage, die in ein Gebäude eingebaut ist und eine Nennleistung für den Kältebedarf von mehr als 12 kW aufweist, ist verpflichtet, innerhalb festgelegter Zeiträume energetische Inspektionen durchführen zu lassen. Die Pflicht gilt sinngemäß auch für kombinierte Klima- und Lüftungsanlagen mit einer Nennleistung für den Kältebedarf von mehr als 12 kW. In bestimmten Fällen besteht keine Pflicht zur Durchführung einer energetischen Inspektion von Klimaanlagen. Dies ist beispielsweise der Fall, wenn das Gebäude mit einem System für die Gebäudeautomation und Gebäuderegelung nach § 71a GEG [1] ausgestattet ist. Für weitere Informationen zur Betreiberpflicht wird auf § 74 GEG [1] verwiesen.

Regeln zur Durchführung und zum Umfang der Inspektion befinden sich in § 75 GEG [1]. Die Inspektion umfasst die Prüfung der Anlagenkomponenten, die einen Einfluss auf den Wirkungsgrad haben sowie die Prüfung der Anlagendimensionierung im Verhältnis zum Kühlbedarf des Gebäudes. Bei Klimaanlagen sowie kombinierten Klima- und Lüftungsanlagen mit einer Nennleistung für den Kältebedarf von mehr als 70 kW ist die Inspektion nach den Regeln der DIN SPEC 15240 [9] durchzuführen. Für weitere Informationen wird auf § 75 GEG [1] verwiesen.

Die Inspektion ist nach § 76 GEG [1] erstmalig innerhalb der ersten zehn Jahre nach Inbetriebnahme oder Erneuerung wesentlicher Bauteile durchzuführen. Wesentliche Bauteile sind Wärmeübertragung, Ventilator und Kältemaschine. Nach der ersten Inspektion ist die Anlage regelmäßig spätestens alle zehn Jahre zu überprüfen.

Die energetische Inspektion der Klimaanlage bzw. kombinierten Klima- und Lüftungsanlage darf nur von einer fachkundigen Person durchgeführt werden. Genaue Angaben zur Qualifikation der berechtigten Personen sind in § 77 Absatz (2) GEG [1] angegeben. Es wird auf den Gesetzestext verwiesen.

Die Ergebnisse der Inspektion sowie Empfehlungen sind in einem Inspektionsbericht zusammenzufassen. Der Inspektionsbericht muss außerdem Namen, Anschrift, Berufsbezeichnung und Unterschrift der inspizierenden Person enthalten und ist dem Betreiber vorzulegen. Die inspizierende Person muss außerdem die zugeteilte Registriernummer nach § 98 Absatz (2) GEG [1] in den Inspektionsbericht eintragen. Auf Verlangen ist der Inspektionsbericht der zuständigen Behörde vorzulegen; siehe § 78 GEG [1].

Literatur

1. Gesetz zur Einsparung von Energie und zur Nutzung erneuerbarer Energien zur Wärme- und Kälteerzeugung in Gebäuden (Gebäudeenergiegesetz – GEG); vom 8. August 2020 (BGBl. I S. 1728), zuletzt geändert durch Artikel 1 des Gesetzes vom 16. Oktober 2023 (BGBl. 2023 I Nr. 280)
2. DIN EN 16798-3:2017-11: Energetische Bewertung von Gebäuden – Lüftung von Gebäuden – Teil 3: Lüftung von Nichtwohngebäuden – Leistungsanforderungen an Lüftungs- und Klimaanlagen und Raumkühlsysteme (Module M5–1, M5–4)
3. DIN EN ISO 6946:2018-03: Bauteile – Wärmedurchlasswiderstand und Wärmedurchgangskoeffizient – Berechnungsverfahren
4. DIN 4108-4:2020-11: Wärmeschutz und Energie-Einsparung in Gebäuden – Teil 4: Wärme- und feuchteschutztechnische Bemessungswerte
5. DIN V 18599: Energetische Bewertung von Gebäuden – Berechnung des Nutz-, End- und Primärenergiebedarfs für Heizung, Kühlung, Lüftung, Trinkwarmwasser und Beleuchtung; Teile 1 bis 13; Beiblätter 1 und 2; verschiedene Ausgabedaten
6. Verordnung über Anforderungen an eine nachhaltige Herstellung von Biomasse zur Stromerzeugung (Biomassestrom-Nachhaltigkeitsverordnung – BioSt-NachV) vom 2. Dezember 2021 (BGBl. I S. 5126), die zuletzt durch Artikel 1 der Verordnung vom 13. Dezember 2022 (BGBl. I . S. 2286) geändert worden ist
7. Verordnung über kleine und mittlere Feuerungsanlagen vom 26. Januar 2010 (BGBl. I S. 38), die zuletzt durch Artikel 1 der Verordnung vom 13. Oktober 2021 (BGBl. I S. 4676) geändert worden ist

8. Verordnung (EU) 2023/1115 des Europäischen Parlaments und des Rates vom 31. Mai 2023 über die Bereitstellung bestimmter Rohstoffe und Erzeugnisse, die mit Entwaldung und Waldbeschädigung in Verbindung stehen, auf dem Unionsmarkt und ihre Ausfuhr aus der Union sowie zur Aufhebung der Verordnung (EU) Nr. 995/2010 (ABl. L 150 vom 9.6.2023 S. 206)
9. DIN SPEC 15240:2019-03: Energetische Bewertung von Gebäuden – Lüftung von Gebäuden – Energetische Inspektion von Klimaanlagen

Energieausweise

6

6.1 Allgemeines

Energieausweise sind Dokumente, die je nach Typ entweder den berechneten Energiebedarf oder den witterungs- und Leerstand bereinigten Energieverbrauch auf Grundlage von Verbrauchsdaten für ein Gebäude angeben. Sie wurden erstmalig in der früher geltenden Energieeinsparverordnung (EnEV) [1] eingeführt und sind auch nach dem Gebäudeenergiegesetz (GEG) [2] verpflichtend vorgeschrieben.

Energieausweise dienen dazu, Auskunft über den zu erwartenden Energiebedarf bzw. -verbrauch für Raumwärme und Warmwasser (bei Nichtwohngebäuden zusätzlich für Beleuchtung) zu geben. Energieausweise sollen einen überschlägigen Vergleich über die energetischen Eigenschaften von Gebäuden ermöglichen. Aus den Daten können gewisse Rückschlüsse auf die zu erwartenden Heizkosten (bei Nichtwohngebäuden zusätzlich über den Stromverbrauch für Beleuchtung) gezogen werden. Außerdem enthält der Energieausweis Empfehlungen für die Verbesserung der Energieeffizienz und Hinweise für energetische Modernisierungsmaßnahmen. In öffentlichen Gebäuden mit starkem Publikumsverkehr (z. B. Universitätsgebäude, Rathäuser, Schwimmbäder u. Ä.) muss der Energieausweis an zugänglicher Stelle und gut sichtbar ausgehängt werden. Dies gilt sowohl für Gebäude mit behördlicher Nutzung (z. B. Gebäude der öffentlichen Hand) als auch für private Gebäude mit starkem Publikumsverkehr.

Regeln zu Energieausweisen und die damit verbundenen Anforderungen befinden sich in Teil 5 des GEG (Abb. 6.1).

© Der/die Autor(en), exklusiv lizenziert an Springer Fachmedien Wiesbaden GmbH, ein Teil von Springer Nature 2025
P. Schmidt, *Das novellierte Gebäudeenergiegesetz (GEG 2024)*, Detailwissen Bauphysik, https://doi.org/10.1007/978-3-658-44921-6_6

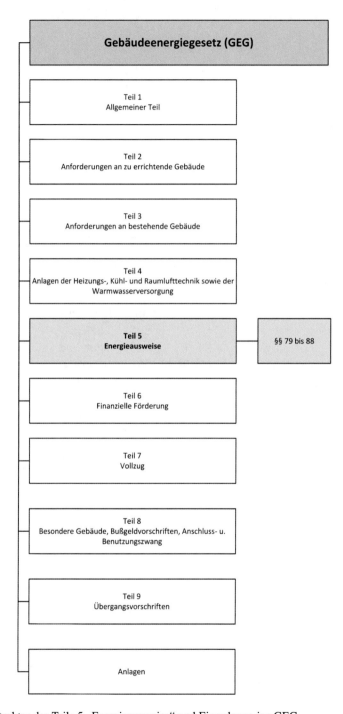

Abb. 6.1 Struktur des Teils 5 „Energieausweise" und Einordnung ins GEG

6.2 Grundsätzliche Regeln

Grundsätzliche Regeln zu Energieausweisen sind in § 79 des GEG angegeben. Siehe hierzu den Auszug aus dem GEG.

"§ 79 Grundsätze des Energieausweises"

"(1) Energieausweise dienen ausschließlich der Information über die energetischen Eigenschaften eines Gebäudes und sollen einen überschlägigen Vergleich von Gebäuden ermöglichen. Ein Energieausweis ist als Energiebedarfsausweis oder als Energieverbrauchsausweis nach Maßgabe der §§ 80 bis 86 auszustellen. Es ist zulässig, sowohl den Energiebedarf als auch den Energieverbrauch anzugeben.

(2) Ein Energieausweis wird für ein Gebäude ausgestellt. Er ist für Teile von einem Gebäude auszustellen, wenn die Gebäudeteile nach § 106 getrennt zu behandeln sind.

(3) Ein Energieausweis ist für eine Gültigkeitsdauer von zehn Jahren auszustellen. Unabhängig davon verliert er seine Gültigkeit, wenn nach § 80 Absatz 2 ein neuer Energieausweis erforderlich wird.

(4) Auf ein kleines Gebäude sind die Vorschriften dieses Abschnitts nicht anzuwenden. Auf ein Baudenkmal ist § 80 Absatz 3 bis 7 nicht anzuwenden."

Zweck und Ziel von Energieausweisen

Wie aus § 79 Absatz 1 GEG hervorgeht, dienen Energieausweise ausschließlich dem Zweck, Auskunft über die energetische Qualität eines Gebäudes zu geben und einen näherungsweisen Vergleich von Gebäuden in energetischer Hinsicht zu ermöglichen. Damit soll Eigentümerinnen und Eigentümern sowie Mieterinnen und Mietern eine Orientierungshilfe an die Hand gegeben werden, um beispielsweise Rückschlüsse auf zu erwartende Heizkosten zu erhalten und den energetischen Ist-Zustand eines Gebäudes einzuschätzen. Außerdem richtet sich der Energieausweis an potenzielle Käuferinnen und Käufer von Gebäuden, um als Entscheidungshilfe beim Kauf einer Immobilie herangezogen zu werden. Allerdings hat sich der letztgenannte Punkt in der Praxis nicht durchgesetzt. Immobilien, insbesondere Wohngebäude, werden hauptsächlich aufgrund anderer Kriterien wie Lage, übriger Ausstattung und soziales Umfeld erworben. Der energetische Zustand spielt dagegen eine zunehmend geringere Rolle, was primär auf die angespannte Lage auf dem Wohnungsmarkt zurückzuführen ist. Die ursprüngliche Absicht, mithilfe eines Energieausweises für Gebäude den Immobilienmarkt und die Vermietung dahingehend zu beeinflussen, dass Gebäude mit energetisch guten Eigenschaften bevorzugt verkauft oder vermietet werden können oder höhere Kaufpreise oder Mieten erzielen, hat sich nicht bewahrheitet.

Bedarfs- und Verbrauchsausweis

Nach § 79 Absatz 1 GEG (s. o.) existieren zwei unterschiedliche Energieausweistypen:

- Energiebedarfsausweis
- Energieverbrauchsausweis

Der *Energiebedarfsausweis* gibt den berechneten Energiebedarf in Form des Jahres-Primärenergiebedarfs und des jährlichen Endenergiebedarfs an. Es ist zu beachten, dass die Berechnung der Kenngrößen für normierte, festgelegte Randbedingungen erfolgt. Der Bedarfsausweis ist zwingend für zu errichtende Gebäude auszustellen, da hierfür noch keine Verbrauchsdaten vorliegen. Der Vorteil des Energiebedarfsausweises gegenüber dem Verbrauchsausweis ergibt sich dadurch, dass die Daten nicht durch das Nutzerverhalten beeinflusst werden und somit ein objektiver Vergleich mit anderen Gebäuden, für die ebenfalls ein Bedarfsausweis vorliegt, möglich ist. Der Nachteil besteht darin, dass die Ermittlung der Energiebedarfsgrößen nur mit aufwendigen Rechenverfahren möglich ist. Außerdem müssen alle relevanten Daten (z. B. Abmessungen, U-Werte der Außenbauteile, Anlagenkomponenten) bekannt sein, was gerade bei Bestandsgebäuden häufig nicht der Fall ist oder die Ermittlung schwierig ist. Für Bestandsgebäude ist der Energiebedarfsausweis daher eher ungeeignet und wird nur in Sonderfällen ausgestellt, z. B. nach der Durchführung umfangreicher energetischer Modernisierungen.

Der *Energieverbrauchausweis* gibt einen Energieverbrauchskennwert an, der auf Grundlage der tatsächlichen Energieverbräuche der letzten Abrechnungsperioden ermittelt wird. Der Energieverbrauchskennwert ist zwar witterungsbereinigt, d. h. Einflüsse durch den Standort (Lage, Höhe über NN) sind eliminiert, enthält aber dennoch Einflüsse des Nutzerverhaltens. Gerade das Nutzerverhalten beeinflusst die tatsächlichen Verbräuche erheblich, selbst wenn Leerstände bei der Ermittlung des Verbrauchskennwertes berücksichtigt werden. Je nach Nutzerverhalten können exakt gleiche Gebäude daher unterschiedlich hohe Verbrauchskennwerte aufweisen. Ein objektiver Vergleich von Gebäuden ist daher nur bedingt möglich. Dies ist ein erheblicher Nachteil des Energieverbrauchsausweises, was ebenfalls ein Grund für die abnehmende Akzeptanz von Energieausweisen in der Öffentlichkeit sein dürfte. Der Vorteil des Verbrauchsausweises liegt in seiner einfachen und zudem sehr preisgünstigen Ausstellung.

Im Internet kursieren teilweise Angebote für die Ausstellung von Verbrauchsausweisen, die deutlich unter 100 € liegen. Derartige Auswüchse haben sicherlich einen weiteren negativen Effekt auf die Bedeutung des Energieausweises als wichtiges Dokument für ein Gebäude, welches einen Wert von mindestens mehreren Hunderttausend Euro besitzt. Hier wäre nach Auffassung des Autors Verbesserungsbedarf erforderlich, um der Bedeutung von Energieausweisen Rechnung zu tragen.

Geltungsbereich
Der Energieausweis gilt nach § 79 Absatz 2 GEG grundsätzlich für ein Gebäude. Nur für den Fall, dass Gebäude aufgrund unterschiedlicher Nutzung getrennt behandelt werden dürfen, ist für jeden Teil des Gebäudes ein separater Energieausweis auszustellen. Dies

ist bei gemischt genutzten Gebäuden nach § 106 GEG der Fall, z. B. bei einem Wohngebäude mit einem Teil, der sich von der Wohnnutzung unterscheidet oder bei einem Nichtwohngebäude mit einem Teil, in dem sich Wohnungen befinden.

Bei Mehrfamilienwohnhäusern mit mehreren Wohnungen ist zu beachten, dass der im Energieausweis angegebene Energiebedarf bzw. -verbrauch nicht für die einzelne Wohnung, sondern für das komplette Gebäude gilt. Die Bedarfs- bzw. Verbrauchskennwerte geben somit immer einen Durchschnittswert für das Gebäude an, von denen die individuellen Werte für eine einzelne Wohnung sowohl nach oben als auch nach unten abweichen können. Dies gilt sowohl für den Bedarfsausweis als auch für den Verbrauchsausweis. Der Grund für die einzelnen Abweichungen liegt an den verschieden großen Außenflächen, die von der Lage der Wohnung im Gebäude abhängig sind. Beispielsweise ist eine Wohnung im Innenbereich des Gebäudes („Sandwichlage") aufgrund der geringeren Außenflächen günstiger, d. h. weist einen geringeren Energiebedarf bzw. -verbrauch auf als eine Wohnung, die sich im Eckbereich des Gebäudes befindet, da diese größere Außenflächen besitzt. Eine Wohnung im Zwischengeschoss ist somit bessergestellt als eine Wohnung im Dachgeschoss an der Giebelwand. Dieser Einfluss wird im Energieausweis nicht berücksichtigt (Abb. 6.2). Auch aus diesem Grund können die Bedarfs- bzw. Verbrauchsgrößen im Energieausweis nur in bedingtem Maße für die Abschätzung der zu erwartenden Heizkosten einer einzelnen Wohnung herangezogen werden.

Gültigkeitsdauer
Die Gültigkeitsdauer von Energieausweisen ist nach § 79 Absatz 3 GEG auf zehn Jahre begrenzt. Unabhängig von dieser Regelung ist ein neuer Energieausweis auszustellen,

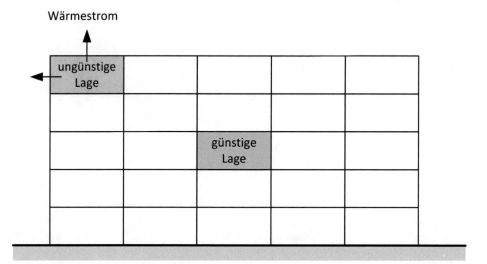

Abb. 6.2 Einfluss der Lage einer Wohnung im Gebäude auf den Energiebedarf

wenn bei einem bestehenden Gebäude Änderungen durchgeführt werden und der Nachweis mithilfe des Referenzgebäudeverfahrens erbracht wird, d. h. Berechnungen nach
§ 50 Absatz 3 GEG durchgeführt werden (Abb. 6.3). Beim Referenzgebäudeverfahren wird der Nachweis des bestehenden, energetisch geänderten Gebäudes über den
Jahres-Primärenergiebedarf geführt. Dieser darf den Jahres-Primärenergiebedarf des zugehörigen Referenzgebäudes um nicht mehr als 40 % überschreiten. Zusätzlich ist der
bauliche Wärmeschutz nachzuweisen. Bei Wohngebäuden darf dieser den spezifischen,
auf die wärmeübertragende Umfassungsfläche bezogenen Transmissionswärmeverlust des
zugehörigen Referenzgebäudes um nicht mehr als 40 % überschreiten. Bei Nichtwohngebäuden darf der mittlere Wärmedurchgangskoeffizient der Außenbauteile das 1,25fache
der Höchstwerte nach GEG Anlage 3 um nicht mehr als 40 % überschreiten. Das bedeutet,
das die in Anlage 3 angegeben Höchstwerte für den mittleren Wärmedurchgangskoeffizienten um nicht mehr als 75 % bzw. um das 1,75fache (= 1,25 × 1,40) überschritten
werden dürfen.

Beim Bauteilverfahren, bei dem der Nachweis geänderter Außenbauteile über einzu-
haltende Höchstwerte der Wärmedurchgangskoeffizienten erbracht wird, ist kein neuer
Energieausweis erforderlich, solange die Gültigkeitsdauer von zehn Jahren des bestehenden Energieausweises noch nicht überschritten ist.

Kleine Gebäude und Baudenkmäler
Für kleine Gebäude, d. h. Gebäude mit einer Nutzfläche von nicht mehr als 50
Quadratmeter, ist kein Energieausweis erforderlich.

Für Baudenkmäler sind folgende Regelungen nicht anzuwenden:

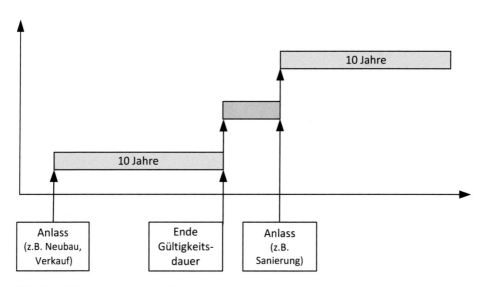

Abb. 6.3 Gültigkeitsdauer eines Energieausweises

- Ausstellung eines Energieausweises bei Verkauf (§ 80 Absatz 3)
- Vorlagepflicht bei Verkauf, Vermietung, Verpachtung oder Leasing (§ 80 Absatz 4 und 5)
- Aushangpflicht in einem Gebäude mit starkem Publikumsverkehr (§ 80 Absatz 6 und 7)

6.3 Ausstellung und Verwendung von Energieausweisen

Regeln zur Ausstellung und Verwendung von Energieausweisen befinden sich in § 80 des GEG.

Zu errichtende Gebäude

Für zu errichtende Gebäude, d. h. für Neubauten, ist ein Energieausweis zwingend auszustellen. Die Ausstellung muss unverzüglich nach Fertigstellung des Gebäudes erfolgen. Hierfür ist der Eigentümer des Gebäudes verantwortlich. Der Energieausweis oder eine Kopie ist dem Eigentümer zu übergeben. Sofern der Eigentümer nicht Bauherr ist, gelten die zuvor genannten Regelungen für den Bauherrn. Außerdem hat der Eigentümer den Energieausweis auf Verlangen der zuständigen Behörde vorzulegen. Die Regelungen ergeben sich aus § 80 Absatz 1; siehe folgenden Auszug.

„§ 80 Ausstellung und Verwendung von Energieausweisen"

„(1) Wird ein Gebäude errichtet, ist ein Energiebedarfsausweis unter Zugrundelegung der energetischen Eigenschaften des fertiggestellten Gebäudes auszustellen. Der Eigentümer hat sicherzustellen, dass der Energieausweis unverzüglich nach Fertigstellung des Gebäudes ausgestellt und ihm der Energieausweis oder eine Kopie hiervon übergeben wird. Die Sätze 1 und 2 sind für den Bauherren entsprechend anzuwenden, wenn der Eigentümer nicht zugleich Bauherr des Gebäudes ist. Der Eigentümer hat den Energieausweis der nach Landesrecht zuständigen Behörde auf Verlangen vorzulegen."

Bestehende Gebäude

Bei bestehenden Gebäuden ist ein Energieausweis nur auszustellen, wenn das Gebäude oder eine Wohnung bzw. Nutzungseinheit im Gebäude verkauft, vermietet, verpachtet oder verleast werden sollen. Die Ausstellung ist nur erforderlich, wenn nicht bereits ein gültiger Energieausweis für das Gebäude vorliegt. Außerdem ist ein Energieausweis erforderlich, wenn energetische Änderungen am bestehenden Gebäude im Sinne des § 48 des GEG („Anforderungen an ein bestehendes Gebäude bei Änderung") durchgeführt wurden und für das gesamte Gebäude Berechnungen nach § 50 Absatz 3 erfolgen, d. h. der Nachweis mithilfe des Referenzgebäudeverfahrens erbracht wird.

Praxistipp

Diese Regelung bedeutet, dass bei bestehenden Gebäuden kein Energieausweis erforderlich ist, wenn kein Anlass für Verkauf, Vermietung, Verpachtung o. Ä. vorliegt. Für ein Einfamilienhaus, das zum Beispiel vom Eigentümer selbst genutzt wird, braucht daher kein Energieausweis ausgestellt zu werden. Erst wenn das Objekt verkauft oder vermietet werden soll, ist ein Energieausweis erforderlich. Grundsätzlich gilt die Regelung auch für Gebäude mit mehreren Nutzungseinheiten wie zum Beispiel für Mehrfamilienhäuser. Auch hier ist kein Energieausweis erforderlich, wenn keine Absicht besteht, eine Nutzungseinheit zu verkaufen oder zu vermieten. Allerdings ist zu beachten, dass gerade bei größeren Objekten mit vielen Nutzungseinheiten und verschiedenen Eigentümern und Mietern immer damit zu rechnen ist, dass eine Wohnung verkauft oder neu vermietet werden soll. Daher wird empfohlen, für Gebäude mit vielen Nutzungseinheiten einen Energieausweis vorab auszustellen.

Sonderregelung für ältere bestehende Wohngebäude mit weniger als fünf Wohnungen

Für bestehende Wohngebäude, für die der Bauantrag vor dem 1. November 1977 gestellt wurde und die weniger als fünf Wohnungen aufweisen, ist zusätzlich zu den zuvor genannten Regelungen zu beachten, dass ein Energiebedarfsausweis auszustellen ist. Ein Verbrauchausweis ist dagegen nicht zulässig. Die Regelung gilt allerdings nicht, wenn das Wohngebäude schon bei der Fertigstellung das Anforderungsniveau der Wärmeschutzverordnung vom 11. August 1977 (BGBl. I S. 1554) [3] (WSchVO 1977) erfüllt hat oder spätere Änderungen mindestens das Anforderungsniveau der WSchVO 1977 erfüllen.

Vorlagepflicht

Für den Energieausweis besteht eine Vorlagepflicht:

- Bei Verkauf, Vermietung, Verpachtung, Leasing o. Ä. ist der Energieausweis oder eine Kopie davon dem potenziellen Käufer, Mieter, Pächter, Leasingnehmer usw. vom Verkäufer, Vermieter, Verpächter, Leasinggeber oder Immobilienmakler vorzulegen.
- Die Vorlage muss spätestens bei der Besichtigung erfolgen.
- Die Vorlagepflicht wird auch durch einen Aushang an sichtbarer Stelle oder ein deutlich sichtbares Auslegen während der Besichtigung erfüllt.
- Sofern keine Besichtigung stattfindet, ist der Energieausweis dem potenziellen Käufer, Mieter, Pächter, Leasingnehmer unverzüglich vom Verkäufer, Vermieter, Verpächter, Leasinggeber oder Immobilienmakler vorzulegen.
- Die Vorlage des Energieausweises muss spätestens erfolgen, wenn der potenzielle Käufer, Mieter, Pächter oder Leasingnehmer hierzu auffordert.
- Nach Abschluss des Kauf-, Miet-, Pacht- oder Leasingvertrages ist der Energieausweis unverzüglich an den Käufer, Mieter, Pächter oder Leasingnehmer zu übergeben.

Sofern ein Wohngebäude mit nicht mehr als zwei Wohnungen verkauft wird, hat der Käufer nach Übergabe des Energieausweises ein informatorisches Beratungsgespräch zum Energieausweis mit einer ausstellungsberechtigten Person zu führen, wenn dieses Gespräch als unentgeltliche Leistung angeboten wird.

Aushangpflicht
Für Gebäude mit starkem Publikumsverkehr besteht eine Aushangpflicht des Energieausweises. Die Aushangpflicht ist von der Art der Nutzung des Gebäudes und der Größe der Nutzfläche abhängig. Es gelten folgende Regelungen:

Gebäude mit behördlicher Nutzung:
Bei Gebäuden mit behördlicher Nutzung und starkem Publikumsverkehr (z. B. Gebäude von Ministerien, Rathäuser, Gerichtsgebäude, Jobcenter) besteht eine Aushangpflicht, wenn die Nutzfläche mehr als 250 Quadratmeter beträgt. Der Energieausweis ist als Auszug an einer für die Öffentlichkeit gut sichtbaren Stelle (z. B. im Eingangsbereich) auszuhängen (Abb. 6.4). Verantwortlich für den Aushang ist der Eigentümer.

Gebäude mit nicht behördlicher Nutzung
Bei Gebäuden mit nicht behördlicher Nutzung und starkem Publikumsverkehr (z. B. Kaufhäuser, Einkaufszentren, Schwimmbäder, Universitätsgebäude usw.) besteht eine Aushangpflicht, wenn die Nutzfläche mehr als 500 Quadratmeter beträgt und der Energieausweis vorliegt. Der Energieausweis (als Auszug) ist ebenfalls an einer für die Öffentlichkeit gut sichtbaren Stelle auszuhängen.

6.4   Energieausweistypen und Angaben im Energieausweis

Regeln zu den verschiedenen Energieausweistypen werden in den Paragrafen § 81 (Energiebedarfsausweis) und § 82 (Energieverbrauchsausweis) angegeben. Die erforderlichen Angaben, die im Energieausweis enthalten sein müssen, werden in § 83 („Angaben im Energieausweis") aufgelistet.

Ein Ablaufdiagramm als Entscheidungshilfe, welcher Ausweistyp auszustellen ist, ist in Abb. 6.5 angegeben.

6.4.1   Energiebedarfsausweis

Der Energiebedarfsausweis enthält Kennwerte (s. Abschn. 6.4.3), die auf Grundlage des berechneten Energiebedarfs beruhen. Die Kennwerte, dies sind im Wesentlichen der Jahres-Primärenergiebedarf, der Endenergiebedarf sowie bei Wohngebäuden der

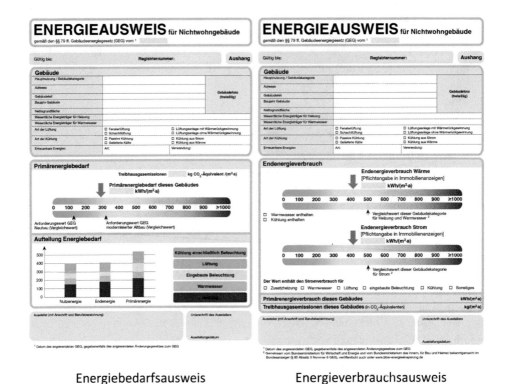

Energiebedarfsausweis   Energieverbrauchsausweis

Abb. 6.4 Muster für den Aushang eines Energieausweises bei Nichtwohngebäuden (nach § 85 Absatz 8 GEG). (Quelle: Bekanntmachung der Muster von Energieausweisen nach dem Gebäudeenergiegesetz [12])

spezifische, auf die wärmeübertragende Umfassungsfläche bezogene Transmissionswärmeverlust und bei Nichtwohngebäuden der mittlere Wärmedurchgangskoeffizient der Außenbauteile, werden für festgelegte, normierte Randbedingungen nach den im GEG angegebenen Verfahren berechnet. Sie enthalten somit keine subjektiven Einflüsse aus dem Nutzerverhalten.

Der Energiebedarfsausweis ist zwingend für zu errichtende Gebäude auszustellen. Bei bestehenden Gebäuden kann er als Alternative zum Energieverbrauchsausweis ausgestellt werden. Eine Pflicht für bestehende Gebäude ergibt sich nur, wenn der Nachweis des bestehenden Gebäudes bei Änderungen mithilfe des Referenzgebäudeverfahrens durchgeführt wird sowie bei Erweiterungen. Außerdem ist ein Energiebedarfsausweis für Wohngebäude mit weniger als fünf Wohnungen auszustellen, wenn das Gebäude die Anforderungen der Wärmeschutzverordnung 1977 nicht erfüllt.

Siehe hierzu folgenden Auszug aus dem GEG.

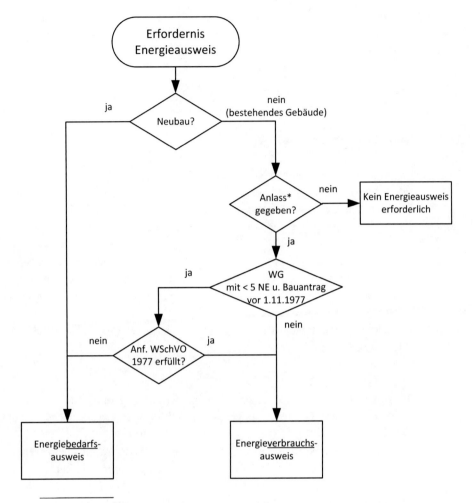

Abb. 6.5 Ablaufdiagramm als Entscheidungshilfe zur Wahl des richtigen Energieausweistyps

„§ 81 Energiebedarfsausweis"

„(1) Wird ein Energieausweis für ein zu errichtendes Gebäude auf der Grundlage des berechneten Energiebedarfs ausgestellt, sind die Ergebnisse der nach den §§ 15 und 16 oder nach den §§ 18 und 19 erforderlichen Berechnungen zugrunde zu legen. In den Fällen des § 31 Absatz 1 sind die Kennwerte zu verwenden, die in den Bekanntmachungen nach § 31 Absatz 2 der jeweils zutreffenden Ausstattungsvariante zugewiesen sind.

(2) Wird ein Energieausweis für ein bestehendes Gebäude auf der Grundlage des berechneten Energiebedarfs ausgestellt, ist auf die erforderlichen Berechnungen § 50 Absatz 3 und 4 entsprechend anzuwenden. "

Ein Muster des Energiebedarfsausweises ist in Abb. 6.6 dargestellt.

6.4.2   Energieverbrauchsausweis

Der Energieverbrauchsausweis enthält Kennwerte, die auf den erfassten Verbräuchen beruhen. Im Unterschied zum Bedarfsausweis fließt in die Kennwerte das Nutzerverhalten ein. Die Verbrauchskennwerte werden allerdings witterungsbereinigt ermittelt, wobei auch Leerstände angemessen berücksichtigt werden. Im Einzelnen gelten folgende Regeln:

- Aus dem erfassten Endenergieverbrauch sind als Kennwerte der witterungsbereinigte Endenergie- und Primärenergieverbrauch zu berechnen. Für die Berechnung sind die Bestimmungen über die vereinfachte Datenerhebung sowie die „Bekanntmachungen der Regeln für Energieverbrauchswerte im Wohngebäudebestand" [4] und die „Bekanntmachungen der Regeln für Energieverbrauchswerte im Nichtwohngebäudebestand" [5] zu beachten.
- Endenergieverbrauch:
  - Wohngebäude:
    Für Wohngebäude ist der Endenergieverbrauch für Heizung und Warmwasser zu berechnen. Die Angabe erfolgt in kWh/(m^{2}a). Bezugsfläche ist die Gebäudenutzfläche.
    Dezentrale Warmwasserbereitung: Sofern bei dezentraler Warmwasserbereitung der Verbrauch nicht bekannt ist, ist der Endenergieverbrauch pauschal um 20 kWh/(m^{2}a) zu erhöhen.
    Kühlung: Bei Kühlung der Raumluft ist der Endenergieverbrauch pauschal um 6 kWh/(m^{2}a) zu erhöhen.
    Bei unbekannter Gebäudenutzfläche: Bei Wohngebäuden bis zwei Wohneinheiten: 1,35 × Wohnfläche; ansonsten: 1,2 × Wohnfläche.
  - Nichtwohngebäude:
    Für Nichtwohngebäude ist der Endenergieverbrauch für Heizung, Warmwasser, Kühlung, Lüftung und eingebaute Beleuchtung zu berechnen. Die Angabe erfolgt in kWh/(m^{2}a). Bezugsfläche ist die Nettogrundfläche.
  - Witterungsbereinigung:
    Der Endenergieverbrauch für Heizung ist witterungsbereinigt zu berechnen.
- Primärenergieverbrauch: Der Primärenergieverbrauch berechnet sich aus dem Endenergieverbrauch und den Primärenergiefaktoren (Primärenergiefaktoren nach § 22 GEG).

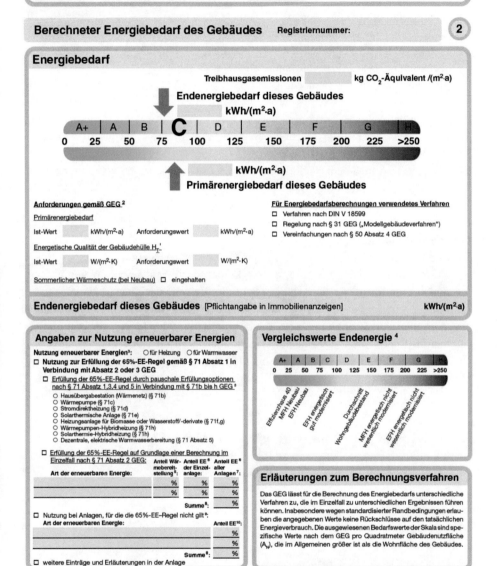

Abb. 6.6 Muster für den Energiebedarfsausweis; hier: Wohngebäude (nach § 85 Absatz 8 GEG). (Quelle: Bekanntmachung der Muster von Energieausweisen nach dem Gebäudeenergiegesetz [12])

- Grundlage der Verbrauchsdaten: Für die Ermittlung des Energieverbrauchs sind folgende Verbrauchsdaten zu verwenden:

  1. Verbrauchsdaten aus Heizkostenabrechnungen nach der Verordnung über Heizkostenabrechnung in der Fassung der Bekanntmachung vom 5. Oktober 2009 (BGBl. I S. 3250) für das gesamte Gebäude oder
  2. andere geeignete Verbrauchsdaten (Abrechnungen von Energielieferanten, sachgerecht durchgeführte Verbrauchsmessungen) oder
  3. eine Kombination aus Nummer 1 und 2.

- Ermittlung der Verbrauchswerte:
  - Es sind mindestens die Abrechnungen der letzten 3 Jahre (36 Monate) zugrunde zu legen.
  - Die jüngste Abrechnungsperiode muss eingeschlossen sein, darf aber um nicht mehr als 18 Monate zurückliegen.
  - Längere Leerstände sind rechnerisch zu berücksichtigen.
  - Der Energieverbrauch ergibt sich aus dem Durchschnittsverbrauch für den zugrunde gelegten Zeitraum.
  - Für die Ermittlung des Primärenergieverbrauchs aus dem Endenergieverbrauch sowie für die Berücksichtigung von klimatischen Einflüssen (Witterungsbereinigung) und längerer Leerstände sind die Bekanntmachungen der Regeln für Energieverbrauchswerte zu beachten. Diese werden vom Bundesministerium für Wirtschaft und Energie und vom Bundesministerium des Innern, für Bau und Heimat im Bundesanzeiger bekannt gemacht und liegen für den Wohngebäudebestand [4] und den Nichtwohngebäudebestand [5] vor.

Ein Muster des Energieverbrauchsausweises ist in Abb. 6.7 dargestellt.

6.4.3 Angaben im Energieausweis und Muster

Ein Energieausweis muss folgende Angaben enthalten.

1. **Allgemeine Angaben:**
   - Fassung des Gebäudeenergiegesetzes (GEG), nach der der Energieausweis ausgestellt wird.
   - Art des Energieausweises:
     - Energiebedarfsausweis nach § 81 GEG
     - Energieverbrauchsausweis nach § 82 GEG
   - Ablaufdatum
   - Registriernummer

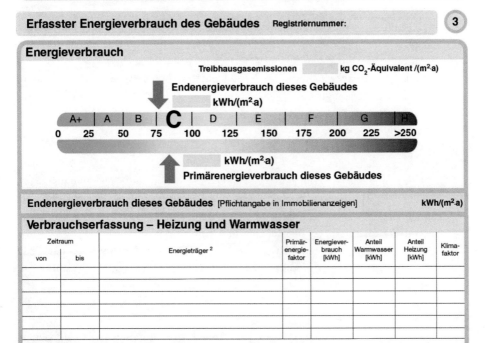

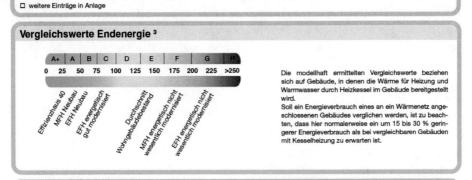

Abb. 6.7 Muster für den Energieverbrauchsausweis; hier: Wohngebäude (nach § 85 Absatz 8 GEG). (Quelle: Bekanntmachung der Muster von Energieausweisen nach dem Gebäudeenergiegesetz [12])

- vollständige Anschrift des Gebäudes (Postleitzahl, Stadt, Straße, Hausnummer)
- Art des Gebäudes:
  - Wohngebäude
  - Nichtwohngebäude
- bei einem Wohngebäude:
  - Gebäudetyp (z. B. Einfamilienhaus freistehend/aneinandergereiht, Mehrfamilienhaus)
  - Anzahl der Wohnungen
  - Gebäudenutzfläche (sofern die Gebäudenutzfläche aus der Wohnfläche ermittelt wird, ist dies anzugeben)
- bei einem Nichtwohngebäude:
  - Hauptnutzung oder Gebäudekategorie
  - Nettogrundfläche
- Baujahr des Gebäudes
- bei gemischt genutzten Gebäuden: Gebäudeteil (Wohngebäude, Nichtwohngebäude)
- Baujahr des Wärmeerzeugers; bei Fern-/Nahwärmeversorgung: Baujahr der Übergabestation
- wesentliche Energieträger für Heizung und Warmwasser
- Art der genutzten erneuerbaren Energien zur Erfüllung der Anforderungen nach § 71 Absatz 1 GEG (Anforderungen an eine Heizungsanlage: Verpflichtung der Erzeugung der Wärme zu mindestens 65 % aus erneuerbaren Energien)
- Art der Lüftung
- Art der Kühlung (falls vorhanden)
- inspektionspflichtige Klimaanlagen oder kombinierte Lüftungs- und Klimaanlage und Fälligkeitsdatum der nächsten Inspektion
- Anlass der Ausstellung des Energieausweises
- Durchführung der Datenerhebung (bei bestehenden Gebäuden): durch Eigentümer oder Aussteller
- Aussteller: Name, Anschrift, Berufsbezeichnung
- Ausstellungsdatum
- Unterschrift des Ausstellers

2. **Zusätzliche Angaben in einem Energiebedarfsausweis:**

Ein Energiebedarfsausweis muss zusätzlich zu den unter Punkt 1 genannten Angaben folgende Daten enthalten:

a) Bei zu errichtenden Wohn- und Nichtwohngebäuden:
   i. Ergebnisse aus den erforderlichen Berechnungen nach § 81 Absatz 1 Satz 1 GEG, einschließlich der Anforderungswerte. Im Wesentlichen sind dies der

Jahres-Primärenergiebedarf, Endenergiebedarf sowie die sich aus dem Jahres-Primärenergiebedarf ergebenden Treibhausgasemissionen in Form von äquivalenten Kohlendioxidemissionen in Kilogramm pro Jahr und Quadratmeter Gebäude-nutzfläche bei Wohngebäuden oder Nettogrundfläche bei Nichtwohngebäuden. Außerdem sind bei Wohngebäuden der spezifische, auf die wärmeübertragende Umfassungsfläche bezogene Transmissionswärmeverlust und bei Nichtwohnge-bäuden der mittlere Wärmedurchgangskoeffizient der Außenbauteile sowie die zugehörigen Anforderungswerte anzugeben.

 ii. Einhaltung des sommerlichen Wärmeschutzes.

b) Bei bestehenden Wohn- und Nichtwohngebäuden:
Ergebnisse aus den erforderlichen Berechnungen nach § 81 Absatz 2 GEG, ein-schließlich der Anforderungswerte sowie die sich aus dem Jahres-Primärenergiebedarf ergebenden Treibhausgasemissionen in Form von äquivalenten Kohlendioxidemissio-nen in Kilogramm pro Jahr und Quadratmeter Gebäudenutzfläche bei Wohngebäuden oder Nettogrundfläche bei Nichtwohngebäuden.

c) Angaben zum verwendeten Rechenverfahren und zu Vereinfachungen:
 a) Verfahren nach §§ 20, 21 GEG (DIN V 18599 „Energetische Bewertung von Gebäuden" [6]).
 b) Modellgebäudeverfahren nach § 31 GEG („Vereinfachtes Nachweisverfahren für ein zu errichtendes Wohngebäude").
 c) Verfahren nach § 32 GEG („Vereinfachtes Berechnungsverfahren für ein zu errichtendes Nichtwohngebäude").
 d) Vereinfachungen nach § 50 Absatz 4 GEG („Energetische Bewertung eines bestehenden Gebäudes"; Absatz 4: Vereinfachtes Aufmaß, Verwendung von Erfahrungswerten für bestehende Bauteile und Anlagenkomponenten nach den Bekanntmachungen der Regeln zur Datenaufnahme und Datenverwendung im Wohngebäudebestand [7] und Nichtwohngebäudebestand [8]).

d) Angaben bei einem Wohngebäude:
 a) Endenergiebedarf für Wärme.
 b) Vergleichswerte für Endenergie.

e) Angaben bei einem Nichtwohngebäude:
 a) Endenergiebedarf für Wärme und Strom.
 b) Gebäudezonen mit zugehöriger Nettogrundfläche und deren Anteil an der gesamten Nettogrundfläche.
 c) Aufteilung des jährlichen Endenergiebedarfs auf Heizung, Warmwasser, eingebaute Beleuchtung, Lüftung, Kühlung einschließlich Befeuchtung.

3. Zusätzliche Angaben in einem Energieverbrauchsausweis:
Ein Energieverbrauchsausweis muss zusätzlich zu den unter Punkt 1 genannten Angaben folgende Daten enthalten:

a) Bei einem bestehenden Wohngebäude:
  i. Endenergie- und Primärenergieverbrauch für Heizung und Warmwasser, jeweils in Kilowattstunden pro Quadratmeter Gebäudenutzfläche und Jahr.
  ii. Aus dem Primärenergieverbrauch sich ergebende Treibhausgasemissionen in Form von äquivalenten Kohlendioxidemissionen, in Kilogramm pro Jahr und Quadratmeter Gebäudenutzfläche.
  iii. Daten zur Verbrauchserfassung; Angaben zu Leerständen.
  iv. Vergleichswerte für Endenergie.
b) Bei einem bestehenden Nichtwohngebäude:
  i. Endenergieverbrauch für Wärme.
  ii. Endenergieverbrauch für den zur Heizung, Warmwasserbereitung, Kühlung und Lüftung sowie den für die eingebaute Beleuchtung benötigten Strom.
  iii. Primärenergieverbrauch in Kilowattstunden pro Jahr und Quadratmeter Nettogrundfläche.
  iv. Aus dem Primärenergieverbrauch sich ergebende Treibhausgasemissionen in Form von äquivalenten Kohlendioxidemissionen, in Kilogramm pro Jahr und Quadratmeter Nettogrundfläche.
  v. Daten zur Verbrauchserfassung; Angaben zu Leerständen.
  vi. Gebäudenutzung
  vii. Vergleichswerte für den Energieverbrauch.
4. **Modernisierungsempfehlungen:**
Modernisierungsempfehlungen sind grundsätzlich Bestandteil von Energieausweisen von bestehenden Gebäuden. Nur für den Fall, dass keine Modernisierungsmaßnahmen aus fachlicher Sicht möglich sind, brauchen keine Modernisierungsempfehlungen im Energieausweis angegeben zu werden. Hierauf ist im Energieausweis hinzuweisen. Siehe hierzu auch Abschn. 6.6.

5. **Angaben zum Aussteller:**
Der Energieausweis ist vom Aussteller zu unterschreiben. Die Unterschrift hat eigenhändig zu erfolgen oder ist durch Nachbildung (z. B. Scan) einzufügen. Außerdem sind Name, Anschrift und Berufsbezeichnung des Ausstellers anzugeben.
6. **Registriernummer:**
Bevor der neu ausgestellte Energieausweis an den Eigentümer übergeben wird, hat der Aussteller die ihm zugeteilte Registriernummer (s. § 98 GEG) in den Ausweis einzutragen. Siehe hierzu folgenden Auszug aus dem GEG.

„§ 98 Registriernummer"

„(1) Wer einen Inspektionsbericht nach § 78 oder einen Energieausweis nach § 79 ausstellt, hat für diesen Bericht oder für diesen Energieausweis bei der Registrierstelle eine Registriernummer zu beantragen. Der Antrag ist grundsätzlich elektronisch zu stellen. Eine Antragstellung in Papierform ist zulässig, soweit die elektronische Antragstellung

für den Antragsteller eine unbillige Härte bedeuten würde. Bei der Antragstellung sind Name und Anschrift der nach Satz 1 antragstellenden Person, das Land und die Postleitzahl der Belegenheit des Gebäudes, das Ausstellungsdatum des Inspektionsberichts oder des Energieausweises anzugeben sowie

1. in den Fällen des § 78 die Nennleistung der inspizierten Klimaanlage oder der kombinierten Klima- und Lüftungsanlage,

2. in den Fällen des § 79

(a) die Art des Energieausweises: Energiebedarfs- oder Energieverbrauchsausweis und (b) die Art des Gebäudes: Wohn- oder Nichtwohngebäude, Neubau oder bestehendes Gebäude.

(2) Die Registrierstelle teilt dem Antragsteller für jeden neu ausgestellten Inspektionsbericht oder Energieausweis eine Registriernummer zu. Die Registriernummer ist unverzüglich nach Antragstellung zu erteilen. "

Muster für Energieausweise und für den Aushang von Energieausweisen

Muster für Energieausweise (Bedarfs- und Verbrauchsausweis) sowie Muster für den Aushang von Energieausweisen bei Nichtwohngebäuden werden vom Bundesministerium für Wirtschaft und Klimaschutz gemeinsam mit dem Bundesministerium für Wohnen, Stadtentwicklung und Bauwesen erstellt und im Bundesanzeiger bekannt gemacht. Siehe hierzu Abb. 6.8 (Muster für den Energieausweis bei Wohngebäuden), Abb. 6.9 (Muster für den Energieausweis bei Nichtwohngebäuden) und Abb. 6.4 (Muster für den Aushang eines Energieausweises in Nichtwohngebäuden).

Sonstige Regelungen:

Für die Ermittlung der Treibhausgasemissionen sind die Berechnungsregeln und Emissionsfaktoren nach Anlage 9 des GEG zu verwenden. Siehe hierzu Abschn. 6.10.

6.5 Ermittlung und Bereitstellung von Daten

Die für die Berechnung der Kenn- und Anforderungswerte erforderlichen Daten (z. B. Abmessungen der Bauteile, Wärmedurchgangskoeffizienten, Kennwerte von Anlagenkomponenten, Verbrauchswerte bei bestehenden Gebäuden) sind vom Aussteller selbst zu ermitteln. Alternativ kann der Aussteller die vom Eigentümer des Gebäudes zur Verfügung gestellten Daten verwenden. Der Aussteller hat dafür zu sorgen, dass die von ihm ermittelten Daten richtig sind.

Sofern der Aussteller bei einem Energiebedarfsausweis keine eigenen Berechnungen durchführt, hat er die Berechnungen entweder einzusehen oder diese sich vom Eigentümer zur Verfügung stellen zu lassen. Sofern der Eigentümer die Daten bereitstellt, hat er dafür zu sorgen, dass die Daten richtig sind. Der Aussteller ist allerdings verpflichtet, die vom

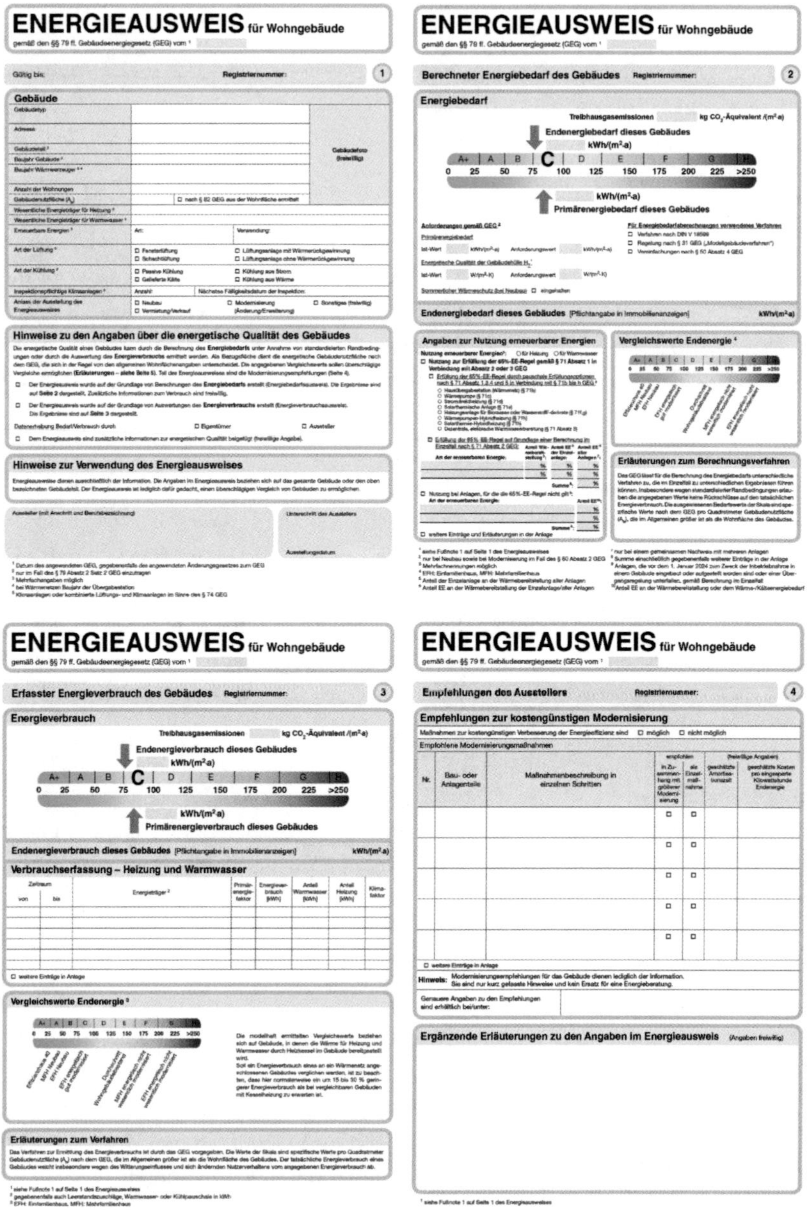

Anmerkung: Seite 5 (Erläuterungen) ist hier nicht dargestellt.

Abb. 6.8 Muster Energieausweis für Wohngebäude. (Quelle: Bekanntmachung der Muster von Energieausweisen nach dem Gebäudeenergiegesetz [12])

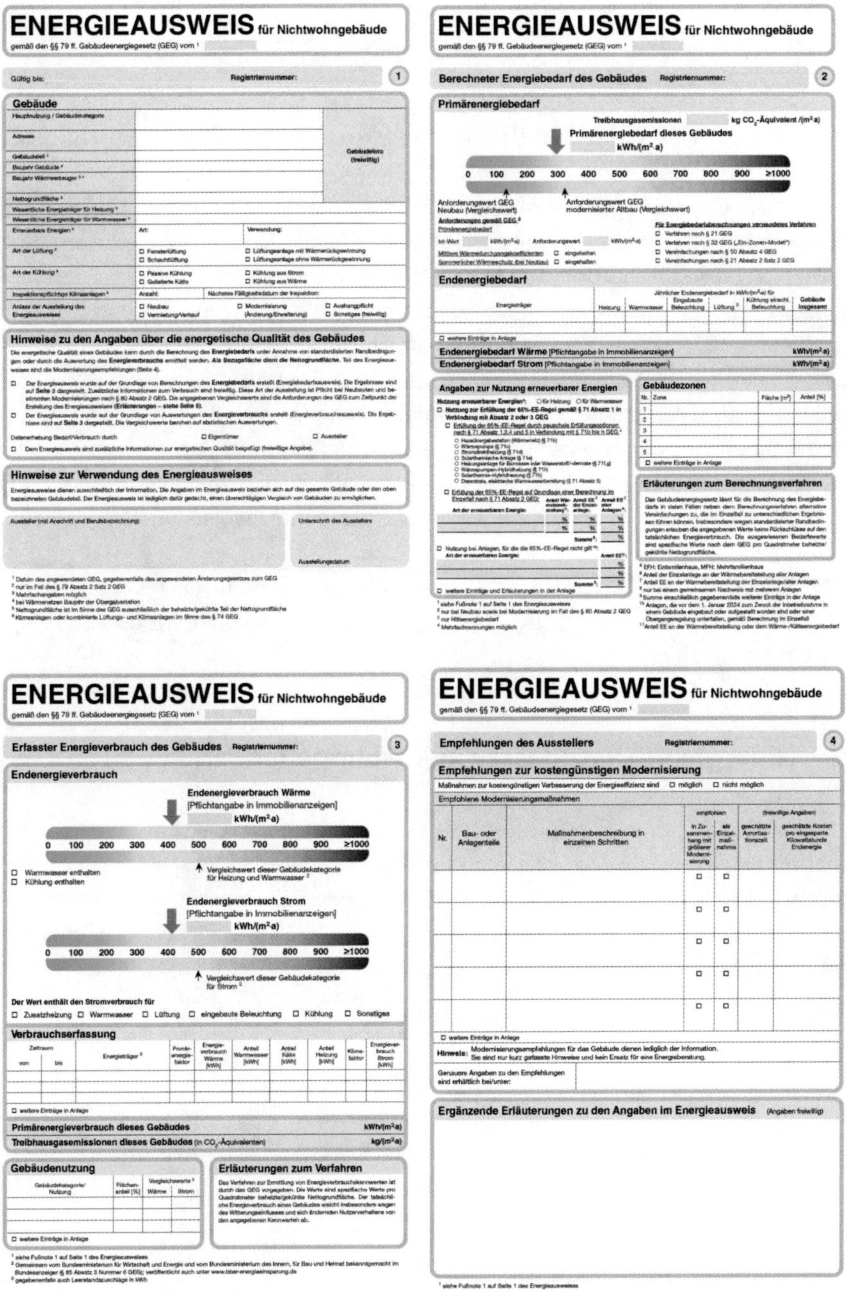

Anmerkung: Seite 5 (Erläuterungen) ist hier nicht dargestellt.

Abb. 6.9 Muster Energieausweis für Nichtwohngebäude. (Quelle: Bekanntmachung der Muster von Energieausweisen nach dem Gebäudeenergiegesetz [12])

Eigentümer zur Verfügung gestellten Daten sorgfältig zu prüfen. Er darf die Daten für seine Berechnungen nicht verwenden, wenn Zweifel an deren Richtigkeit bestehen.

6.6   Empfehlungen für die Verbesserung der Energieeffizienz

Bei bestehenden Gebäuden sind vom Aussteller Empfehlungen für Maßnahmen zur kosteneffizienten Verbesserung der energetischen Eigenschaften des Gebäudes (Energieeffizienz) in Form von kurzen fachlichen Hinweisen anzugeben (Modernisierungsempfehlungen). Hierzu muss der Aussteller das Gebäude entweder besichtigen oder die Beurteilung auf Grundlage geeigneter Bildaufnahmen durchführen.

Die Modernisierungsempfehlungen gelten für das gesamte Gebäude und umfassen Maßnahmen an Außenbauteilen sowie Anlagenkomponenten und -einrichtungen. Beispiele für mögliche Angaben zu Modernisierungsempfehlungen sind: Austausch der Fenster, Dämmung der Fassade mit einem geeigneten Wärmedämmverbundsystem (WDVS), Austausch des Wärmeerzeugers, Einbau einer Solarthermieanlage zur Unterstützung der Trinkwarmwasserbereitung u. ä. Angaben.

Auf die Angabe von Modernisierungsempfehlungen darf nur dann verzichtet werden, wenn die fachliche Beurteilung ergeben hat, dass keine sinnvollen Modernisierungsmaßnahmen möglich sind.

6.7   Energieeffizienzklassen bei Wohngebäuden

Bei Wohngebäuden ist im Energieausweis die Energieeffizienzklasse anzugeben. Dies gilt sowohl für den Energiebedarfs- als auch für den Energieverbrauchsausweis. Die Energieeffizienzklassen sind in Anlage 10 des GEG festgelegt und ergeben sich unmittelbar aus dem Endenergiebedarf (beim Bedarfsausweis) bzw. aus dem Endenergieverbrauch (beim Verbrauchsausweis). Siehe hierzu Tab. 6.1 und Abb. 6.10.

Tab. 6.1 Energieeffizienzklassen bei Wohngebäuden (nach GEG Anlage 10)

Energieeffizienzklasse	Endenergie in [Kilowattstunden pro Quadratmeter Gebäudenutzfläche und Jahr]
A+	≤ 30
A	≤ 50
B	≤ 75
C	≤ 100
D	≤ 130
E	≤ 160
F	≤ 200
G	≤ 250
H	> 250

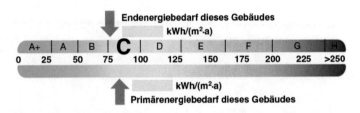

Abb. 6.10 Energieeffizienzklassen bei Wohngebäuden (nach GEG Anlage 10)

6.8 Pflichtangaben in Immobilienanzeigen

Sofern bei Verkauf, Vermietung, Verpachtung, Leasing eines Gebäudes, einer Wohnung oder sonstigen Nutzungseinheit eine Immobilienanzeige in einem kommerziellen Medium (z. B. Tageszeitung, Internetportal) veröffentlicht wird, haben Verkäufer, Vermieter, Verpächter, Leasinggeber oder Immobilienmakler sicherzustellen, dass die Immobilienanzeige die folgenden Angaben enthält (Pflichtangaben):

- Art des Energieausweises: Energiebedarfsausweis nach § 81 GEG, Energieverbrauchsausweis nach § 82 GEG.
- Endenergiebedarf oder Endenergieverbrauch; bei Nichtwohngebäuden ist der Endenergiebedarf oder Endenergieverbrauch sowohl für Wärme als auch für Strom jeweils getrennt anzugeben.
- wesentlicher Energieträger für die Heizung des Gebäudes
- bei einem Wohngebäude zusätzlich das Baujahr und die Effizienzklasse

Sonderregelung für ältere Energieausweise und Übergangsvorschriften:
Bei Energieausweisen, die nach dem 30. September 2007 und vor dem 1. Mai 2014
ausgestellt wurden, gelten für die Pflichtangaben in Immobilienanzeigen gesonderte Regelungen. Diese ergeben sich aus § 112 Absatz 3 und 4. Es wird auf das GEG verwiesen.
Siehe hierzu folgenden Auszug aus dem GEG.

„§ 112 Übergangsvorschriften für Energieausweise"

*„(1) Wird nach dem 1. November 2020 ein Energieausweis gemäß § 80 Absatz 1, 2
oder Absatz 3 für ein Gebäude ausgestellt, auf das vor dem Inkrafttreten dieses Gesetzes
geltende Rechtsvorschriften anzuwenden sind, ist in der Kopfzeile zumindest der ersten
Seite des Energieausweises in geeigneter Form die angewandte Fassung der für den
Energieausweis maßgeblichen Rechtsvorschrift anzugeben.*

*(2) Wird nach dem 1. November 2020 ein Energieausweis gemäß § 80 Absatz 3
Satz 1 oder Absatz 6 Satz 1 für ein Gebäude ausgestellt, sind die Vorschriften der
Energieeinsparverordnung bis zum 1. Mai 2021 weiter anzuwenden.*

*(3) § 87 ist auf Energieausweise, die nach dem 30. September 2007 und vor dem
1. Mai 2014 ausgestellt worden sind, mit den folgenden Maßgaben anzuwenden. Als
Pflichtangabe nach § 87 Absatz 1 Nr. 2 ist in Immobilienanzeigen anzugeben:*

*1. bei Energiebedarfsausweisen für Wohngebäude der Wert des Endenergiebedarfs, der
auf Seite 2 des Energieausweises gemäß dem bei Ausstellung maßgeblichen Muster
angegeben ist,*

*2. bei Energieverbrauchsausweisen für Wohngebäude der Energieverbrauchskennwert,
der auf Seite 3 des Energieausweises gemäß dem bei Ausstellung maßgeblichen Muster
angegeben ist; ist im Energieverbrauchskennwert der Energieverbrauch für Warmwasser nicht enthalten, so ist der Energieverbrauchskennwert um eine Pauschale von 20
Kilowattstunden pro Jahr und Quadratmeter Gebäudenutzfläche zu erhöhen,*

*3. bei Energiebedarfsausweisen für Nichtwohngebäude der Gesamtwert des Endener-
giebedarfs, der Seite 2 des Energieausweises gemäß dem bei Ausstellung maßgeblichen
Muster zu entnehmen ist,*

*4. bei Energieverbrauchsausweisen für Nichtwohngebäude sowohl der
Heizenergieverbrauchs- als auch der Stromverbrauchskennwert, die Seite 3 des
Energieausweises gemäß dem bei Ausstellung maßgeblichen Muster zu entnehmen sind.
Bei Energieausweisen für Wohngebäude nach Satz 1, bei denen noch keine Energie-
effizienzklasse angegeben ist, darf diese freiwillig angegeben werden, wobei sich die
Klasseneinteilung gemäß § 86 aus dem Endenergieverbrauch oder dem Endenergiebedarf
des Gebäudes ergibt.*

*(4) In den Fällen des § 80 Absatz 4 und 5 sind begleitende Modernisierungsempfehlungen
zu noch geltenden Energieausweisen, die nach Maßgabe der am 1. Oktober 2007 oder am
1. Oktober 2009 in Kraft getretenen Fassung der Energieeinsparverordnung ausgestellt
worden sind, dem potenziellen Käufer oder Mieter zusammen mit dem Energieausweis
vorzulegen und dem Käufer oder neuen Mieter mit dem Energieausweis zu übergeben;*

*für die Vorlage und die Übergabe sind im Übrigen die Vorgaben des § 80 Absatz 4 und
5 entsprechend anzuwenden."*

6.9 Ausstellungsberechtigung

Regeln zur Ausstellungsberechtigung von Energieausweisen ergeben sich aus § 88 des
GEG. Danach sind folgende Personen zur Ausstellung eines Energieausweises berechtigt:

Punkt I

1. Personen, die zur Unterzeichnung von bautechnischen Nachweisen des Wärmeschutzes
   oder der Energieeinsparung von Gebäuden berechtigt sind.
2. Personen, die eine der folgenden Voraussetzungen erfüllen und einen berufsqualifizie-
   renden Hochschulabschluss erworben haben:
   a) in einer der Fachrichtungen Architektur, Innenarchitektur, Hochbau, Bauingenieur-
      wesen, Technische Gebäudeausrüstung, Physik, Bauphysik, Maschinenbau oder
      Elektrotechnik
      oder
   b) in einer anderen technischen oder naturwissenschaftlichen Fachrichtung mit Aus-
      bildungsschwerpunkt auf einem unter Punkt a) genannten Gebiet.
3. Personen, die eine der unter Punkt II genannten Voraussetzungen erfüllen und bei
   denen zusätzlich eine der folgenden Voraussetzungen zutrifft:
   a) Eintragung in die Handwerksrolle für ein zulassungspflichtiges Bau-, Ausbau- und
      anlagentechnisches Gewerbe oder Schornsteinfegerhandwerk,
   b) Meistertitel für ein zulassungsfreies Handwerk in einem der Gebiete nach Buch-
      stabe a),
   c) Berechtigung zur selbstständigen Ausübung eines zulassungspflichtigen Handwerks
      ohne Meistertitel in einem der Gebiete unter Buchstabe a).
4. Personen, die eine der unter Punkt II genannten Voraussetzungen erfüllen und die
   zusätzlich als staatlich anerkannter oder geprüfter Techniker anerkannt sind, dessen
   Ausbildungsschwerpunkte auch die Bewertung der Gebäudehülle sowie die Beurteilung der Anlagentechnik (Heizung, Warmwasserbereitung, Lüftungs- und Klimaanlagen) umfasst.

Punkt II

Voraussetzung für die Ausstellungsberechtigung für Personen nach Punkt I Nummer 2 bis
4 ist:

- **Studium:** Während des Studiums Ausbildungsschwerpunkt im Bereich des energiesparenden Bauens oder nach einem Studium ohne einen solchen Schwerpunkt mindestens zweijährige Berufserfahrung in bau- und anlagentechnischen Tätigkeiten des Hochbaus.
- **Schulung:** Absolvierung einer erfolgreichen Schulung im Bereich des energiesparenden Bauens. Die wesentlichen Inhalte der Schulung müssen den Vorgaben der Anlage 11 des GEG entsprechen. Sofern die Schulung nur auf Wohngebäude beschränkt ist, erstreckt sich die Ausstellungsberechtigung nur auf Wohngebäude.
- **ÖbuvSV:** Öffentliche Bestellung als vereidigter Sachverständiger für ein Sachgebiet im Bereich des energiesparenden Bauens oder in wesentlichen bau- und anlagentechnischen Tätigkeitsbereichen des Hochbaus.

Außerdem sind Personen zur Ausstellung eines Energieausweises berechtigt, die eine Qualifikationsprüfung Energieberatung des Bundesamtes für Wirtschaft und Ausfuhrkontrolle erfolgreich absolviert haben.

Für weitere Regeln wird auf das GEG verwiesen.

6.10   Berechnung der Treibhausgasemissionen

Regeln zur Berechnung der Treibhausgasemissionen sind in Anlage 9 des GEG festgelegt. Anlage 9 gliedert sich in Regeln für die Angabe von Treibhausgasemissionen in Energiebedarfsausweisen sowie für die Angabe in Energieverbrauchsausweisen. Außerdem enthält die Anlage 9 des GEG die für die Berechnung der Treibhausgasemissionen erforderlichen Emissionsfaktoren.

6.10.1 Angabe in Energiebedarfsausweisen

Die Menge an Treibhausgasemissionen berechnet sich für die Angabe in Energiebedarfsausweisen nach folgenden Regeln (Tab. 6.2):

1. **Fossile Brennstoff, Biomasse, Strom und Abwärme:** Die Treibhausgasemission ergibt sich, indem der Endenergiebedarfswert mit dem zugehörigen Emissionsfaktor des Energieträgers multipliziert wird. Bei mehreren Energieträgern werden die verschiedenen Anteile, die sich je Energieträger und zugehörigen Emissionsfaktor ergeben, zunächst einzeln berechnet und dann addiert. Der Emissionsfaktor für „gebäudenahe Erzeugung" darf nur verwendet werden, wenn die Voraussetzungen des § 22 Absatz 1 Nr. 1 oder Nummer 2 des GEG zutreffen.

Tab. 6.2 Berechnung der Treibhausgasemissionen für die Angabe in Energiebedarfsausweisen

Energieträger	Berechnung	Bemerkung
Fossile Brennstoff, Biomasse, Strom und Abwärme	Treibhausgasemission = Endenergiebedarf × Emissionsfaktor	Emissionsfaktor nach Tab. 6.3
Wärme aus gebäudenaher oder gebäudeintegrierter KWK-Anlage	Treibhausgasemission = Endenergiebedarf × Emissionsfaktor	Berechnung des Emissionsfaktors nach DIN V 18599-9 [10] i. V. mit DIN V 18599-1 [11]
Fernwärme oder -kälte, die teilweise oder ganz aus KWK-Anlagen stammt	Treibhausgasemission = Endenergiebedarf × Emissionsfaktor	a) Bei vom Betreiber veröffentlichtem Emissionsfaktor ist dieser Wert zu verwenden. b) Bei nicht veröffentlichtem oder unbekanntem Emissionsfaktor: Es ist der Wert nach Tab. 6.3 zu verwenden.

c) KWK: Kraft-Wärme-Kopplungsanlage

2. **Wärme aus gebäudenaher oder gebäudeintegrierter KWK-Anlage:** Der Emissionsfaktor ist nach DIN V 18599-9:2018-09 [10] in Verbindung mit DIN V 18599-1:2028-09 [11] zu bestimmen. Die Treibhausgasemissionen ergeben sich, indem der durch die Kraft-Wärme-Kopplungsanlage gedeckte Endenergiebedarfswert mit dem Emissionsfaktor multipliziert wird.

3. **Fernwärme- oder -kälte, die teilweise oder ganz aus KWK-Anlagen stammt:** Hier ist zu unterscheiden, ob der Emissionsfaktor vom Betreiber veröffentlicht wurde oder keine Angaben vorliegen.

   a. **Bei vom Betreiber veröffentlichten Emissionsfaktor:** Sofern der Betreiber den Emissionsfaktor auf Grundlage der DIN V 18599-1 und unter Verwendung der Emissionsfaktoren nach Anlage 9 Nr. 3 des GEG (siehe Tab. 6.3) ermittelt und veröffentlicht hat, ist dieser Emissionsfaktor für die Berechnung der Treibhausgasemissionen zu verwenden. Die Treibhausgasemissionen ergeben sich, indem der Endenergiebedarfswert mit dem Emissionsfaktor multipliziert wird.

   b. **Bei nicht veröffentlichtem Emissionsfaktor:** Hat der Betreiber keinen Emissionsfaktor ermittelt und veröffentlicht, ist der Emissionsfaktor nach Tab. 6.3 zu verwenden. Die Treibhausgasemissionen ergeben sich, indem der Endenergiebedarf mit dem Emissionsfaktor multipliziert wird.

Weitere Regeln:
Für die Ermittlung der Emissionsfaktoren bei Fernwärme-/Kälte, die teilweise oder ganz aus KWK-Anlagen stammt, sind Vorkettenemissionen der einzelnen Energieträger sowie Netzverluste zu berücksichtigen. Hierfür ist ein pauschaler Zuschlag in Höhe von

$$20\,\%, \text{ jedoch mindestens } 40\,\text{g}\,CO_2 \text{ Äquivalent/kWh}$$

auf den Emissionsfaktor anzusetzen.

Sofern Wärme-, Kälte- und Strombedarf aus unterschiedlichen Brennstoffen gedeckt werden, ist die Gesamt-Treibhausgasemission als Summe der Endenergiebedarfswerte, jeweils multipliziert mit den zugehörigen Emissionsfaktoren, zu ermitteln.

Beispiel

Für ein Wohngebäude mit einem Endenergiebedarf von 50 kWh/(m^2a) und einer Gebäudenutzfläche von 125 m^2 sind die Treibhausgasemissionen (in kg) für folgende Randbedingungen zu berechnen:

a) Kategorie: Fossile Brennstoffe; Energieträger: Erdgas
b) Kategorie: Strom; Energieträger: netzbezogen

Lösung:
Zu a): Erdgas
Emissionsfaktor: 240 g CO_2-Äquivalent/kWh = 0,24 kg CO_2-Äquivalent/kWh.
Treibhausgasemissionen:

- bezogen auf 1 m^2 Gebäudenutzfläche: $0,24 \times 50 = 12,0$ kg/(m^2a)
- insgesamt: $12,0 \times 125 = 1500$ kg/a = 1,50 t/a

Zu a): Strom, netzbezogen
Emissionsfaktor: 560 g CO_2-Äquivalent/kWh = 0,56 kg CO_2-Äquivalent/kWh.
Treibhausgasemissionen:

- bezogen auf 1 m^2 Gebäudenutzfläche: $0,56 \times 50 = 28,0$ kg/(m^2a)
- insgesamt: $28,0 \times 125 = 3500$ kg/a = 3,50 t/a◄

6.10.2 Angabe in Energieverbrauchsausweisen

Die Treibhausgasemissionen berechnen sich als Summe der Energieverbrauchswerte aus dem Energieverbrauchsausweis für die einzelnen Energieträger, jeweils multipliziert mit den entsprechenden Emissionsfaktoren nach Tab. 6.3.

Tab. 6.3 Emissionsfaktoren (nach GEG Anlage 9)

Nummer	Kategorie	Energieträger	Emissionsfaktor in [g CO_2-Äquivalent pro kWh]
1	fossile Brennstoffe	Heizöl	310
2		Erdgas	240
3		Flüssiggas	270
4		Steinkohle	400
5		Braunkohle	430
6	Biogene Brennstoffe	Biogas	140
7		Biogas, gebäudenah erzeugt	75
8		Biogenes Flüssiggas	180
9		Bioöl	210
10		Bioöl, gebäudenah erzeugt	105
11		Holz	20
12	Strom	Netzbezogen	560
13		Gebäudenah erzeugt (aus Photovoltaik oder Windkraft)	0
14		Verdrängungsstrommix	860
15	Wärme, Kälte	Erdwärme, Geothermie, Solarthermie, Umgebungswärme	0
16		Erdkälte, Umgebungskälte	0
17		Abwärme aus Prozessen	0
18		Wärme aus KWK, gebäudeintegriert oder gebäudenah	Nach DIN V 18599-9:2018-09 [10]
19		Wärme aus Verbrennung von Siedlungsabfällen (unter pauschaler Berücksichtigung von Hilfsenergie und Stützfeuerung)	20
20	Nah-/Fernwärme aus KWK mit Deckungsanteil der KWK an der Wärmeerzeugung von mindestens 70 %	Brennstoff: Steinkohle, Braukohle	300
21		Gasförmige und flüssige Brennstoffe	180
22		Erneuerbarer Brennstoff	40
23	Nah-/Fernwärme aus Heizwerken	Brennstoff: Steinkohle, Braunkohle	400

(Fortsetzung)

Tab. 6.3 (Fortsetzung)

Nummer	Kategorie	Energieträger	Emissionsfaktor in [g CO_2-Äquivalent pro kWh]
24		Gasförmige und flüssige Brennstoffe	300
25		Erneuerbarer Brennstoff	60

KWK: Kraft-Wärme-Kopplungsanlage

Beispiel

Für ein Wohngebäude mit einem Endenergieverbrauch von 80 kWh/(m^{2}a) und einer Gebäudenutzfläche von 150 m^2 sind die Treibhausgasemissionen (in kg) für folgende Randbedingungen zu berechnen:

a) Kategorie: Fossile Brennstoffe; Energieträger: Heizöl
b) Kategorie: Fossile Brennstoffe; Energieträger: Erdgas
c) Kategorie: Biogene Brennstoffe; Energieträger: Holz
d) Kategorie: Nah-/Fernwärme aus Heizwerk; Energieträger: Braunkohle

Lösung:
Zu a): Heizöl
Emissionsfaktor: 310 g CO_2-Äquivalent/kWh = 0,31 kg CO2-Äquivalent/kWh.
Treibhausgasemissionen:

• bezogen auf 1 m^2 Gebäudenutzfläche: 0,31 × 80 = 24,8 kg/(m^{2}a)
• insgesamt: 24,8 × 150 = 3720 kg/a = 3,72 t/a

Zu b): Erdgas
Emissionsfaktor: 240 g CO_2-Äquivalent = 0,24 kg CO2-Äquivalent/kWh.
Treibhausgasemissionen:

• bezogen auf 1 m^2 Gebäudenutzfläche: 0,24 × 80 = 19,2 kg/(m^{2}a)
• insgesamt: 19,2 × 150 = 2880 kg/a = 2,88 t/a

Zu c): Holz
Emissionsfaktor: 20 g CO_2-Äquivalent/kWh = 0,020 kg CO_2-Äquivalent/kWh.
Treibhausgasemissionen:

• bezogen auf 1 m^2 Gebäudenutzfläche: 0,020 × 80 = 1,6 kg/(m^{2}a)
• insgesamt: 1,6 × 150 = 240 kg/a = 0,24 t/a

Zu d): Nah-/Fernwärme

Emissionsfaktor: 400 g CO_2-Äquivalent/kWh $= 0{,}40$ kg CO_2-Äquivalent/kWh.
Treibhausgasemissionen:

- bezogen auf 1 m^2 Gebäudenutzfläche: $0{,}40 \times 80 = 32$ kg/(m^{2}a)
- insgesamt: $32 \times 150 = 4800$ kg/a $= 4{,}80$ t/a

In den Beispielen schneidet der Energieträger Holz am besten ab $(0{,}24$ t CO_2-Äquivalent/a), während Nah-/Fernwärme mit Abstand den schlechtesten Wert liefert $(4{,}80$ t CO_2-Äquivalent/a). ◄

6.10.3 Emissionsfaktoren

Emissionsfaktoren sind in Tab. 6.3 angegeben.

Literatur

1. Verordnung über energiesparenden Wärmeschutz und energiesparende Anlagentechnik bei Gebäuden (Energieeinsparverordnung – EnEV)
2. Gesetz zur Einsparung von Energie und zur Nutzung erneuerbarer Energien zur Wärme- und Kälteerzeugung in Gebäuden (Gebäudeenergiegesetz – GEG) vom 8. August 2020 (BGBl. I S. 1728), das zuletzt durch Artikel 1 des Gesetzes vom 16. Oktober 2023 (BGBl. I Nr. 280) geändert worden ist
3. Verordnung über einen energiesparenden Wärmeschutz bei Gebäuden (Wärmeschutzverordnung – WärmeSchV) vom 11. August 1977 (BGBl. I S. 1554) (WSchVO 1977)
4. Bekanntmachungen der Regeln für Energieverbrauchswerte im Wohngebäudebestand vom 15. April 2021; hrsg. v. Bundesministerium für Wirtschaft und Energie, Bundesministerium des Innern, für Bau und Heimat
5. Bekanntmachungen der Regeln für Energieverbrauchswerte im Nichtwohngebäudebestand vom 15. April 2021; hrsg. v. Bundesministerium für Wirtschaft und Energie, Bundesministerium des Innern, für Bau und Heimat
6. DIN V 18599:2018-09: Energetische Bewertung von Gebäuden – Berechnung des Nutz-, End- und Primärenergiebedarfs für Heizung, Kühlung, Lüftung, Trinkwarmwasser und Beleuchtung
7. Bekanntmachungen der Regeln zur Datenaufnahme und Datenverwendung im Wohngebäudebestand vom 29. März 2021; hrsg. v. Bundesministerium für Wirtschaft und Energie, Bundesministerium des Innern, für Bau und Heimat; Bundesanzeiger
8 Bekanntmachungen der Regeln zur Datenaufnahme und Datenverwendung im Nichtwohngebäudebestand vom 15. April 2021; hrsg. v. Bundesministerium für Wirtschaft und Energie, Bundesministerium des Innern, für Bau und Heimat; Bundesanzeiger
9. DIN V 18599-6:2018-09: Energetische Bewertung von Gebäuden – Berechnung des Nutz-, End- und Primärenergiebedarfs für Heizung, Kühlung, Lüftung, Trinkwarmwasser und Beleuchtung – Teil 6: Endenergiebedarf von Lüftungsanlagen, Luftheizungsanlagen und Kühlsystemen für den Wohnungsbau

10. DIN V 18599-9:2018-09: Energetische Bewertung von Gebäuden – Berechnung des Nutz-, End- und Primärenergiebedarfs für Heizung, Kühlung, Lüftung, Trinkwarmwasser und Beleuchtung – Teil 9: End- und Primärenergiebedarf von stromproduzierenden Anlagen

11. DIN V 18599-1:2018-09: Energetische Bewertung von Gebäuden – Berechnung des Nutz-, End- und Primärenergiebedarfs für Heizung, Kühlung, Lüftung, Trinkwarmwasser und Beleuchtung – Teil 1: Allgemeine Bilanzierungsverfahren, Begriffe, Zonierung und Bewertung der Energieträger

12. Bekanntmachung der Muster von Energieausweisen nach dem Gebäudeenergiegesetz vom 1. Dezember 2023; Bundesministerium für Wirtschaft und Klimaschutz und Bundesministerium für Wohnen, Stadtentwicklung und Bauwesen

Sonstige Regelungen

7

7.1 Allgemeines

Im vorliegenden Kapitel werden sonstige Regelungen des Gebäudeenergiegesetzes behandelt. Dazu gehören Regeln für besondere Gebäude (wie z. B. kleine Gebäude, Baudenkmäler und gemischt genutzte Gebäude) sowie Regeln zur gemeinsamen Wärmeversorgung in einem Quartier. Außerdem werden Vorschriften im Zusammenhang mit der Ermächtigung von Gemeinden, einen Anschluss- und Benutzungszwang an ein öffentliches Fernwärmenetz durchzusetzen, erläutert. Ein weiterer Abschnitt befasst sich mit Regeln zu Befreiungen von den Anforderungen des GEG [1] und den dafür erforderlichen Voraussetzungen. Außerdem werden die Regeln des Vollzugs dieses Gesetzes erläutert. Hierzu zählen zum Beispiel die Aufgaben des Bezirksschornsteinfegers, der eine wichtige Kontrollinstanz bei der Einhaltung der Anforderungen an Heizungsanlagen übernimmt. In einem weiteren Abschnitt werden die Regeln zur finanziellen Förderung der Nutzung erneuerbarer Energien bei der Wärmeerzeugung erläutert. Abschließend wird kurz auf die Bußgeldvorschriften und Übergangsvorschriften eingegangen.

7.2 Besondere Gebäude

Besondere Gebäude im Sinne des GEG [1] sind:

- kleine Gebäude und Gebäude aus Raumzellen
- Baudenkmäler und Gebäude mit besonders erhaltenswerter Bausubstanz
- gemischt genutzte Gebäude

Die Regelungen hierzu befinden sich in Teil 8 des Gebäudeenergiegesetzes und sind in den §§ 104 bis 106 festgelegt.

7.2.1   Kleine Gebäude und Gebäude aus Raumzellen

Anforderungen an kleine Gebäude sind in § 104 des GEG [1] geregelt.

Kleine Gebäude sind Gebäude mit einer Nutzfläche von nicht mehr als 50 m². Die Anforderungen an zu errichtende kleine Gebäude orientieren sich an den Anforderungen für bestehende Gebäude, wenn Änderungen durchgeführt werden. Als Anforderungsgröße wird ausschließlich der Wärmedurchgangskoeffizient der Außenbauteile herangezogen. Dieser darf die bauteilabhängigen Höchstwerte, die auch für den Nachweis von bestehenden Gebäuden bei Änderungen gelten (§ 48 in Verbindung mit Anlage 7 des GEG), nicht überschreiten (Tab. 7.1, Abb. 7.1).

Sofern die Höchstwerte der Außenbauteile von zu errichtenden kleinen Gebäuden eingehalten werden, gelten die Anforderungen an den Gesamtenergiebedarf für Heizung, Warmwasserbereitung, Lüftung (und ggfs. Kühlung; bei Nichtwohngebäuden zusätzlich für Beleuchtung) sowie die Anforderungen an den baulichen Wärmeschutz (nach § 10 Absatz (2) nach GEG) und die Anforderungen an eine Heizungsanlage (nach § 71 GEG) als erfüllt. Weitere Nachweise, z. B. unter Einbeziehung der Anlagentechnik sind für kleine Gebäude nicht erforderlich.

Die gleichen Anforderungen gelten für Gebäude, die nur für eine Nutzungsdauer von höchstens 5 Jahren gedacht sind und aus einzelnen Raumzellen zusammengesetzt sind, deren Fläche jeweils höchstens 50 m² beträgt (Containerbauten).

Beispiel

Für das nachfolgende beschriebene zu errichtende kleine Wohngebäude soll überprüft werden, ob die Anforderungen nach GEG eingehalten sind.

Randbedingungen:
Nutzfläche: 4,5 m × 8,0 m.

Aufbau Flachdach (von außen nach innen):

(1) Abdichtung aus zwei Lagen Bitumenbahnen, $d = 1$ cm je Lage, $\lambda_B = 0{,}17$ W/(mK)
(2) Wärmedämmung, $d = 20$ cm, $\lambda_B = 0{,}038$ W/(mK)
(3) Dampfsperre aus einer PE-Folie (wird nicht angesetzt)
(4) Schalung aus Holz C24, $d = 4{,}8$ cm, $\lambda_B = 0{,}13$ W/(mK)
(5) Deckenbalken aus Holz C24 (werden nicht berücksichtigt)

Tab. 7.1 Höchstwerte der Wärmedurchgangskoeffizienten von Außenbauteilen für den Nachweis von zu errichtenden kleinen Gebäuden und Gebäuden aus Raumzellen mit jeweils maximal 50 m^2 Nutzfläche

Zeile		Höchstwerte der Wärmedurchgangskoeffizienten in [W/(m^{2}K)]	
	Erneuerung, Ersatz oder erstmaliger Einbau von Außenbauteilen	Wohngebäude und Zonen in Nichtwohngebäuden mit Raum-Solltemperatur $\geq$ 19 °C	Zonen in Nichtwohngebäuden mit Raum-Solltemperatur $\geq$ 12 °C und < 19 °C
Bauteilgruppe: Außenwände			
1	Außenwände	$U = 0{,}24$	$U = 0{,}35$
Bauteilgruppe: Fenster, Fenstertüren, Dachflächenfenster, Glasdächer, Außentüren, Vorhangfassaden			
2	Gegen Außenluft abgrenzende Fenster und Fenstertüren	$U_\mathrm{W} = 1{,}3$	$U_\mathrm{W} = 1{,}9$
3	Gegen Außenluft abgrenzende Dachflächenfenster	$U_\mathrm{W} = 1{,}4$	$U_\mathrm{W} = 1{,}9$
4	Gegen Außenluft abgrenzende Fenster, Fenstertüren und Dachflächenfenster mit Sonderverglasungen (z. B. Schallschutzgläser)	U_W bzw. $U_\mathrm{g} = 2{,}0$	U_W bzw. $U_\mathrm{g} = 2{,}8$
5	Außentüren	$U = 1{,}8$ (Türfläche)	$U = 1{,}8$ (Türfläche)
Bauteilgruppe: Dachflächen sowie Decken und Wände gegen unbeheizte Dachräume			
6	Gegen Außenluft abgrenzende Dachflächen einschließlich Dachgauben sowie gegen unbeheizte Dachräume abgrenzende Decken (oberste Geschossdecken) und Wände (einschließlich Abseitenwände)	$U = 0{,}24$	$U = 0{,}35$
7	Gegen Außenluft abgrenzende Dachflächen mit Abdichtung	$U = 0{,}20$	$U = 0{,}35$

(Fortsetzung)

Tab. 7.1 (Fortsetzung)

Zeile		Höchstwerte der Wärmedurchgangskoeffizienten in [W/(m²K)]	
Bauteilgruppe: Wände gegen Erdreich oder unbeheizte Räume (mit Ausnahme von Dachräumen) sowie Decken nach unten gegen Erdreich, Außenluft oder unbeheizte Räume			
8	Wände, die an Erdreich oder an unbeheizte Räume grenzen (mit Ausnahme von Dachräumen) und Decken, die beheizte Räume nach unten zum Erdreich oder zu unbeheizten Räumen abgrenzen	$U = 0,30$	keine Anforderung
9	Decken, die an beheizte Räume nach unten zum Erdreich (Bodenplatte), zur Außenluft oder zu unbeheizten Räumen (Kellerdecke) abgrenzen	$U = 0,50$	keine Anforderung
10	Decken, die beheizte Räume nach unten zur Außenluft abgrenzen	$U = 0,24$	$U = 0,35$

Anmerkung: Angegeben sind die Werte für die wichtigsten Außenbauteile (Dach, Wände, Fenster, Bauteile des unteren Gebäudeabschlusses); für Werte weiterer Bauteile, die hier nicht aufgeführt sind, wird auf GEG Anlage 7 verwiesen.

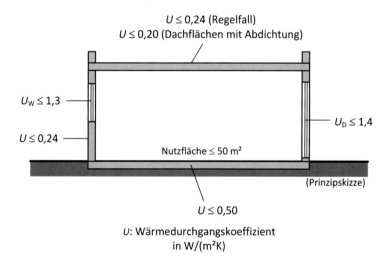

Abb. 7.1 Höchstwerte der Wärmedurchgangskoeffizienten von Außenbauteilen von zu errichtenden kleinen Gebäuden und Gebäuden aus Raumzellen

Aufbau Außenwände (von außen nach innen):

(1) Kalkzementputz, $d = 1,5$ cm, $\lambda_B = 1,0$ W/(mK)
(2) Wärmedämmung aus EPS, $d = 12$ cm, $\lambda_B = 0,040$ W/(mK)
(3) Mauerwerk aus Porenbeton-Plansteinen (PP), $d = 17,5$ cm, $\rho = 500$ kg/m^3, $\lambda_B = 0,16$ W/(mK)
(4) Gipsputz, $d = 1,0$ cm, $\rho = 1000$ kg/m^3, $\lambda_B = 0,34$ W/(mK)

Fenster: $U_W = 1,3$ W/$(m^2 K)$
Außentür: $U_D = 1,7$ W/$(m^2 K)$

Aufbau Bodenplatte (von außen nach innen):

(1) Sauberkeitsschicht (wird nicht berücksichtigt)
(2) Stahlbeton, $d = 14$ cm, $\lambda_B = 2,3$ W/(mK)
(3) Wärmedämmung und Trittschalldämmung, $d = 10$ cm, $\lambda_B = 0,035$ W/(mK)
(4) Trennlage (wird nicht berücksichtigt)
(5) Gussasphaltestrich, $d = 4$ cm, $\lambda_B = 0,90$ W/(mK)
(6) Bodenbelag (wird nicht berücksichtigt)

Lösung:
Nutzfläche:

$$A = 4,5 \cdot 8,0 = 36,0 \text{ m}^2 < 50 \text{ m}^2$$

Es liegt ein kleines Gebäude im Sinne des GEG vor.

Der Nachweis der Anforderungen erfolgt über die Wärmedurchgangskoeffizienten der Außenbauteile. Diese werden nachfolgend tabellarisch berechnet.

Flachdach:

Schicht-Nr	Bezeichnung	Dicke d [m]	Wärmeleitfähigkeit λ_B [W/(m^{2}K)]	Wärmeübergangs-widerstände bzw. Wärmedurchlass-widerstand R_{si} bzw. R_{se} R [m^{2}K/W]
Wärme-übergang außen	–	–	–	0,04
(1)	Abdichtung	$2 \times 0,01 = 0,02$	0,17	0,118
(2)	Wärmedämmung	0,20	0,038	5,263

(Fortsetzung)

(Fortsetzung)

Schicht-Nr	Bezeichnung	Dicke d [m]	Wärmeleitfähigkeit λ_B [W/(m²K)]	Wärmeübergangs-widerstände bzw. Wärmedurchlass-widerstand R_{si} bzw. R_{se} R [m²K/W]
(3)	Dampfsperre	–	–	–
(4)	Holzschalung	0,048	0,13	0,369
(5)	Holzbalken	–	–	–
Wärme-übergang innen	–	–	–	0,10
		$R_{tot} =$		5,890

$$U = 1/R_{tot} = 1/5,890 = 0,17\ \mathrm{W/(m^2K)} < U_{max} = 0,20\ \mathrm{W/(m^2K)}\ \text{nach}$$
Tab. 7.1, Zeile 7

Außenwände:

Schicht-Nr	Bezeichnung	Dicke d [m]	Wärmeleitfähigkeit λ_B [W/(m²K)]	Wärmeübergangs-widers bzw. Wärmedurchlass-widerst R_{si} bzw. R_{se} R [m²K/W]
Wärme-übergang außen	–	–	–	0,04
(1)	Kalkzementputz	0,015	1,0	0,015
(2)	Wärmedämmung aus EPS	0,12	0,040	3,000
(3)	Mauerwerk aus Porenbeton-Plansteinen (PP)	0,175	0,16	1,094
(4)	Gipsputz	0,01	0,34	0,029
Wärme-übergang innen	–	–	–	0,13
		$R_{tot} =$		4,308

$$U = 1/R_{tot} = 1/4,308 = 0,23\ \mathrm{W/(m^2K)} < U_{max} = 0,24\ \mathrm{W/(m^2K)}$$

nach Tab. 7.1, Zeile 1

Fenster:

$$U_W = 1,3 \text{ W}/(\text{m}^2\text{K}) \leq U_{max} = 1,3 \text{ W}/(\text{m}^2\text{K})$$

nach Tab. 7.1, Zeile 2

Außentür:

$$U = 1,7 \text{ W}/(\text{m}^2\text{K}) \leq U_{max} = 1,8 \text{ W}/(\text{m}^2\text{K})$$

nach Tab. 7.1, Zeile 5

Bodenplatte:

Schicht-Nr	Bezeichnung	Dicke d [m]	Wärmeleitfähigkeit λ_B [W/(m²K)]	Wärmeübergangs-widerstände bzw. Wärmedurchlass-widerstand R_{si} bzw. R_{se} R [m²K/W]
Wärme-übergang außen	–	–	–	0
(1)	Sauberkeitsschicht	–	–	–
(2)	Stahlbeton	0,14	2,3	0,061
(3)	Wärmedämmung	0,10	0,035	2,857
(4)	Trennlage	–	–	–
(5)	Gussasphaltestrich	0,04	0,90	0,044
(6)	Bodenbelag	–	–	–
Wärme-übergang innen	–	–	–	0,17
			$R_{tot} =$	3,132

$$U = 1/R_{tot} = 1/3,132 = 0,32 \text{ W}/(\text{m}^2\text{K}) < U_{max} = 0,50 \text{ W}/(\text{m}^2\text{K})$$

nach Tab. 7.1, Zeile 9

Die Höchstwerte der Wärmedurchgangskoeffizienten für alle Außenbauteile werden eingehalten. Der Nachweis für das kleine Wohngebäude ist damit erbracht.◄

Abb. 7.2 Ausnahmeregelungen für Baudenkmäler; hier: Fachwerkhaus (Quelle: Amelie Schmidt)

7.2.2   Baudenkmäler

Für Baudenkmäler oder sonstige Gebäude, die als besonders erhaltenswert gelten, darf von den Anforderungen des Gebäudeenergiegesetzes abgewichen werden, wenn die Bausubstanz oder das Erscheinungsbild beeinträchtigt werden. Gleiches gilt sinngemäß auch für den Fall, dass bauliche und anlagentechnische Maßnahmen zu einem unverhältnismäßig hohen Aufwand führen.

Beispielhaft seien hier ältere Fachwerkhäuser genannt, die als Baudenkmal eingestuft werden und deren Fassade nicht verändert werden darf. Eine außenseitige Dämmung scheidet aus Denkmalschutzgründen als energetische Modernisierungsmaßnahme aus. Eine Innendämmung wäre zwar technisch möglich, führt aber gerade bei älteren Fachwerkgebäuden mit kleinen Räumen zu einer deutlichen Verkleinerung der Wohnflächen. Außerdem ist die Ausführung einer Innendämmung in der Regel mit einem höheren Aufwand verbunden. In diesem Fall würde die Ausnahmeregelung des GEG § 104 [1] greifen. Das bedeutet, dass in diesem Fall die Anforderungen des GEG bei Änderungen nicht eingehalten werden müssen (Abb. 7.2).

7.2.3   Gemischt genutzte Gebäude

Gemischt genutzte Gebäude sind Gebäude, die sowohl Bereiche mit Wohnnutzung als auch Bereiche mit einer Nichtwohnnutzung aufweisen. Beispiele hierfür sind mehrgeschossige Gebäude, bei denen sich im Erdgeschoss Verkaufsräume und in den darüber liegenden Geschossen Wohnungen befinden. Ein weiteres Beispiel für eine Mischnutzung sind Gewerbe- oder Industriegebäude, in denen eine Wohnung (z. B. für die Hausmeisterin bzw. den Hausmeister) integriert ist.

Regeln zu gemischt genutzten Gebäuden befinden sich in § 106 des GEG [1]; siehe folgenden Auszug.

„§ 106 Gemischt genutzte Gebäude"

„(1) Teile eines Wohngebäudes, die sich hinsichtlich der Art ihrer Nutzung und der gebäudetechnischen Ausstattung wesentlich von der Wohnnutzung unterscheiden und die einen nicht unerheblichen Teil der Gebäudenutzfläche umfassen, sind getrennt als Nichtwohngebäude zu behandeln.

(2) Teile eines Nichtwohngebäudes, die dem Wohnen dienen und einen nicht unerheblichen Teil der Nettogrundfläche umfassen, sind getrennt als Wohngebäude zu behandeln.

(3) Die Berechnung von Trennwänden und Trenndecken zwischen Gebäudeteilen richtet sich in den Fällen der Absätze 1 und 2 nach § 29 Absatz 1."

Wie aus § 106 Absatz (1) und (2) [1] hervorgeht, ist es für die Entscheidung, ob ein Gebäude bei Mischnutzung getrennt als Wohn- und Nichtwohngebäude zu behandeln ist oder nicht, von Bedeutung, welche Nutzung überwiegt.

Wohngebäude mit Bereichen zur Nichtwohnnutzung
Bei Wohngebäuden, in denen sich ein Bereich mit Nichtwohnnutzung befindet, ist der Nichtwohnbereich als Nichtwohngebäude getrennt zu behandeln, wenn dieser Bereich

1. sich hinsichtlich der Nutzung und
2. der gebäudetechnischen Ausstattung nicht wesentlich von dem zu Wohnzwecken genutzten Bereich unterscheidet und gleichzeitig
3. einen nicht unerheblichen Teil an der Gebäudenutzfläche des kompletten Gebäudes ausmacht.

Das GEG gibt im Gesetzestext allerdings nicht vor, was unter dem Begriff „unerheblich" zu verstehen ist. Nach allgemeiner und üblicher Auffassung gelten Anteile von nicht mehr als 10 % als unerheblich [2].

Nichtwohngebäude mit Bereichen zur Wohnnutzung

Bei Nichtwohngebäuden, in denen sich Wohnbereiche befinden, sind diese getrennt als Wohngebäude zu behandeln, wenn ihr Anteil an der Nettogrundfläche des Nichtwohngebäudes nicht unerheblich ist. Weitere Kriterien bestehen hier nicht.

Bei der Ausstellung von Energieausweisen ist zu beachten, dass bei Gebäuden, die aufgrund der o. g. Regeln getrennt in einen Bereich als Wohngebäude und einen Bereich als Nichtwohngebäude zu behandeln sind, getrennte Ausweise erforderlich sind.

Trennwände und Trenndecken in gemischt genutzten Gebäuden

Weiterhin enthält der § 106 des GEG [1] Angaben zur Berechnung von Trennwänden und Trenndecken, die zwischen Bereichen mit getrennter Nutzung vorhanden sind. Hier wird auf § 29 „Berechnung des Jahres-Primärenergiebedarfs und des Transmissionswärmeverlustes bei aneinandergereihter Bebauung von Wohngebäuden" verwiesen. Im Wesentlichen geht es dort um die Berechnung des Wärmedurchgangskoeffizienten der Trennbauteile und ihre Berücksichtigung bei der Ermittlung der wärmeübertragenden Umfassungsfläche. Es gelten folgende Regeln (Abb. 7.3):

1. **Trennbauteile grenzen beidseitig an Bereiche mit Innentemperaturen von mindestens 19 °C:** Dieser Fall liegt vor, wenn der Bereich mit Wohnnutzung an einen Bereich mit Nichtwohnnutzung mit Innentemperaturen von mindestens 19 °C grenzt. In diesem Fall sind die Trennbauteile als wärmedurchlässig anzunehmen. Sie werden bei der Berechnung der wärmeübertragenden Umfassungsfläche nicht berücksichtigt.
2. **Trennbauteile grenzen an Bereiche mit unterschiedlichen Innentemperaturen:** Dieser Fall liegt vor, wenn der Wohnbereich an Nichtwohnbereiche grenzt, die lediglich mit niedrigen Innentemperaturen beheizt werden (Innentemperaturen mindestens 12 °C bis unter 19°). Die Trennbauteile gehören zur wärmeübertragenden Umfassungsfläche des wärmeren Bereichs, da ein Wärmestrom vom wärmeren Wohnbereich zum kühleren Nichtwohnbereich vorhanden ist. Der Wärmedurchgangskoeffizient des Trennbauteils wird mit einem Temperatur-Korrekturfaktor nach DIN V 18599-2 [3] gewichtet. Dieser ist mit $F_{nb} = 0,35$ anzunehmen.
3. **Bauteile grenzen an einen beheizten und unbeheizten Bereich:** Bei Bauteilen, die einen beheizten von einem unbeheizten Bereich abgrenzen, ist der Wärmedurchgangskoeffizient mit dem Temperatur-Korrekturfaktor von $F_u = 0,5$ zu wichten. Die Bauteile zählen zur wärmeübertragenden Umfassungsfläche des beheizten Bereichs.

7.3   Wärmeversorgung in Quartieren

Regelungen zur gemeinsamen Versorgung von mehreren Gebäuden, die in räumlichen Zusammenhang stehen (Quartier), mit Wärme oder Kälte befinden sich in § 107 des GEG [1]. Diese Regelungen sind gegenüber der bisherigen Fassung des GEG (2023) zum Teil

Abb. 7.3 Trennbauteile
zwischen verschieden
genutzten Bereichen in einem
Gebäude und Regeln zur
Bestimmung des Wärmedurchgangskoeffizienten

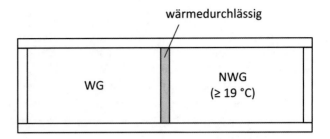

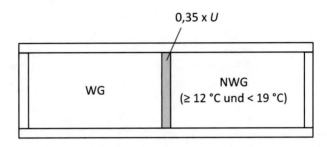

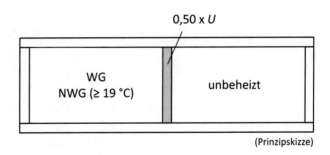

(Prinzipskizze)

WG: Wohngebäude
NWG: Nichtwohngebäude
U: Wärmedurchgangskoeffizient des Trennbauteils

neu und wurden aus dem bisherigen Erneuerbare-Energien-Wärmegesetz (EEWämeG) [4]
teilweise übernommen.

Danach dürfen für mehrere Gebäude in einem Quartier Vereinbarungen über eine
gemeinsame Wärme- bzw. Kälteversorgung getroffen werden, um die Anforderungen an
den Gesamtenergiebedarf bei zu errichtenden Gebäuden (nach § 10 Absatz (2)), die Anforderungen für bestehende Gebäude bei Änderungen (nach § 50 Absatz (1)) und die Pflicht

zur Nutzung erneuerbarer Energien bei der Wärme-/Kälteerzeugung (nach § 71 Absatz (1)) zu erfüllen.

Es ist zu beachten, dass jedes Gebäude für sich die Anforderungen an den Gesamtenergiebedarf (Jahres-Primärenergiebedarf und baulicher Wärmeschutz) erfüllen muss. Dies gilt insbesondere auch für bestehende geänderte Gebäude. Die Anforderungen an ein einzelnes Gebäude, können somit nicht durch die Vereinbarung einer gemeinsamen Wärmeversorgung umgangen werden. Davon unberührt bleiben die Regeln zur Innovationsklausel (Abschn. 7.4).

Die Idee der gemeinsamen Wärme-/Kälteversorgung zielt daher darauf ab, die Anforderung zur Nutzung erneuerbarer Energien bei der Wärmeerzeugung (mindestens 65 % nach § 71 Absatz (1) GEG [1]) leichter zu erfüllen, als dies individuell möglich wäre.

Vereinbarungen

Die Vereinbarungen zur gemeinsamen Wärme- oder Kälteversorgung können sich insbesondere auf folgende Punkte beziehen:

1. Errichtung und Betrieb gemeinsamer Anlagen, die zur Wärme- oder Kälteerzeugung aus erneuerbaren Energien dienen sowie von gemeinsamen Anlagen zur Verteilung, Speicherung und Nutzung der erzeugten Wärme oder Kälte.
2. Gemeinsame Erfüllung der Anforderungen, die an eine Heizungsanlage gestellt werden (§ 71 Absatz (1) GEG [1]); d. h. Erzeugung der Wärme oder Kälte aus mindestens 65 % erneuerbarer Energien.
3. Benutzung von Grundstücken, deren Betreten sowie die Leitungsführung über Grundstücke.

Die Vereinbarung muss zwischen den beteiligten Bauherren oder Eigentümern getroffen werden. Dritte, d. h. insbesondere Energieversorgungsunternehmen, können an der Vereinbarung beteiligt werden. Die Vereinbarung erfordert die Schriftform. Auf Verlangen ist die Vereinbarung der zuständigen Behörde vorzulegen.

Sofern die Gebäude einem Eigentümer gehören, gelten die o. g. Regelungen sinngemäß. Anstelle der Vereinbarung ist eine schriftliche Dokumentation des Eigentümers aufzustellen, die auf Verlangen der zuständigen Behörde vorzulegen ist.

7.4   Befreiungen und Innovationsklausel

7.4.1   Befreiungen

Befreiungen von den Anforderungen des GEG können im Einzelfall vom Eigentümer oder Bauherren bei der zuständigen Behörde beantragt werden. Die Regelungen hierzu befinden sich in § 102 des GEG [1].

Eine Befreiung ist zu erteilen, wenn

1. die Ziele des Gebäudeenergiegesetzes durch andere Maßnahmen als die im GEG beschriebenen Maßnahmen in gleichem Umfang erreicht werden können oder
2. die Anforderungen zu einer unbilligen Härte führen würden.

Eine unbillige Härte liegt insbesondere dann vor, wenn der Aufwand für die erforderlichen Maßnahmen während der vorgesehenen Nutzungsdauer durch die zu erwartenden Einsparungen nicht erwirtschaftet werden kann. Mit Aufwand sind die zusätzlichen Investitionskosten (notwendige Investitionen) gemeint, die eine energetische Verbesserung bewirken, nicht jedoch die üblichen Kosten für die Erhaltung.

Eine Befreiung aufgrund von Unwirtschaftlichkeit wird somit nur erteilt, wenn nachgewiesen werden kann, dass die notwendigen Investitionen in keinem Verhältnis zum Ertrag stehen. Es muss somit erkennbar sein, dass die Maßnahme unwirtschaftlich ist im Sinne des § 5 „Grundsatz der Wirtschaftlichkeit" des GEG.

Für den Nachweis bzw. die Wirtschaftlichkeitsberechnungen sind in der Regel dynamische Berechnungsverfahren zu verwenden. Für die Wirtschaftlichkeitsberechnung sind beispielsweise folgende Randbedingungen zu berücksichtigen:

- Nutzungsdauer bzw. Restnutzungsdauer des Gebäudes
- Technische Lebensdauer von Anlagentechnik und Außenbauteilen
- Kalkulationszins
- Energiepreise und -preissteigerung
- Inflationsrate

Da die Daten insbesondere für Energiepreise, Inflationsrate und Zinsen starken Schwankungen unterliegen, werden hier keine Angaben gemacht. Für die technische Lebensdauer von Bauteilen können beispielsweise 30 Jahre angesetzt werden. Die technische Lebensdauer von Anlagenkomponenten ist abhängig von der Art (elektronische, mechanische Komponenten, Software) und variiert daher stark. Aus diesem Grund werden hierfür ebenfalls keine Daten angegeben.

7.4.2 Innovationsklausel

Die Innovationsklausel nach § 103 des GEG [1] ermöglicht es, den Nachweis des Jahres-Primärenergiebedarfs von zu errichtenden Gebäuden sowie von bestehenden Gebäuden bei Änderungen mithilfe der Begrenzung der Treibhausgasemissionen des Gebäudes zu erbringen. Hintergrund sind Überlegungen, als Anforderungsgröße in Zukunft die Treibhausgasemissionen anstelle des Primärenergiebedarfs zu verwenden. Die Regelung gilt nur im Einzelfall auf Antrag (nach § 102 „Befreiungen") und ist zunächst bis zum 31. Dezember 2025 befristet.

Im Einzelnen sind folgende Anforderungen einzuhalten.

Zu errichtende Gebäude:

- Begrenzung der Treibhausgasemissionen auf 55 % der Emissionen des zugehörigen Referenzgebäudes.
- Begrenzung des Jahres-Endenergiebedarfs auf 55 % des zugehörigen Referenzgebäudes.
- Baulicher Wärmeschutz:
  - Wohngebäude: Begrenzung des spezifischen, auf die wärmeübertragende Umfassungsfläche bezogenen Transmissionswärmeverlusts auf das 1,2fache des entsprechenden Wertes des Referenzgebäudes.
  - Nichtwohngebäude: Begrenzung des mittleren Wärmedurchgangskoeffizienten der Bauteile der wärmeübertragenden Umfassungsfläche auf das 1,25fache der Höchstwerte nach GEG Anlage 3 [1].

Bestehende Gebäude bei Änderungen:

- Begrenzung der Treibhausgasemissionen auf 140 % der Emissionen des zugehörigen Referenzgebäudes.
- Begrenzung des Jahres-Endenergiebedarfs auf 140 % des zugehörigen Referenzgebäudes.

Für weitere Regelungen wird auf das GEG verwiesen.

7.5   Anschluss- und Benutzungszwang

Regelungen zum Anschluss- und Benutzungszwang an ein Fernwärmenetz befinden sich in § 109 des GEG [1]; siehe hierzu folgenden Auszug.

„§ 109 Anschluss- und Benutzungszwang"

„Die Gemeinden und Gemeindeverbände können von einer Bestimmung nach Landesrecht, die sie zur Begründung eines Anschluss- und Benutzungszwangs an ein Netz der öffentlichen Fernwärme- oder Fernkälteversorgung ermächtigt, auch zum Zwecke des Klima- und Ressourcenschutzes Gebrauch machen."

Danach werden Gemeinden ermächtigt, den Anschluss an ein Fernwärme- oder-kältenetz sowie dessen Benutzung zwangsweise gegenüber Eigentümern durchzusetzen. Mit dieser

Regelung soll erreicht werden, dass Wärme- bzw. Kältenetze auch tatsächlich genutzt werden. Schließlich sind für die Planung und Ausführung von Fernwärme- und -kältenetzen erhebliche Investitionen seitens der Gemeinden erforderlich, die sich nur rentieren, wenn alle Gebäude im Einzugsbereich des Netzes dieses auch nutzen. Insofern ist die Regelung zum Anschluss- und Benutzungszwang aus Sicht des Gesetzgebers nachvollziehbar. Allerdings dürfte diese Forderung aus Sicht einzelner Eigentümer auf Unverständnis stoßen, insbesondere dann, wenn diese erst kürzlich in eine kostenintensive Anlagentechnik investiert haben, wie zum Beispiel die Anschaffung einer Wärmepumpe. Hier bleibt abzuwarten, wie zukünftige Regelungen im Zuge weiterer GEG-Novellen diese Forderung behandeln.

7.6 Vollzug

Regelungen zum Vollzug sind in Teil 7 des Gebäudeenergiegesetzes enthalten und umfassen die §§ 92 bis 103 [1]. Über Befreiungen von den Anforderungen (§ 102) und die Innovationsklausel (§ 103) wurde in Abschn. 7.4 bereits berichtet. Nachfolgend soll kurz auf die weiteren Regeln zum Vollzug eingegangen werden.

§ 92 und § 93 Erfüllungserklärung und Pflichtangaben:
Die Erfüllungserklärung dient zum Nachweis der Einhaltung der Anforderungen für zu errichtende und bestehende Gebäude gegenüber der zuständigen Behörde (z. B. Bauordnungsamt). Verantwortlich für die Veranlassung der Ausstellung einer Erfüllungserklärung ist der Eigentümer oder Bauherr. Ausstellungsberechtigte Personen werden nach Landesrecht bestimmt.

Bei zu errichtenden Gebäuden ist die Erfüllungserklärung in der Regel nach Fertigstellung des Gebäudes vorzulegen. Bei bestehenden Gebäuden ist eine Erfüllungserklärung nur dann erforderlich, wenn Änderungen (nach § 48) ausgeführt werden und für das gesamte geänderte Gebäude Berechnungen nach § 50 „Energetische Bewertung eines bestehenden Gebäudes" durchgeführt werden, d. h. für den Nachweis das Referenzgebäudeverfahren angewendet wird. Sofern die geänderten Bauteile bei einem bestehenden Gebäude mithilfe des Bauteilverfahrens (Nachweis über Einhaltung der Höchstwerte der Wärmedurchgangskoeffizienten der geänderten Bauteile) nachgewiesen werden, ist keine Erfüllungserklärung erforderlich.

In der Erfüllungserklärung sind die Daten für das Gebäude anzugeben, die für die Überprüfung der Anforderungen nach dem GEG erforderlich sind. Dies sind beispielsweise der Jahres-Primärenergiebedarf, die Kenngrößen zum Nachweis des baulichen Wärmeschutzes, Daten der Heizungsanlage zum Nachweis der Einhaltung der Pflicht zur Nutzung von erneuerbaren Energien bei der Wärmeerzeugung und weitere Kenngrößen. Für den Umfang der nachzuweisenden Daten verweist das GEG auf das Landesrecht, das zusätzliche Vorschriften enthalten kann.

§ 94 Verordnungsermächtigung:

Die Verordnungsermächtigung bezieht sich auf die Erfüllungserklärung nach § 92. Danach werden die Landesregierungen ermächtigt, durch eine Rechtsverordnung das Verfahren der Erfüllungserklärung sowie die Pflichtangaben und vorzulegenden Nachweise zu regeln. Außerdem werden die Landesregierungen ermächtigt, durch eine Rechtsverordnung zu regeln, dass der Vollzug des Gesetzes an eine geeignete Stelle, an eine Fachvereinigung (z. B. Ingenieurkammer, Architektenkammer) oder einen Sachverständigen delegiert werden können. Durch Rechtsverordnung kann die Ermächtigung außerdem von der Landesregierung auf andere Behörden (z. B. Bauaufsichtsbehörde) übertragen werden.

§ 95 Behördliche Befugnisse:

Dieser Paragraf regelt die Befugnisse von Behörden. Danach kann die zuständige Behörde im Einzelfall Anordnungen treffen, die zur Erfüllung der Anforderungen nach dem GEG erforderlich sind. Die Anordnungen müssen auch von Dritten, die im Auftrag des Eigentümers oder Bauherrn arbeiten (z. B. Planungsbüros), unmittelbar befolgt werden.

§ 96 Private Nachweise:

Der § 96 bezieht sich auf Nachweise, die von ausführenden Firmen und Energielieferanten dem Eigentümer nach Ausführung der Arbeiten an bestehenden Gebäuden bzw. nach Lieferung von Biomasse sowie grünem oder blauem Wasserstoff schriftlich zu bestätigen sind (Unternehmererklärung).

Mit der Unternehmerklärung wird nachgewiesen, dass die geänderten oder eingebauten Bauteile und Anlagenkomponenten den Anforderungen des GEG für bestehende Gebäude bei Änderungen entsprechen. Beispielsweise ist zu bestätigen, dass geänderte Außenbauteile den Höchstwert des Wärmedurchgangskoeffizienten nach Anlage 7 des GEG nicht überschreiten.

Bei der Lieferung von Biomasse sowie grünem oder blauem Wasserstoff muss der Lieferant mit der Abrechnung bestätigen, dass die jeweiligen Anforderungen nach GEG eingehalten werden. Die Abrechnungen sind vom Eigentümer innerhalb der ersten 15 Jahre nach Inbetriebnahme der Heizungsanlage für fünf Jahre aufzubewahren.

§ 97 Aufgaben des Bezirksschornsteinfegermeisters:

In § 97 werden die Aufgaben des bevollmächtigten Bezirksschornsteinfegers geregelt. Dieser übernimmt im Wesentlichen die Überprüfung der Heizungsanlage einschließlich ihrer Komponenten und einzuhaltenden Fristen in Bezug auf die Anforderungen des GEG. Zu den Aufgaben des Bezirksschornsteinfegers gehören:

- Überprüfung, ob ein Heizkessel, der nach Ablauf der Übergangsfristen außer Betrieb genommen werden müsste, weiter betrieben wird.

- Überprüfung, ob ungedämmte Wärmeverteilungs- und Warmwasserleitungen vorhanden sind.
- Überprüfung der Abrechnungen und Bestätigungen von Energielieferungen nach § 96.

Beim Einbau einer Heizungsanlage in ein bestehendes Gebäude überprüft der Bezirksschornsteinfeger im Rahmen der ersten Feuerstättenschau nach dem Einbau folgende Punkte:

- Ob durch den Einbau der Heizungsanlage die energetische Qualität des Gebäudes nicht verschlechtert wird (§ 57 Absatz (1) „Verbot von Veränderungen").
- Ob eine Zentralheizung mit den selbsttätig arbeitenden Regeleinrichtungen zur Abschaltung der Wärmezufuhr sowie zur Ein- und Ausschaltung elektrischer Pumpen ausgestattet ist.
- Ob ein mit Heizöl oder Erdgas betriebener Heizkessel entgegen der Vorschriften nach § 71 („Anforderungen an eine Heizungsanlage") eingebaut ist. Anmerkung: In § 71 wird gefordert, dass eine Heizungsanlage mindestens 65 % der Wärme aus erneuerbaren Energien erzeugen muss.
- Ob bei Wärmeverteilungs- oder Warmwasserleitungen sowie Armaturen die Wärmeabgabe begrenzt wird.
- Ob die Anforderungen an den Einbau von Heizungsanlagen, die mit fester Biomasse (z. B. Holz) beschickt werden, erfüllt sind (siehe § 71 g).
- Ob die Anforderungen an den Einbau von Wärmepumpen und Solarthermie-Hybridheizungen erfüllt sind (siehe § 71h).

Bei Nichteinhaltung der o. g. Anforderungen muss der Bezirksschornsteinfeger den Eigentümer schriftlich auf die Pflichten oder Verbote hinweisen. Außerdem hat er eine angemessene Frist zur Nachbesserung oder Beseitigung zu setzen. Sofern die Auflagen nicht innerhalb der gesetzten Frist vom Eigentümer erfüllt werden, hat der Bezirksschornsteinfeger unverzüglich die zuständige Stelle zu unterrichten.

Für weitere Aufgaben des Bezirksschornsteinfegers wird auf den Gesetzestext verwiesen.

§ 98 Registriernummer:

Aussteller von Energieausweisen oder Inspektionsberichten von Klimaanlagen müssen eine Registriernummer bei der zuständigen Registrierstelle beantragen. Die Registriernummer wird in den Energieausweis bzw. Inspektionsbericht eingetragen.

Der § 98 regelt das Verfahren der Beantragung der Registriernummer und legt fest, welche Angaben der Antrag enthalten muss.

§ 99 Stichprobenkontrollen von Energieausweisen und Inspektionsberichten für Klimaanlagen:
Der § 99 regelt das Verfahren zu Stichprobenkontrollen von Energieausweisen und Inspektionsberichten von Klimaanlagen. Die Stichproben müssen dabei einen signifikanten prozentualen Anteil aller Energieausweise und Inspektionsberichte für Klimaanlagen, die in einem Kalenderjahr neu ausgestellt werden, erfassen. Auf weitere Regeln wird hier nicht eingegangen.

Allerdings sei in diesem Zusammenhang darauf hingewiesen, dass durch diese Regelung in der Praxis tatsächlich mit Kontrollen von Energieausweisen und Inspektionsberichten für Klimaanlagen zu rechnen ist. Die Ausstellung derartiger Dokumente sollte daher mit der erforderlichen Sorgfalt und Fachkenntnis erfolgen.

§ 100 Nicht personenbezogene Auswertung von Daten:
In § 100 werden Regeln zur Auswertung von nicht personenbezogenen Daten durch die jeweilige Kontrollstelle angegeben. Zu solchen Daten gehören beispielsweise

- Art des Energieausweises (Bedarfsausweis, Verbrauchausweis)
- Anlass der Ausstellung des Energieausweises
- Art des Gebäudes
- Gebäudeeigenschaften
- Primärenergiebedarf oder -verbrauch, Endenergiebedarf oder -verbrauch
- Energieträger für Heizung und Warmwasser
- Verwendung erneuerbarer Energien
- Land, Landkreis des Gebäudes (allerdings ohne Angabe der Anschrift).

Zu den Daten gehören auch Kennwerte von Klimaanlagen aus den Inspektionsberichten.

§ 101 Verordnungsermächtigung und Erfahrungsberichte der Länder:
Der § 101 enthält Regeln zur Ermächtigung der Landesregierungen, Rechtsverordnungen zu erlassen:

- zur Erfassung und Kontrolle von Inspektionsberichten für Klimaanlagen
- zur Erfassung und Kontrolle von Energieausweisen

Für die weiteren Regeln wird auf den Gesetzestext des GEG [1] verwiesen.

7.7 Bußgeldvorschriften

Bußgeldvorschriften sind in § 108 des GEG [1] geregelt. Der Paragraf § 108 enthält zum einen eine Liste mit Ordnungswidrigkeiten, indem die jeweiligen Paragrafen mit Anforderungen aufgeführt werden. Zum anderen wird angegeben, in welchen Fällen eine Ordnungswidrigkeit geahndet werden kann und welche Geldbuße hierfür angesetzt wird.

Beispielsweise handelt es sich um eine Ordnungswidrigkeit, wenn ein Gebäude nicht gemäß den Anforderungen des GEG errichtet wird, d. h. zum Beispiel die Anforderungen an den Gesamtenergiebedarf (Jahres-Primärenergiebedarf, baulicher Wärmeschutz) nicht eingehalten werden. Auch die Nichterfüllung der Pflicht zur Dämmung oberster Geschossdecken in bestehenden Gebäuden gilt als Ordnungswidrigkeit. In beiden Fällen kann eine Geldbuße bis zu 50.000 € verhängt werden.

Für weitere Informationen und Regeln wird auf das GEG verwiesen.

7.8 Finanzielle Förderung der Nutzung erneuerbaren Energien und Maßnahmen zur Verbesserung der Energieeffizienz

Regeln zur finanziellen Förderung der Nutzung erneuerbarer Energien sind im Teil 6 des GEG zusammengefasst. Der Teil 6 umfasst folgende Paragrafen:

- § 89 Fördermittel
- § 90 Geförderte Maßnahmen zur Nutzung erneuerbarer Energien
- § 91 Verhältnis zu den Anforderungen an ein Gebäude

Zu § 89 Fördermittel:
Der Paragraf regelt, dass die Nutzung erneuerbarer Energien zur Erzeugung von Wärme oder Kälte sowie die Errichtung von besonders energieeffizienten Gebäuden und die Verbesserung der Energieeffizienz von bestehenden Gebäuden mit Mitteln aus dem Bundeshalt gefördert werden können (Abb. 7.4). Fördermittel können somit nur für drei Bereiche bereitgestellt werden:

- für die Nutzung erneuerbarer Energien zur Wärme- und Kälteerzeugung
- für Neubauten, die besonders energieeffizient sind
- für die Verbesserung der Energieeffizienz von bestehenden Gebäuden

Einschränkend wird im Gesetzestext darauf hingewiesen, dass die Förderung nach Maßgabe des Bundeshaushalts erfolgt. Das bedeutet, dass je nach Haushaltslage die Fördermittel beliebig gestrichen werden können.

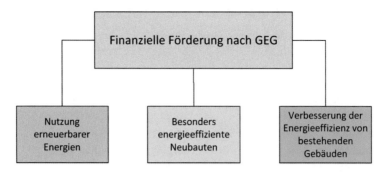

Abb. 7.4 Finanzielle Förderung

Zu § 90 Geförderte Maßnahmen zur Nutzung erneuerbarer Energien:
Geförderte Maßnahmen umfassen die Errichtung oder Erweiterung von:

* Solarthermieanlagen
* Anlagen zur Nutzung von Biomasse (z. B. Holzpelletskessel)
* Anlagen, die Geothermie und Umweltwärme nutzen (z. B. Wärmepumpen)
* Wärmenetzen, Speichern und Übergabestationen, sofern diese von den zuvor genannten Anlagen ihre Wärme bzw. Kälte beziehen

Weiterhin werden Voraussetzungen für die Förderung angegeben. Beispielsweise müssen die Kollektoren von Solarthermieanlagen mit dem europäischen Prüfzeichen „Solar Keymark" zertifiziert sein. Anlagen zur Nutzung fester Biomasse müssen einen Umwandlungswirkungsgrad von mindestens 89 % erreichen, wenn die Anlage zur Heizung oder Warmwasserbereitung dient. An Wärmepumpen werden ebenfalls Anforderungen gestellt, wenn diese gefördert werden sollen. Konkret müssen Wärmepumpen die Anforderungen der Richtlinie (EU) 2018/2001 des Europäischen Parlaments und des Rates vom 1. Dezember 2018 zur Förderung der Nutzung der Energie aus erneuerbaren Quellen erfüllen [5].

Zu § 91 Verhältnis zu den Anforderungen an ein Gebäude:
Der § 91 enthält Regeln, in welchen Fällen eine Förderung nicht möglich ist und nennt Ausnahmen hiervon. Grundsätzlich gilt, dass Maßnahmen zur Erfüllung der Mindestanforderungen des GEG nicht förderfähig sind. Konkret betrifft dies die Anforderungen an den Gesamtenergiebedarf eines zu errichtenden Gebäudes (d. h. Jahres-Primärenergiebedarf, baulicher Wärmeschutz). Auch die Maßnahmen zur Erfüllung der Anforderungen an eine Heizungsanlage, mindestens 65 % der Wärme aus erneuerbaren Energien zu erzeugen, fallen hierunter und sind zunächst nicht förderfähig.

Allerdings existieren eine Reihe von Ausnahmen; siehe hierzu folgenden Auszug aus dem GEG.

„§ 91 Verhältnis zu den Anforderungen an ein Gebäude"

„(1) Maßnahmen können nicht gefördert werden, soweit sie der Erfüllung der Anforderungen nach § 10 Absatz 2, der Pflicht nach § 71 Absatz 1 Satz 1 oder einer landesrechtlichen Pflicht nach § 4 Absatz 4 oder § 9a dienen.

(2) Absatz 1 ist nicht bei den folgenden Maßnahmen anzuwenden:

1. der Errichtung eines Wohngebäudes, bei dem Anforderungen eingehalten werden, die anspruchsvoller sind als die für die Errichtung eines Wohngebäudes jeweils geltenden Neubauanforderungen nach diesem Gesetz, sofern die Maßnahme nicht unter die Nummern 3 bis 7 fällt,

2. der Errichtung eines Nichtwohngebäudes, bei dem Anforderungen eingehalten werden, die anspruchsvoller sind als die für Nichtwohngebäude jeweils geltenden Neubauanforderungen nach diesem Gesetz, sofern die Maßnahme nicht unter die Nummern 3 bis 7 fällt,

3. Maßnahmen, die technische oder sonstige Anforderungen erfüllen, die

a) in den Fällen der §§ 71 bis 71h anspruchsvoller als die dortigen Anforderungen oder

b) in den Fällen von § 4 Absatz 4 und § 9a anspruchsvoller als die Anforderungen nach der landesrechtlichen Pflicht sind,

(4) Maßnahmen, die den Wärme- und Kälteenergiebedarf zu einem Anteil decken, der

a) im Falle des § 71 Absatz 1 65 % erneuerbare Energien übersteigt oder

b) in den Fällen von § 4 Absatz 4 und § 9a höher als der landesrechtlich vorgeschriebene Mindestanteil ist,

(5) Maßnahmen, die mit weiteren Maßnahmen zur Steigerung der Energieeffizienz verbunden werden,

(6) Maßnahmen zur Nutzung solarthermischer Anlagen auch für die Heizung eines Gebäudes und

(7) Maßnahmen zur Nutzung von Tiefengeothermie."

Aus § 91 Absatz (2) geht hervor, dass Maßnahmen vom Grundsatz förderfähig sind, wenn die Mindestanforderungen, die das GEG vorgibt, deutlich unterschritten werden.

7.9 Übergangsvorschriften

Übergangsvorschriften sind im Teil 9 des GEG [1] angegeben. Dort finden sich allgemeine Übergangsvorschriften, Übergangsvorschriften für Energieausweise und für Aussteller von Energieausweisen sowie eine Übergangsvorschrift für Geldbußen.

Aufgrund der umfangreichen Regeln zu den Übergangsvorschriften, die darüber hinaus für ein Lehrbuch nur eine geringe Relevanz haben, wird hier auf den Gesetzestext verwiesen.

Allgemein kann jedoch festgehalten werden, dass für die Anwendung der Vorschriften des GEG 2024 das Datum der Bauantragstellung maßgebend ist. Das bedeutet, dass das

GEG 2024 bei zu errichtenden Gebäuden nur anzuwenden ist, wenn der Bauantrag am 1. Januar 2024 oder später gestellt wurde. Bei früherer Bauantragstellung gilt die bisherige Fassung aus dem Jahr 2023, selbst dann, wenn der Baubeginn erst im Laufe des Jahres 2024 erfolgt.

Literatur

1. Gesetz zur Einsparung von Energie und zur Nutzung erneuerbarer Energien zur Wärme- und Kälteerzeugung in Gebäuden (Gebäudeenergiegesetz – GEG) vom 8. August 2020 (BGBl. I S. 1728), das zuletzt durch Artikel 1 des Gesetzes vom 16. Oktober 2023 (BGBl. 2023 I Nr. 280) geändert worden ist
2. GEG-Infoportal; Bundesinstitut für Bau-, Stadt- und Raumforschung; https://www.bbsr-geg. bund.de/GEGPortal/DE/GEGRegelungen/Neubau/GemischtGenutzt/GemischtGenutzt-node. html; abgerufen am Donnerstag, 20. Juni 2024
3. DIN V 18599-2:2018-09: Energetische Bewertung von Gebäuden – Berechnung des Nutz-, End- und Primärenergiebedarfs für Heizung, Kühlung, Lüftung, Trinkwarmwasser und Beleuchtung – Teil 2: Nutzenergiebedarf für Heizen und Kühlen von Gebäudezonen
4. Gesetz zur Förderung Erneuerbarer Energien im Wärmebereich (Erneuerbare Energien Wärmegesetz – EEWärmeG) vom 7. August 2008 (BGBl. I S. 1658); in Kraft getreten am 1. Januar 2009; außer Kraft getreten aufgrund des Gesetzes vom 8. August 2020 (BGBl. I S. 1728); Anmerkung: Das GEG hat das EEWärmeG abgelöst
5. Richtlinie (EU) 2018/2001 des Europäischen Parlaments und des Rates vom 1. Dezember 2018 zur Förderung der Nutzung der Energie aus erneuerbaren Quellen (ABl. L 328 vom 21.12.2018, S. 82), die zuletzt durch die Delegierte Verordnung (EU) 2022/759 (ABl. L 139 vom 18.5.2022, S. 1) geändert worden ist

Stichwortverzeichnis

A

Absorptionsgrad, 42, 45
Abwärme, 10
Anforderungen
   bestehende Gebäude, 193
   Überprüfung, 22
Anforderungsgrößen, 112
Anschlusszwang, 306
Anwendungsbereich, 5
Aperturfläche, 10
Aufmaß, vereinfachtes, 220
Ausbau, 225
Aushangpflicht, 269
Ausrichtung des Baukörpers, 100
Aussteller, 278
Ausstellungsberechtigung, 285
Ausweistyp, 269
Außenbauteile, 204

B

Bagatellregelung, 185
Baudenkmäler, 8, 266, 293, 299
Baukörperform, 99
Bauteilanschluss, 71
Bauteilgruppe, 204
Bauteilverfahren, 195, 198
Befreiungen, 304
Behaglichkeit, 28, 153
Beleuchtungsstärke, 149
Benutzungszwang, 306
Berechnungsgrundlagen, 137
Berechnungsrandbedingungen, 148

Berechnungsverfahren, andere, 174
Betriebsgebäude, 6
Bezugsmaße
   Aufriss, 176
   Grundriss, 175
Biomasse, 8
Blockheizkraftwerk, 95
Blower-Door-Test, 83
Brennwertkessel, 10
Bruttovolumen, 14, 177
Bußgeldvorschriften, 310

C

CO_2-Äquivalent, 17

D

Dämmschichtdicke, 208
Daten, 279
   nicht personenbezogene, 310
Deckenzwischenräume, 191
Dichtheit, 103, 110, 151

E

Einblasdämmstoffe, 191
Emissionsfaktor, 286, 291
Emissionsgrad, 43
Endenergiebedarf, 17
Endenergieverbrauch, 272
Energieausweis, 261
   Angaben, 274
   Geltungsbereich, 264

© Der/die Herausgeber bzw. der/die Autor(en), exklusiv lizenziert an Springer
Fachmedien Wiesbaden GmbH, ein Teil von Springer Nature 2025
P. Schmidt, *Das novellierte Gebäudeenergiegesetz (GEG 2024)*, Detailwissen Bauphysik,
https://doi.org/10.1007/978-3-658-44921-6

Gültigkeitsdauer, 265
Muster, 279
Zweck, Ziel, 263
Energiebedarfsausweis, 13, 264, 269
Energieeffizienz, 282
Energieeffizienzklasse, 284
Energieeinsparungsgesetz, 1
Energieeinsparverordnung, 1
Energieverbrauchsausweis, 13, 264, 272
Erfüllungserklärung, 307
Erneuerbare Energien, 7, 10
Erneuerbare-Energien-Wärmegesetz, 1
Erweiterung, 225

F
Fenster, 63
Ferienhäuser, 6
Finite Elemente (FEM), 73
Fördermittel, 311
Förderung, finanzielle, 311

G
Gasbrennwertkessel, 91
Gebäude
besondere, 293
bestehende, 183
dem Gottesdienst gewidmete, 6
einseitig angebautes, 8
gemisch genutzte, 293
kleine, 266, 293, 294
zu errichtende, 103
zweiseitig angebautes, 8
Gebäudeautomation, 148
Gebäudeenergiegesetz, 1, 25
Begriffe, 7
Ziele, 3
Gebäudegrenze, 115
Gebäudenetz, 10
Gebäudenutzfläche, 14
Gebäudesimulation, 87
Gebäudevolumen, 149
Gefälledämmung, 204
Geothermie, 10
Gesamtenergiebedarf, 17, 118
Geschossdecke, oberste, 8, 188
Grenzbebauung, 195

H
Heizkessel, 10
Heizungsanlage, 10, 88
gemeinsame, 154
Heizwärmebedarf, 17
Holzpelletskessel, 93

I
Immobilienanzeige, 283
Innovationsklausel, 305

J
Jahres-Primärenergiebedarf, 18, 111, 115, 211, 215

K
Klimaanlage, 10
Klimaregionen, 84
Konvektion, 30, 39

L
Leitwert, thermischer, 73
Luftdichtheit, 81
Lüftungsanlage, 97, 154
Lüftungswärmeverluste, 39, 153
Luftvolumenstrom, 41
Luftwechsel, 17
Luftwechselrate, 153

M
Mindestwärmeschutz, 75, 103, 106
Modellgebäudeverfahren, 157, 170
Modernisierungsempfehlungen, 278, 282

N
Nachbarrechtsgesetz, 195
Nachrüstung, 187
Nachrüstverpflichtung, 183
Nachtabsenkung, 148
Nachweisverfahren, vereinfachtes, 171
Nah-/Fernwärme, 10
nawaRo, 191
Nennleistung, 10
Nettogrundfläche, 14

Neubauten, 103
Nichtwohngebäude, 7, 8, 198
Niedertemperaturkessel, 11, 92
Niedrigstenergiegebäude, 8, 103, 105
Nutzfläche, 14
Nutzungsrandbedingungen, 148
Nutzwärmebedarf, 17

O
Oberflächentemperatur, 209

P
Primärenergiebedarf, 18
Primärenergiefaktor, 115, 140
Primärenergieverbrauch, 272
Putzerneuerungen, 194

Q
Quartier, 302

R
Räume, beheizte bzw. gekühlte, 8
Raum-Solltemperatur, 18
Rechenablauf, 178
Rechtsverordnung, 310
Referenzgebäude, 114
Referenzgebäudeverfahren, 197, 212
Reflexionsgrad, 42
Regeln der Technik, 21
Registriernummer, 278
Renovierung, 8

S
Solarthermieanlage, 96
Sonneneintragskennwert, 86, 87
Speicher, 90
Stichprobenkontrollen, 309
Strahlung, 30, 42
Strahlungsgesetz, 43
Strahlungskonstante, 42
Strahlungszahl, 42
Stromdirektheizung, 11, 95

T
Tabellenverfahren, 138
Temperatur, 27
Temperaturgefälle, 30
Temperaturkorrekturfaktor, 73
Traglufthallen, 6
Transmissionsgrad, 42
Transmissionswärmeverlust, 117, 211
    Wärmebrücken, 69
Treibhausgasemissionen, 286
Trenndecken, 302
Trennwände, 302

U
Übergangsvorschriften, 313
Übertemperatur-Gradstunden, 111
Umfassungsfläche, wärmeübertragende, 15
Umweltwärme, 11
Unterglasanlagen, 6
Unternehmererklärung, 308

V
Verantwortliche, 22
Verbauungsindex, 149
Verbrauchswerte, 274
Verordnungsermächtigung, 20, 310
Verschattungsfaktor, 148
Vollzug, 307
Vorbildfunktion, 11
Vorlagepflicht, 268

W
Wärme, 27
Wärmebrücken, 67, 103, 107
Wärmebrückenverluste, 147
Wärmebrückenzuschlag, 69, 70, 144
Wärmedurchgangskoeffizient, 57, 117, 204
    Höchstwerte, 198
    längenbezogener, 73
    mittlerer, 134, 215
Wärmedurchlasswiderstand, 50
Wärmeerzeuger, 88
Wärmekapazität, 49
Wärmeleitfähigkeit, 30, 32
Wärmeleitung, 30
Wärmepumpe, 93

Wärmequelle, 18
Wärmerückgewinnung, 98
Wärmeschutz
    baulicher, 122
    sommerlicher, 84, 111
Wärmesenke, 18
Wärmespeicherfähigkeit, 49
Wärmestromdichte, 31, 208
Wärmetransport, 30
Wärmeübergang, 45
Wärmeübergangskoeffizient, 46
Wärmeübergangswiderstand, 47
Wärmeübertragung, 90
Wärmeversorgung, 302
Wärmeverteilung, 89

Warmwasserbereitung, 96
Wartungsfaktor, 149
Wasserstoff
    blauer, 12
    grüner, 12
Wirtschaftlichkeit, 16
Wohnfläche, 15
Wohngebäude, 7, 8, 198
    aneinandergereihte, 122

Z
Zelte, 6
Zone, 15
Zonierung, 139